식품화학

김종희 손종연
이상준 최부돌 공저

도서출판 진 로

머 리 말

우리의 식생활은 인류의 발상과 함께 시작되었고 시대의 변천과 더불어 개선되어 오늘에 이르렀다.

우리가 건강한 생활을 영위하기 위해서는 무엇보다도 에너지원이 되고 있는 식품을 섭취하지 않으면 안 된다. 그것은 단순히 에너지 공급을 위한 식사 행위가 아니라 보다 영양적으로 질과 양이 우수하며 겉모양도 좋고 맛이 있는 식품을 섭취하여 일상생활에 있어서 하나의 즐거움을 수반 하여야 한다. 따라서 식품에 대한 충분한 지식을 갖는 것은 필수적이며 우리가 섭취할 식품에 대하여 여러 가지 관점에서 종합적으로 검토해야 한다.

식품의 특성을 과학적인 방법에 의하여 연구하는 학문을 식품과학(Food science)이라 하며, 우리가 현재 이용하고 있는 식품에 관해서 그것을 구성하고 있는 화학성분의 성질, 구조, 변화 등에 대하여 연구하고 그 실체를 정확히 파악하여 보다 유효하게 이용하는 방법을 생각하거나 새로운 식품의 개발, 그동안 이용되지 않은 자원의 식용화 등 화학적으로 체계화된 연구를 하는 학문을 식품화학(Food chemistry)이라고 한다.

현재 식품화학은 정적(靜的)인 식품성분의 화학으로부터 동적(動的)인 성분 간의 반응, 성분의 가공·조리 중에 일어나는 여러 가지 변화를 연구하는 학문분야로 그 중심이 옮겨져 가고 있다.

이렇게 하여 얻어진 연구의 성과를 우리가 일상 이용하는 식품의 생산, 가공, 저장 등의 개선에 응용하는 연구나 식품에 부족한 영양성분을 보완하여 보다 영양가가 높은 식품을 제조하는 등의 연구도 식품화학의 중요한 영역이다. 이와 같이 식품화학의 연구대상은 각 분야에 걸쳐 광범위하며 그 역할도 대단히 크다고 할 수 있다.

본서(本書)에서는 식품에 관한 일반성분과 특수성분의 기초적인 화학적 본질과 가공·저장·조리 과정에 있어서의 물리·화학적 변화, 특징 등에 대하여 구체적으로 기술하여 식품화학의 지식과 그 요점 파악에 도움이 되도록 하였으며, 특히 최신의 연구내용을 삽입하였고, 독자들의 이해를 돕기 위해 외래어는 2006년도에 한국 식품과학회에서 발간한 식품과학용어 사전의 표기에 따라 한글로 쓰고 괄호 안에 영문을 넣었다. 또한 영양사 관련 대학의 학과목 학습목표에 맞추어 보다 쉽고 이해하기 쉽도록 체계적으로 기술하려고 노력하였다.

따라서 식품영양학, 조리학, 식품과학 등 식품관련 학문을 연구하는 전공자와 영양사, 조리기능사, 조리산업기사, 식품가공기사 등 자격증을 준비하는 사람들에게 중요한 지침서가 될 것이다.

저자들의 얕은 지식과 빈약한 경험으로 인하여 소기의 목적을 얼마나 달성하였는지 의문이며 오히려 내용 중 미비한 점이나 여러 곳에 오류가 있을 것으로 생각 된다. 앞으로 더 좋은 교재로 개정되어 갈 수 있도록 선배(先輩), 제현(諸賢)과 독자(讀者)들의 아낌없는 충언(忠言)과 편달(鞭撻)을 바라는 바이다.

2008. 2. 15

저 자

차 례

1장. 서 론

2장. 식품 중의 수분

3장. 탄수화물 및 전분의 변화

4장. 지질(Lipid)

5장. 단백질(Protein)

6장. 무기질

7장. 비타민(Vitamin)

8장. 식품의 색

9장. 식품의 냄새

10장. 식품의 맛

1장 | 서 론

1.1. 식품화학의 분야

식품(food material)이란 한 종류 이상의 영양소를 함유한 유해물이 없는 천연물 또는 인공품을 말하며, 이러한 식품을 사람이 먹기에 알맞도록 적당히 가공 및 조리를 해 놓은 것을 음식물 또는 식이(diet)라고 한다. 음식물은 마시거나 씹어 삼킬 수 있는 일체를 말한다.

한편 영양소는 거의 함유치 않으나 음식물의 색깔, 냄새, 맛을 증진시켜 식욕을 향상시키는 식품을 기호식품(luxury food)이라 한다.

식품은 인간이 섭취할 수 있는 모든 물질로서 넓은 의미로서 통용된다. 직접 섭취할 수 있는 물질도 식품이라 하지만 식물(食物)이라고도 표현할 수 있다. 이를테면 쌀은 식품이고 밥은 식물이라고 표현되고, 과실 같은 것은 식품인 동시에 식물이 되겠다.

조리와 가공 역시 인간이 식품을 섭취하기 위해서는 필수 과정이라 하겠는데 식품을 물리·화학적으로 변화시키는 작업 면에서는 같으나 작업규모가 가정적이면 일반적으로 조리, 공장에서와 같이 큰 규모로 이루어지면 가공이라고 한다.

한편 식품화학은 식품의 기본성분과 그 구조 및 물리화학적 성질, 그리고 조리, 가공, 보존, 유통 중에 일어나는 화학적 변화와 또 사람이 식품을 섭취했을 때에 따른 영양적, 위생적, 기호적 및 경제적 문제까지 광범하게 다루는 학문 분야이다. 따라서 식품화학과 관련된 학문은 식품학, 화학을 위시하여 농학, 수산학, 축산학, 조리학, 생화학, 위생학, 미생물학 등 다양하다고 하겠다.

1.2. 식품의 화학적 성분

식품은 일반성분으로 단백질, 탄수화물, 지방질, 비타민 및 무기질을 들 수 있고, 특수성분으로 색깔, 냄새, 맛, 효소, 독성성분 등으로 구분하되, 일반성분은 주로 식품의 영양적 가치를 결정해주는데 비하여 특수성분은 주로 기호적 가치를 결정하여 준다.

식품의 가치는 식품의 화학적 성분에 의한 영양적 가치가 우선적이나, 경우에 따라서는 기호적 가치를 우선하는 경우도 있다. 따라서 식품의 가공이나 조리과정중에 첨가되는 식품첨가물은 식품의 기호적인 가치를 향상시키는 경우가 많다. 그러나 식품의 기호적 가치는 섭취자의 식습관, 건강상태, 공복정도, 시각, 청각, 취각, 환경 등의 인자들도 관계가 깊다.

- 식품성분
  - 일반성분
    - 수 분
    - 고형물
      - 유기물
        - 탄수화물
          - 섬유질
          - 당질(가용성 질소물)
        - 단백질
        - 지방질
        - 비타민
      - 무기물 – 무기질(회분)
  - 특수성분

또 식품의 화학적 성분은 식품을 가공, 저장 및 조리하는 과정에서 많은 변화를 받게 되고, 인간에게 유리하게 변화되는 경우도 있으나 경우에 따라서는 바람직하지 못한 상태로 진전되어 유해한 물질의 생성 내지는 인체에 유해성이 미칠 가능성이 있는 화합물들의 생성에 관해서도 간과할 수 없는 것이라 하겠다.

2장 | 식품 중의 수분

물은 생체 및 식품의 필수성분이다. 영양소와 노폐물의 운반체, 분산매, 반응매체 및 생체 고분자의 안정제, 단백질의 반응성을 결정해 주는 물질이다. 그뿐만 아니라 물은 식품의 구조나 형태, 또는 맛에 큰 영향을 주며 또한 수분의 함량은 식품의 저장성이나, 그 가공, 수송 등에도 매우 중요한 역할을 한다. 특히 미생물의 발육과 수분함량과는 밀접한 관계가 있으므로 식품의 저장수명(shelf life)은 식품 중의 수분함량에 의하여 가장 큰 영향을 받는다. 한편 식품 중의 수분함량, 분포 및 결합형태 등은 그 품질을 좌우하는 중요한 인자가 된다. 몇 가지 식품의 수분함량을 보면 표 2-1과 같이 넓은 범위에 걸쳐 있다.

<표 2-1> 대표적인 식품의 수분 함량

식 품	수분함량(%)	식 품	수분함량(%)
곡 류	13~15	두 부	83
콩	13~16	육류, 생선	70~80
식 빵	30.4	계 란	75
삶은 국수	70.6	우 유	88.6
밥	65	채소, 과일	76~96
백설기	39.3	배추김치	88.8
삶은 감자	81	버터, 마아가린	16
분 유	2~3	치 즈	37
쇼트닝	0	잼	28

2.1. 수분의 존재상태

물의 분자는 보통 H_2O로 표시되지만, 액체의 경우 또는 식품이나 생체 속의 물은 H_2O가 여러 분자와 화합한 $(H_2O)_n$ 의 형태를 이루고 있다.

따라서 수분은 식품을 이루는 동·식물체 내에서 단순한 물로 존재하는 것이 아니라 식품 중의 탄수화물이나 단백질, 지질 등의 유기물분자가 수소결합(hydrogen bond)에 의해서 밀접하게 결합된 결합수(bound water)와 염류(salts), 당류(sugars), 수용성 단백질 등을 용해하는 용매(solvent)로서 작용하는 유리수(free water)로 존재한다. 결합수를 수화수(水和水, water of hydration), 유리수를 자유수라고도 부른다.

또한 식품 속의 결합수와 자유수는 서로 독립적으로 존재하는 것이 아니며,

이들 사이의 이동은 일반적으로 가역적(reversible)이고, 그 평형(equilibrium)은 온도나 물에 녹아있는 물질들의 종류나 양 등에 의하여 영향을 받는다.

2.1.1. 유리수(free water)

유리수 즉, 자유수는 식품 속에 자유로운 상태로 존재하는 수분으로서, 유리수의 특성은 다음과 같다.

① **용매(solvent)로서 작용** : 염류, 당류, 수용성 단백질 같은 가용성 물질을 잘 녹이고 전분, 단백질, 지질 등과 같은 난용성 물질을 분산시켜 교질(colloid) 상태로 한다.

② **건조시키면 쉽게 제거** : 식품 중에서 유리 상태로 존재하므로 건조시키면 쉽게 제거된다.

③ **0℃ 이하에서 쉽게 동결** : 식품 중에서 유리 상태로 존재하므로, 0℃ 이하의 저온에서는 동결하여 얼음이 된다.

④ **미생물에 이용** : 유리수에서는 미생물이 생육·번식할 수 있다.

⑤ **비점과 융점이 높다** : 액체의 물은 분극한 물 분자끼리 수소결합(OH…O)을 하고 있어서 그 분자운동이 저해되고 있다. 따라서 물을 끓이거나 얼음을 융해시키려면 많은 열을 필요로 한다.

⑥ **4℃에서 비중이 제일 크다** : 물의 비중은 4℃일 때가 가장 크다. 따라서 해수나 호수는 표면에서부터 얼기 시작한다. 그리하여 수중생물들은 환경의 급변화로부터 보호를 받아 생존할 수 있다.

⑦ **비열(specific heat)이 크다** : 물의 비열은 다른 어떠한 용매(solvents) 보다 크다(1.0 cal/g ℃). 비열이 크다는 것은 데운다든가 식히는 데 어렵다는 뜻으로, 인체가 외계의 온도 변화에 대하여 최소한의 영향을 받게 하는 것이다.

⑧ **표면장력(surface tension)이 크다** : 표면장력은 액체 중에서 가장 크다(73 dyne/cm, 20℃). 표면에 있는 물 분자가 내부에 있는 물 분자에 끌리기 때문에 표면장력이 크게 된다. 따라서 물은 모세관 현상에 의한 상승효과도 크며, 세포와 세포 사이에 침입하여 물질의 운반과 제거에 관여할 수 있다.

⑨ **점성이 크다** : 물 분자는 상호 인력 때문에 점성이 크다.

2.1.2. 결합수(bound water)

결합수는 식품 중의 탄수화물이나 단백질 분자들과 결합되어 자유롭지 못한 물이므로 보통 형태의 물, 즉 유리수와는 다른 다음과 같은 특성을 가지고 있다.

① 당류와 같은 용질에 대하여 용매로서 작용하지 않는다.
② 대기 중에서 100 ℃ 이상으로 가열하여도 제거되지 않는다.
③ 0 ℃ 이하의 낮은 온도에서도 쉽게 얼지 않는다.
④ 생물체의 조직에 큰 압력을 주어서 압착해도 잘 제거되지 않는다.
⑤ 유리수보다 밀도가 크다.
⑥ 식품 미생물의 번식에 이용되지 못한다.

식품 내에서 미생물의 생육과 번식에 이용되는 물은 유리수이며 결합수는 이용되지 못한다. 한 식품 속의 유리와 결합수의 한계를 명확히 구분하기는 애매하다. 유리수와 결합수는 그 이동이 가역적이며, 온도나 물에 녹아 있는 물질들의 종류나 양 등에 의해 평형상태가 크게 영향을 받기 때문이다.

다만 편의상 0 °F 즉 −18 ℃를 기준으로 하여 이 온도 이하에서도 액상으로 존재하는 물을 일반적으로 결합수라고 정의하고 있다.

분자론적 견지에서 보면, 결합수는 식품 중의 단백질이나 탄수화물과 같은 화학적 구성성분과 물 분자가 수소결합으로 이루어진 상태로서, 물과 결합할 수 있는 원자 및 원자단은 단백질의 경우 peptide 사슬 및 아미노산 곁사슬 부분의 극성 래디칼(polar radical)들과 서로 결합한다. 수소결합의 에너지는 H와 그 양쪽에 있는 원자가 O냐 N이냐에 따라 다르며, 일반적으로 수소결합의 크기는 OH……O>NH……O>NH……N의 순서인 것으로 알려지고 있다.

결합수 함량은 보통 핵자기 공명현상(nuclear magnetic resonance ; NMR)을 이용하여 측정한다. 이 방법은 한 시스템 내에 존재하는 수소 원자의 수를 측정하는 것이다. 즉 물과 같이 액상의 성분에 존재하는 수소 원자들은 예민한 공명 현상을 일으키지만 얼음과 같은 고체 성분에 존재하는 수소 원자들은 예민하지 못하다. 따라서 핵자기 공명 현상을 측정하는 기계를 조절하여 액상(liquid phase)의 수분에서 오는 신호만 받고 얼음과 같은 고체에서 오는 신호는 무시할 수 있도록 할 수 있다. 이와 같은 원리의 계측기를 이용하여 저온에서의 액체 상태의 물의 양을 정량적으로 측정할 수 있다.

2.2. 수분활성도(water activity)

식품 중의 수분은 그 식품이 놓여 있는 환경조건에 따라 항상 변한다. 즉, 수분 함량은 어떤 식품이 완전하게 밀폐된 용기에 존재하지 않는 한 오랜 방치 기간 동안에 식품 중의 수분과 대기 중의 수분 사이에 출입이 생겨서 궁극적으로 대기 중의 수분과 평형상태에 이르게 된다. 이 평형상태에 이르렀을 때 한 식품의 수분 함량은 대기 중의 수분 함량, 즉 상대습도(relative humidity ; RH)와 식품 자체의 특성 등에 의하여 정하진다.

보통 식품 중의 수분함량은 %로 표시하는 경우가 많으나, 식품의 수분함량은 전술한 바와 같이 대기 중의 상대습도에 크게 영향을 받으므로 대기 중의 상대습도까지 고려한 수분함량으로 표시하는 것이 타당하다. 또 미생물의 활동과 식품 중의 수분 함량과의 관계를 연구할 때, 미생물의 활동에 실제로 영향을 주는 식품의 수분함량은 전체의 수분함량이 아니며, 미생물이 실제로 이용할 수 있는 수분 함량이 문제가 된다.

이상과 같은 두 가지 경우에는 식품의 전체 수분함량보다는 그 식품의 수분활성(water activity ; Aw)이라는 개념을 사용하는 것이 바람직하다. 순수한 물의 Aw는 1이며, 식품의 수증기압은 순수한 물의 수증기압보다 작으므로 Aw < 1 이다.

한 식품의 수분활성도는 어떤 임의의 온도에 있어서 그 식품이 나타내는 수증기압(p)에 대한 같은 온도에 있어서의 순수한 물의 최대 수증기압(p_O)의 비로 정의된다.

$$Aw = \frac{p}{p_O}$$

또 식품의 수증기압은 그 식품의 수분에 녹아 있는 용질(solutes)의 종류와 양에 의하여 영향을 받는다. 지금 물의 mol수를 Mw, 용질의 mol수를 M_S라 하면 Aw는 다음과 같다.

$$Aw = \frac{p}{p_O} = \frac{Mw}{Mw + M_S}$$

<표 2-2> 수분활성도와 그 범위에 해당되는 식품의 예

수분활성도 (Aw)	용액의 예		식품의 예 [괄호 안은 수분함량(%)]
	소금(%)	설탕(%)	
1.0	1	10	채소, 과실, 어패류(85~90)
	3	25	식육, 달걀(70~75)
	7	40	치즈(40)
	10	50	잼
	13	54	빵(35)
0.9	16		햄, 소시지(56~65)
	19		소금절인 생선(60)
	22	66	양갱
			salami 소시지(30)
0.8			약간 말린 정어리(55)
			벌꿀(16), 마말레이드(32)
			케이크(25)
0.7			
			젤리(18)
			캐러멜(8)
0.6			밀가루(14), 쌀(14), 대두(10)
			쪄서 말린 멸치(16)
			크래커(5)
0.5			국수(12)
0.4			달걀가루(5)
			비스킷(4)
			초콜렛(1)
0.3			
			녹차(4), 탈지분유(4)
0.2			

예를 들면, 30%의 수분과 20%의 설탕을 함유하고 있는 어떤 식품의 수분활성도(Aw)는 위의 식에 의하면,

$$Aw = \frac{\frac{30}{18}}{\frac{30}{18} + \frac{20}{342}} = \frac{1.667}{1.667 + 0.058} = 0.966$$

0.966이 된다.

또 같은 식에 의해, 식품 속의 수분에 1몰의 설탕이 함수된 경우의 수분활성도는 0.9823이 되며, 1몰의 소금이 함유된 경우에는 1몰의 소금은 물속에서 이론적으로 2몰의 이온을 형성하므로 그 식품의 수분활성도는 0.9644가 된다.

수분활성도와 상대습도와의 관계를 보면 상대습도(relative humidity ; RH)는 실질적으로 식품에서 수분활성의 정의와 같으므로, 그 상대습도는 평형을 이루고 있는 식품의 수분활성 값의 100배와 같다.

즉,

$$Aw = \frac{p}{p_0}$$

$$RH = \frac{p}{p_0} \times 10C = Aw \times 100$$

식품의 수분함량과 수분활성을 비교하면 표 2-2와 같다.

2.3. 등온흡습 및 등온방습 곡선

한 식품은 일정한 온도에서 흡습 혹은 방습하므로 대기 중의 수분함량, 즉 일정 온도와 상대습도(RH)하에서 식품의 수분함량은 그 식품에 수분 출입이 정지되지 않는 한 평형에 도달되며, 그때의 수분함량을 평형 수분함량(equilibrium moisture content)이라 한다. 식품의 수분활성도를 직접 측정할 수 있는 측정기기가 시판되고 있으며, 또 다른 측정방법으로 다음과 같은 그래프를 그려서 구하는 방법이 있다.

이것은 염류의 포화 수용액이 일정한 Aw를 나타내는 것을 이용하는 것이다. 예를 들면, 소금은 0.76, 황산암모늄은 C.81 등이다. 먼저 표준의 염류 용액을

4종류 이상 조제한다. 이들의 Aw는 각각 문헌에 기재되어 있다. 이 용액을 식품과 함께 밀폐 용기에 넣어 일정 시간 방치하여 수분이 평형 상태가 되도록 한 후 식품의 수분의 증감을 정확히 측량한다. 이 수분의 증감을 표준 용액의 Aw에 대해 프로트한 그래프를 그려서 식품의 Aw를 그래프상으로 부터 구한다. 수분활성은 온도에 따라 다르기 때문에 일정한 온도에서 측정하지 않으면 안 된다. 건조식품이 대기 중에서 수분을 흡수하고 방출 할 때의 흡습과 탈습 곡선은 그림 2-1과 같은데 흡습 할 때 보다 방출 할 때에 동일한 수분활성에서 수분함량이 많은 현상, 즉 비대칭 현상을 히스테리시스라 한다. 이러한 현상은 굴곡 점에서 가장 크다.

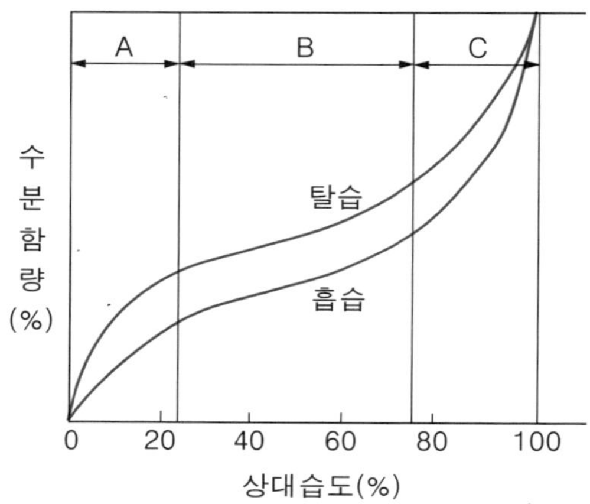

<그림 2-1> 식품의 등온 흡습 및 탈습 곡선의 이력현상(hysteresis)

흡습(absorption)과 탈습(desorption)과정은 가역적이라고는 할 수 없기 때문에 이 두 곡선의 구분은 건조식품에 수분함량을 증가시키거나, 수분이 많은 식품을 점차적으로 건조시킴으로써 가능하다. 이 곡선은 식품 종류에 따라 다르고 그 형태는 대개 역 S자형(sigmoid shape)곡선을 나타낸다. 이와 같이 대기의 상대습도와 식품의 평형수분함량 사이의 관계를 나타낸 곡선을 등온흡습 곡선(moisture absorption isotherm)이라 한다. 그림 2-2는 각종 식품의 등온 흡습 곡선을 나타낸 것이다.

이 등온 곡선의 경사(slope)와 굴곡 점(point of inflection)은 그 식품의 수분과의 결합력(water-binding capacity), 또는 자유수와 결합수의 상대적인 양

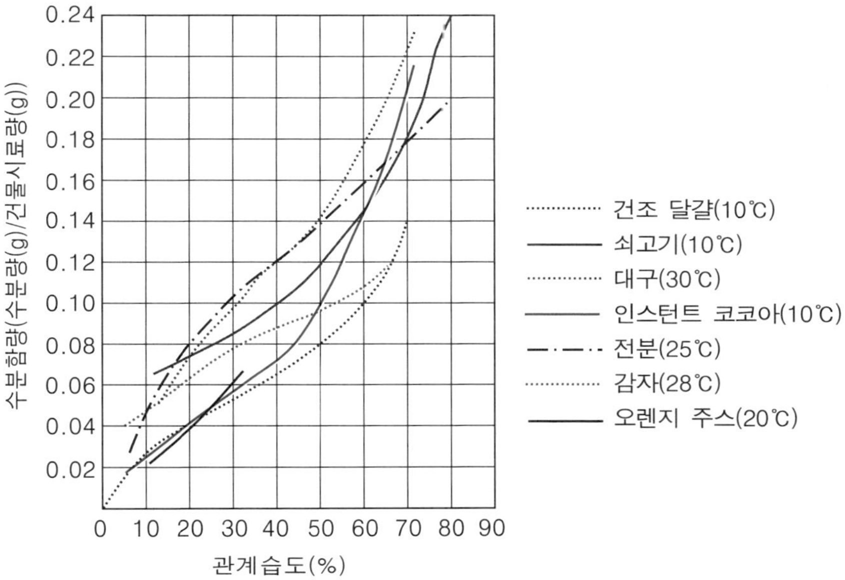

<그림 2-2> 각종 식품의 등온 흡습 곡선

과 비율을 나타내 준다.

등온흡습(탈습)곡선의 위치는 온도에 따라 달라진다. 온도가 높을수록 일정한 상대습도에 대응하는 수분함량은 적어지고, 반대로 온도가 낮을수록 수분함량은 커진다(그림 2-3).

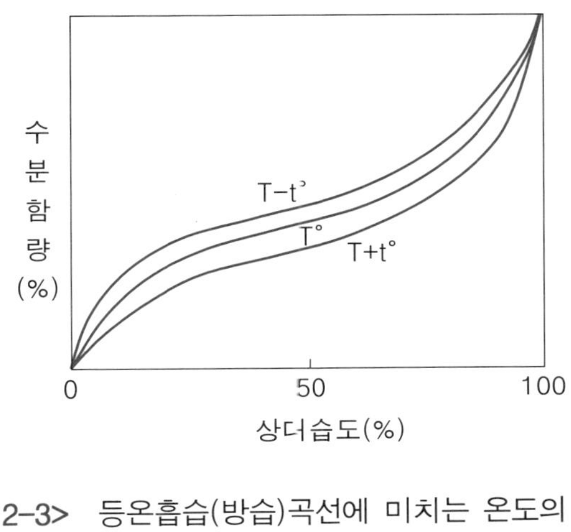

<그림 2-3> 등온흡습(방습)곡선에 미치는 온도의 영향

2.3.1. 등온흡습(방습)곡선의 구분

한 식품의 등온흡습곡선에서 수분함량(5~10%)이 대단히 적은 곡선 부분은 식품 중에서 물 분자들이 단분자층(monomolecular layer)을 이루는 영역(A영역)이고, 상대습도 증가에 따라 수분함량이 급격히 증가한 부분은 식품 속의 물 분자들이 다분자층(multimolecular layer)을 형성하는 영역(B영역)이다. 그리고 식품성분에 대해서 용매로 작용하고 자유롭게 움직일 수 있는 모세관 응결 영역(capillary condensation region ; C영역)으로 구분된다.

일반적으로 건조식품들의 수분함량은 A 및 B영역에 해당한다고 한다.

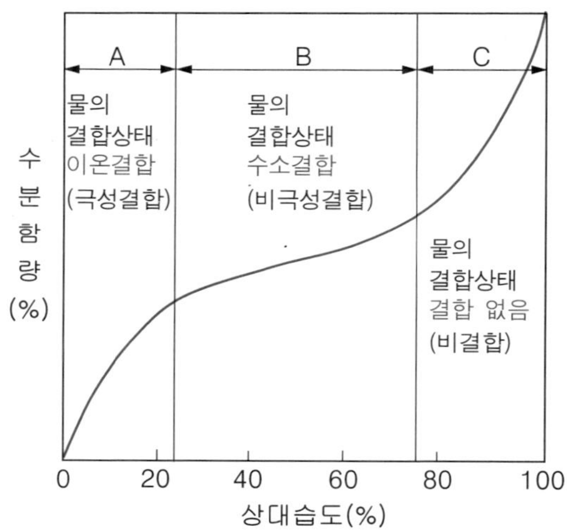

<그림 2-4> 등온흡습(방습)곡선의 각 영역

A영역에서는 식품 중 수분이 식품성분 중의 carboxyl기(−COOH)나 amino기(−NH_2)와 같은 ionic group과 강하게 이온결합 된 결합수로 존재하는 영역으로 수분함량이 매우 적기 때문에 저장성 및 안정성이 낮다. 즉 식품 중의 수분함량이 그 단분자층을 형성하는 수분함량보다 적을 때는 식품의 변질이 오히려 촉진된다. 예컨대, 과도하게 건조된 분말이 오히려 산패되기 쉬운 것은 그 좋은 예이다.

B영역은 상대습도(RH)의 증가에 따라 수분함량이 급격히 증가하여 주로 결

합수의 형태로 존재한다. 이 영역의 물 분자는 다분자층(multimolecular layer)을 형성하며, A형의 등온흡습곡선을 나타내는 영역과는 달리 이온화되지 않고 있는 여러 기능기들(functional groups)과 수소결합(hydrogen bond), 즉 비극성 결합(non-polar bond)이 되어 있다. 건조식품의 경우 가장 안정성 내지 저장성이 큰 수분함량을 가진 영역이기 때문에 최적 수분함량을 나타내는 영역이다. 그 이유는 단분자층을 형성하고 있는 물 분자들이 식품 속의 성분이 공기 중에 있는 산소에 직접 노출되어 산화되는 것을 방지해 주기 때문인 것으로 생각된다.

C영역에서는 식품 중의 물 분자들이 식품성분에 대하여 용매로 작용하며 식품의 모세관에 수분이 자유롭게 응결되고 또 이동이 자유로운 상태이다. 이 영역에서는 식품의 품질저하(quality deterioration)를 가져오는 여러 가지 화학반응, 효소에 의한 반응, 미생물의 증식이 일어나는 영역이다.

2.4. 식품의 수분활성도와 식품의 안정도

식품의 수분활성도(water activity ; Aw)와 그 식품의 품질에 영향을 줄 수 있는 미생물의 생장 또는 각종 화학적 변화, 즉 유지의 변패, 비효소적 갈색화 반응의 상대적인 속도(relative rates)와의 관계는 그림 2-5와 같다.

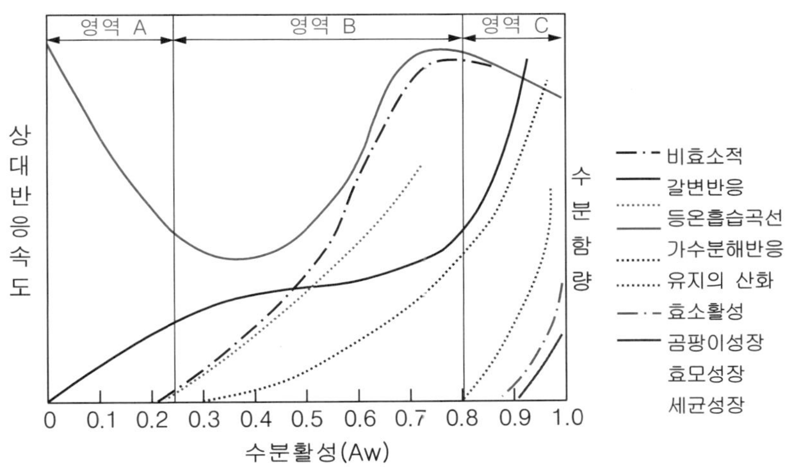

<그림 2-5> 식품의 수분활성도와 여러 변패과정(deterioration)의 상대적인 속도(20℃)

식품은 각종 성분을 함유하므로 신선한 식품류는 미생물이 번식하기 쉬워서 단시일 내에 부패하기 쉽다. Aw가 0.9~0.6의 식품류는 미생물에 대하여 꽤 안정되어 저장성이 높다.

그림에서 보는 바와 같이 대부분의 세균은 수분활성도 0.9 이하에서는 생육할 수 없다. 그리고 효모는 대부분이 0.88 이하에서 생육할 수 없다. 곰팡이는 건조된 표면에서도 잘 발육하는 것을 볼 수 있는데 이것의 생육이 가능한 수분활성의 하한은 0.80이다. 그러나 내건성 곰팡이(xerophilic fungi)는 0.65에서도 생육할 수 있다고 한다.

대부분의 효소작용은 수분활성도가 0.85 이하일 때 불활성화 된다. 그러나 라이페이스(lipase)는 수분활성도가 0.1~0.3에서도 활성을 갖는다.

유지산화의 경우에는 수분활성도의 증가에 따라 그 산화속도는 감소되며 단분자층의 수분함량에 도달하여 최소로 된다. 그리고 다시 여기서부터 수분활성도가 커짐에 따라 결과적으로 수분은 유지의 산화에 있어서 보호 작용(protective effect)을 하는 셈이 된다. 이 보호 작용의 기작은 다음과 같이 믿고 있다.

① 식품성분표면에 존재하는 물 분자가 유리 radical반응에 의해서 형성된 hydroperoxides와 수소결합으로 복합체를 형성하여 hydroperoxides의 분해를 억제한다.

② 식품 속의 물 분자는 산화촉진제(prooxidants)로 작용하는 미량금속을 수화시켜 금속수산화물(metal hydroxides)의 형태로 만들기 때문에 금속의 촉매작용을 억제한다고 한다.

한편, 비효소 갈색화반응(non-enzymatic browning reaction)도 수분활성도와 밀접한 관계를 가지고 있는데 수분활성도가 0.6~0.7에서 반응속도가 최대가 도달하고 이 반응은 수분활성도가 낮은 단분자층의 영역에서는 일어나지 못하며 0.8~1.0에서는 반응속도가 떨어진다.

수분활성도가 높을 때 반응속도가 떨어지는 이유는 희석효과(dilution effect)에 기인되며 수분활성도가 낮을 때 반응속도가 저하되는 것은 용매로서의 물이 존재하지 않으므로 반응물질의 이동이 불가능하기 때문인 것으로 믿어진다.

수분 함량이 50% 이상이면 Aw는 0.9 이상이다. Aw가 0.9~0.65로 수분 함량이 10~40% 정도의 식품은 미생물, 특히 세균의 생육이 억제되고 물을 첨가하지 않아도 먹을 수 있으며, 가역성을 충분히 가지고 있다. 이러한 식품으로는 잼, 젤리, 건조과일, 드라이소시지, 훈제품, 양갱, 간장, 된장, 소금에 절여서 말린 생선, 가다랭이포, 말린 생선 등이 있다. 이러한 식품을 중간 식품이라 한다. 최근에는 신선한 중간 수분식품의 개발이 진행되고 있는데, 다가 알코올과 설탕을 가하여 Aw를 낮추고 블랜칭(blanching) 처리를 하거나 항균제, 항곰팡이제, 항산화제를 가하여 보존성을 높이고 있다. 우주식은 최초로 개발된 중간 수분 식품이다.

2.5. 수분활성도와 식품의 포장

수분활성은 각종 식품의 저장성에 영향을 미치는 주요인이기 때문에 포장은 저장기간을 연장시켜 주는 최적조건을 유지하는 데 중요하다. 등온흡습곡선(sorption isotherms)은 포장 재료를 선정하는 데 중요한 역할을 한다. 흡습성인 물질은 항상 등온흡습곡선이 급경사가 되고 외계 기후조건이 도달하기 전에 수분함량의 임계면에 도달한다. 그러한 식품은 수분을 차단할 수 있는 플라스틱 재료나 유리병을 사용해야 한다. 한 예로는 임계 영역이 약 50% RH인 인스턴트커피를 들 수 있다. 이러한 조건하에 그 식품은 덩어리가 되어 유동성이 없어진다. 흡습성이 있는 식품은 일반 저장조건에서 변질반응이 일어날 수 있다. 따라서 그러한 식품은 폴리에틸렌용기 등에 포장하는 것이 바람직하다.

어떤 식품은 평형 상대습도가 외부 기후조건의 습도보다 높다. 이때는 수분의 손실을 방지하기 위하여 방습포장재료를 사용한다. 치즈나 빵 등이 그 예이다.

3장 | 탄수화물 및 전분의 변화

3.1. 단당류(monosaccharide)
3.2. 소당류(oligosaccharides)
3.3. 다당류(polysaccharides)
3.4. 전분의 변화

탄수화물은 탄소, 수소 및 산소의 3원소로 이루어지고, 수소와 산소의 비율은 2 : 1로서 물과 같은 비율로서 $C_n(H_2O)_m$의 일반식으로 표시되며 탄수화물(carbohydrate) 또는 함수탄소라고도 한다. 이러한 일반식으로 표시할 수 없는 물질도 있는데 맛이 달다는 의미에서 당질이란 말이 쓰이기도 한다.

그리고 탄수화물은 분자 내에 2개 이상의 수산기(-OH)와 1개의 알데하이드기(aldehyde group, -CHO) 또는 1개의 케톤기(ketone group, =CO)를 갖는다.

녹색물질은 엽록소의 작용으로 태양 에너지(energy)를 이용하여 공기 중의 이산화탄소(CO_2)와 뿌리에서 흡수한 물로 탄수화물을 합성하고 인간이나 동물이 탄수화물을 섭취하여 에너지원으로 이용하며, 대사과정에서 생성되는 중간대사 산물로부터 단백질, 지방 및 그 밖의 다른 성분으로 합성된다. 또 탄수화물은 식품가공에서 감미료나 식품 첨가제로 이용된다.

- 탄수화물
  - 단당류(monosaccharide)
    - 3탄당(triose) : 글리세르알데하이드(glyceraldehyde), 다이하이드록시아세톤(dihydroxyacetone)
    - 4탄당(tetrose) : 에리쓰로오스(erythrose), 쓰레오스(threose)
    - 5탄당(pentose) : 라이보오스(ribose), 자일로오스(xylose), 아라비노오스(arabinose), 데옥시라이보오스(deoxyribose)
    - 6탄당(hexose) : 포도당(glucose), 갈락토오스(galactose), 만노오스(mannose), 과당(fructose)
  - 소당류(oligosaccharide)
    - 2당류(disaccharides) : 자당(sucrose), 유당(lactose), 맥아당(maltose)
    - 3당류(trisaccharides) : 젠티아노오스(gentianose), 래피노오스(raffinose)
    - 4당류(tetrasaccharides) : 스타키오스(stachyose)
  - 다당류(polysaccharide)
    - 단순다당류(simple polysaccharides) : 전분(starch), 덱스트린(dextrin), 셀룰로오스(cellulose), 이눌린(inulin), 글라이코젠(glycogen), 키틴(chitin)
    - 복합다당류(conjugated polysaccharides) : 펙틴(pectin), 콘드로이틴 황산염(chondroitin sulfate), 헤미셀룰로오스(hemicellulose)

<그림 3-1> 탄수화물의 분류

알데하이드(aldehyde)기 또는 케톤(ketone)기를 한 개 가지는 탄수화물을 단당류라 하고, 단당류가 2개 결합한 것을 2당류, 3개 결합한 것을 3당류, 여러 개 결합한 것을 다당류라 한다. 2당류, 3당류, 4당류 등 몇 개의 단당류가

결합한 것을 소당류라 총칭하여 다당류와 구별하기도 한다. 다당류는 수백 또는 수천 개의 단당류들이 축합된 분자량이 큰 탄수화물로서 한 가지 단당류만으로 구성된 것을 단순 다당류, 두 가지 이상의 단당류들로 구성된 것을 복합 다당류라고 한다. 이들 소당류와 다당류를 산 또는 효소로 완전가수분해하면 단당류가 생긴다.

자연계에 존재하는 탄수화물을 분류하면 그림 3-1과 같다.

3.1. 단당류(monosaccharide)

3.1.1. 단당류의 구조

1. 단당류의 분류

당류(monosaccharide)는 산, 알칼리, 효소 등에 의해 더 이상 가수분해 되지 않는 간단한 구조를 가진 탄수화물로서, 탄소 수에 따라 이탄당, 삼탄당, 사탄당, 오탄당, 육탄당 등으로 구분된다. 이 중에 식품에서 중요하고 널리 분포되어 있는 것은 오탄당(pentose)과 육탄당(hexose)이다.

단당류는 알데하이드기(-CHO) 또는 케톤기(>C=O)를 가지고 있는데 알데하이드기를 가지는 것을 알도오스(aldose), 케톤기를 가지는 것을 케토오스(ketose)라 한다.

2. 이성체

삼탄당인 글리세르알데하이드(glyceraldehyde)를 살펴보면 중앙의 C에는 서로 다른 4개의 원자 또는 원자단이 결합되어 있는데, 이 원자나 원자단들은 입체적 배치만 다를 뿐 구성 원자와 결합종류가 동일한 입체이성체가 생기며, 이들은 광학적 활성을 갖는다. 이때 4개의 다른 원자를 갖는 탄소를 키랄중심(chiral center) 또는 부제탄소원자(asymmetric carbon atom)라 한다.

부제탄소가 n개 존재하면 입체이성체 수는 2^n개가 존재하게 된다. 이러한 법칙을 반트호프(vant hoff)법칙이라 한다. 따라서 포도당의 경우 부제탄소가 4개 존재하기 때문에 2^4(16개)의 입체이성체를 가지게 된다.

3. D, L 단당류

천연으로 존재하는 단당류들은 하나 이상의 부제 탄소를 가지고 있다. 예를 들어, 삼탄당의 하나인 글리세르알데하이드는 한 개의 부제 탄소를 가지므로 두 가지 입체 이성체가 생성된다. 이때 부제 탄소에 결합되어 있는 -OH기의 배치가 우측인 것을 D-글리세르알데하이드, 좌측인 것을 L-글리세르알데하이드라고 한다. 이 두 화합물은 광학적으로 활성을 나타내며 마치 좌우의 손바닥처럼 또는 실물과 거울상처럼 대칭의 관계에 있으므로 서로 겹칠 수 없다. 따라서 이와 같은 이성체를 광학 대장체(optical antipode) 또는 enantiomer라고 한다,

한 쌍의 광학 대장체는 물리적 및 화학적 성질은 동일하나 편광면을 회전시키는 방향만이 다르다. 두 이성체 중 하나는 편광면을 우측 방향으로 회전시키고 다른 하나는 좌측방향으로 회전시킨다. 편광면을 우측으로 회전시키는 것을 우선성(dextrorotatory)이라 하며 (+) 기호로 표시하고, 좌측으로 회전시키는 것을 좌선성(levorotatory)이라 하며 (-) 기호로 표시한다.

이와 같이 편광면을 회전시키는 성질이 있는 물질을 모두 광학 활성체(optical active substance)라고 하며, 우선성의 물질과 좌선성의 물질이 같은 비율로 섞여 있는 혼합물을 라세미(racemi)체 또는 광학적 불활성체라고 한다.

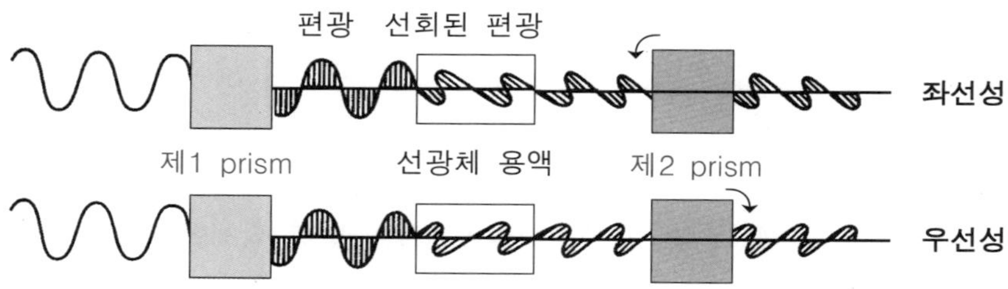

<그림 3-2> 당류용액의 좌선성과 우선성

글리세르알데하이드의 D, L 결정은 실제의 선광방향과 관계가 없다. 기타 단당류의 D, L도 선광방향과는 관계가 없고, 다만 입체배열을 가리키는 부호에 지나지 않는다. 실제의 선광방향은 (+), (-)로 표시한다.

따라서 실제의 선광성을 표시하자면 D 또는 L기호 다음에 (+) 또는 (-)를 표시하여 D(+)-포도당, D(-)-과당 등과 같이 표시한다.

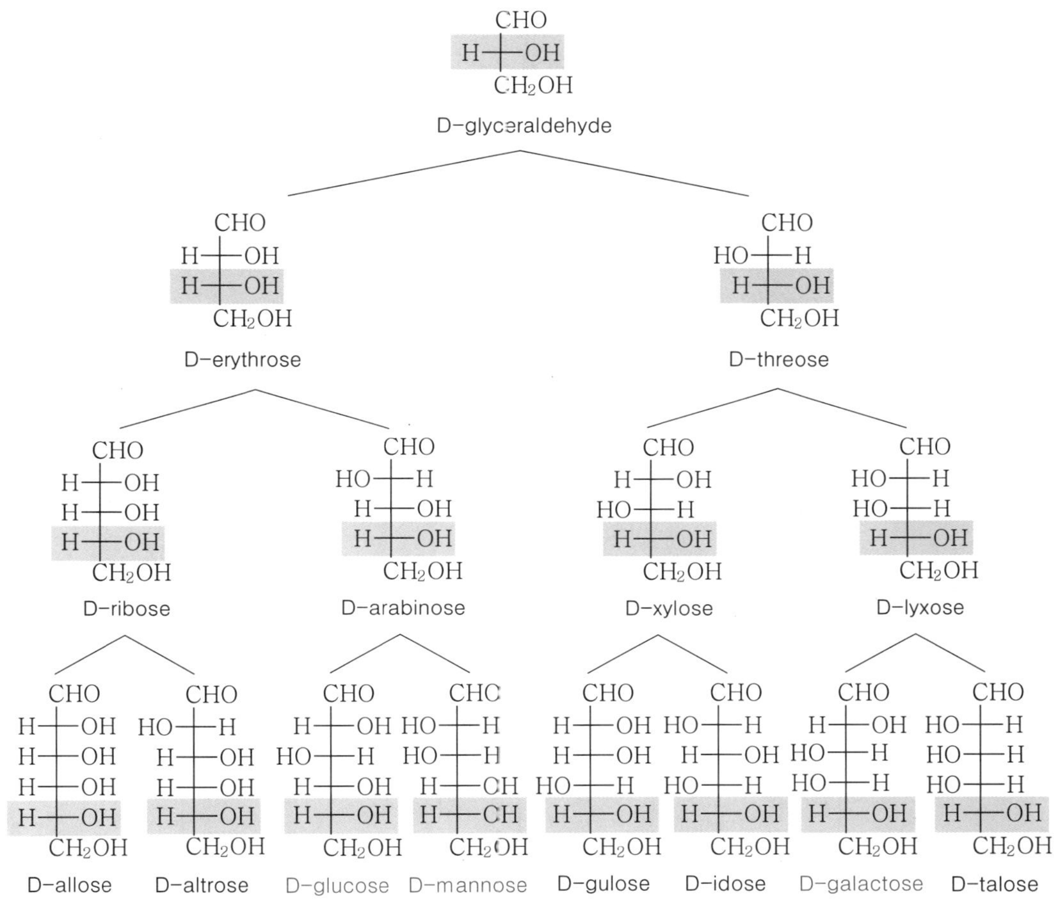

<그림 3-3> D-알도오스의 배열

4. 단당류의 환상 구조

같은 분자 내에 알코올기와 카보닐기가 함께 존재하면 분자 내 친핵성 첨가 반응이 일어나 고리모양의 환상 구조를 형성한다. 이는 같은 분자 중 알데하이드기(-CHO) 또는 케톤기(-CO)와 수산기(-OH) 사이에 안정된 환상의 헤미아세탈(hemiacetal)이나 헤미케탈(hemiketal)이 형성되는 반응에 기인한다.

aldehyde alcohol hemiacetal ketone alcohol hemiketal

알도오스인 포도당은 C_5의 수산기가 C_1의 알데하이드기와 반응하여 피라노오스(pyranose)를 형성하고 케토스인 과당은 C_5의 수산기가 C_2의 케톤기와 반응하여 푸라노오스(furanose)를 형성한다. 이때 포도당의 C_1나 과당의 C_2에 붙은 수산기는 반응성이 커서 다른 화합물의 수산기와 탈수반응을 하게 되는데 이 수산기를 glycoside성 OH라 하며 다른 탄소에 붙어있는 -OH보다도 반응성이 높으며 환원성이 강하다.

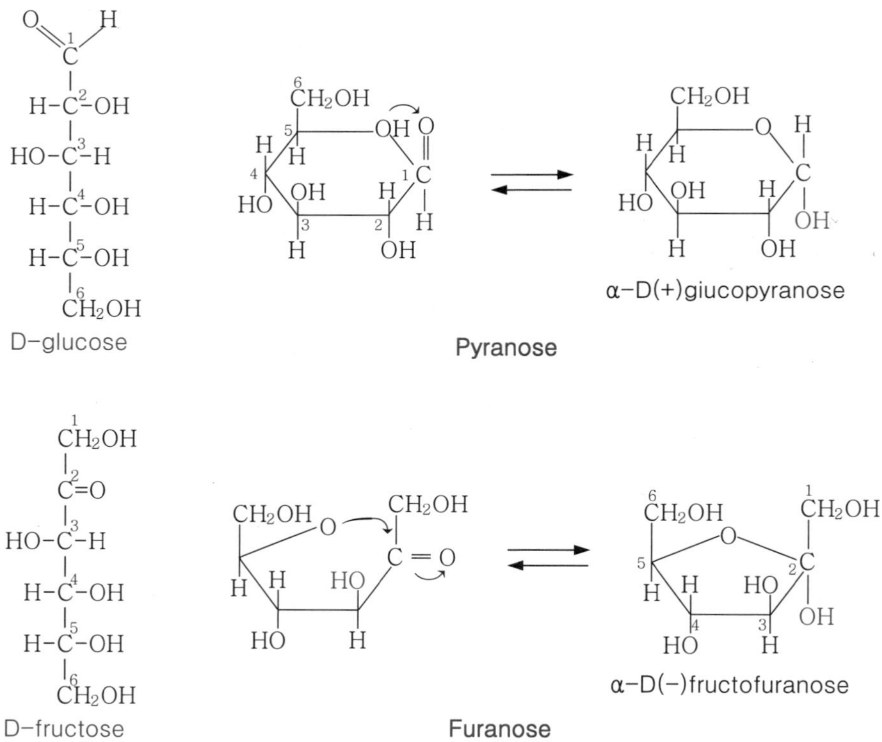

<그림 3-4> 피라노오스와 푸라노오스

단당류와 이당류는 glycoside성 OH의 유무에 따라 환원당(reducing sugar)과 비환원당(nonreducing sugar)으로 구분된다. 단당류 전부와 이당류 중 맥아당과 젖당은 각각 glycoside성 OH기를 가지고 있으며 알칼리용액 중에서 Ag^{+}, Hg^{2+}, Cu^{2+} 이온들을 환원시키기 때문에 환원당이라 한다. 이당류 중 설탕은 glycoside성 OH기를 가지고 있지 않기 때문에 환원성이 없어 비환원당이라고 한다.

당의 환원성은 당류의 정성 또는 정량시험에 이용 된다. 예를 들면 $CuSO_4$의 알칼리용액에 포도당을 넣어 가열하면 Cu^{2+}가 환원되어 Cu^{+}인 Cu_2O의 적색 침전이 생긴다(Fehling 반응).

5. 변선광

열린 사슬형의 단당류가 고리화 되어 피라노오스나 푸라노오스 형태가 되면 카보닐탄소(C_1, C_2)였던 위치에 새로운 부제 탄소가 생기므로 이 위치에 결합하는 H와 OH의 배치에 따라 2개의 이성치가 생긴다. 이와 같은 이성체를 아노머(anomer)라 한다.

포도당 수용액의 경우 포도당은 가역적으로 고리화되어 36 : 64의 비율로 2개의 아노머가 생성된다. 이 때 D형 당은 아노머 탄소의 오른쪽에 아노머 수산기를 가지면 α형이 되고, 아노머 수산기가 왼쪽에 있으면 β형이 된다.

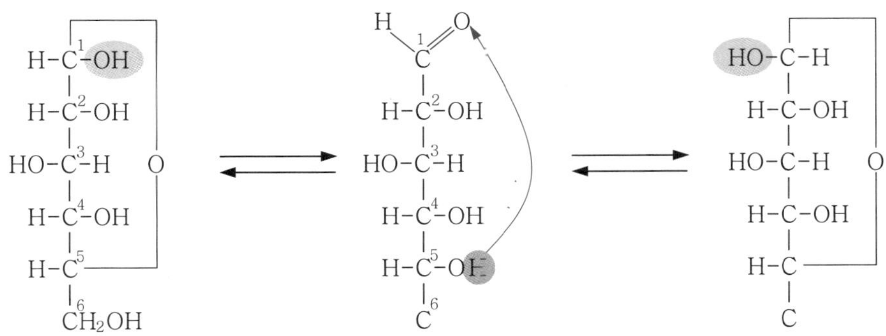

환상형(Ⅰ) α-D-glucose $[\alpha]_D$+112.2°

carbonyl형(open-chain form) D-glucose

환상형(Ⅱ) β-D-glucose $[\alpha]_D$+18.7°

한편 포도당의 α형과 β형의 비선광도는 $[\alpha]_D^{20}$=+ 122.2°와 $[\beta]_D^{20}$=+ 18.7°로 α형과 β형의 수용액을 방치하면 α, β형 사이에 가역적인 이성화가 일어나 비선광도가 +52.6°인 α, β형의 평형혼합을 얻게 되는데 이러한 현상을 변선광(mutarotation)이라고 한다.

다시 말하면 변선광은 결정성 환원당을 수용액 상태로 방치시키면 천천히 이성체들 사이에 평형을 이루게 되어 일정한 값의 선광도를 나타내는 현상을 말한다.

결정 포도당인 α-D-글루코피라노오스가 물에 녹으면 이로부터 이성체인 β-D-글루코피라노오스가 생겨서 α형과 β형이 36 : 64로 평형을 이루기 때문이다.

6. Furfural 또는 Furfural 유도체

단당류는 강산에 의한 탈수반응으로 furfural 또는 furfural 유도체가 생성되며 이것들은 페놀류 등과 축합하여 당의 종류에 따라 특징적인 정색물질의 색을 나타낸다. 이 성질을 이용하여 당을 검출하거나 종류를 판별한다.

<표 3-1> 당의 정색반응

반 응 명	시 약	색	용 도
molisch 반응	황산 : α-naphtol	적자색	당의 일반적인 검출
anthrone 반응	황산 : anthrone	청록색	당의 정량에 이용
seliwanoff 반응	염산 : resorcinol	적색	케토오스의 검출 및 정량
phloroglucinol 반응	염산 : phloroglucinol	적색	5탄당, 갈락토오스 검출
chromotropic acid 반응	황산 : chromotropic acid 시약	자색	6탄당 검출

3.1.2. 단당류의 종류

단당류는 분자 중의 탄소원자 수에 다라 3탄당, 4탄당, 5탄당, 6탄당 등으로 구분되며 3탄당과 4탄당은 유리상태로는 존재하지 않기 때문에 식품에서 중요한 단당류는 주로 5탄당과 6탄당 이다.

단당류는 가장 단순한 탄수화물이며 물에 잘 녹는 결정형이다.

1. 3탄당, 4탄당

3탄당은 생리적 의의를 가진 가장 간단한 당으로서 글리세르알데하이드

(glyceraldehyde)와 다이하이드록시아세톤(dihydroxyacetone)이 여기에 속한다. 이들은 근육 또는 효모 중에서 당이 분해할 때 인산에스테르로서 존재하나 유리상태로는 존재하지 않으며 매우 불안정하여 식품 중에는 없다. 4탄당도 유리상태로는 천연에 존재하지 않는다.

2. 5탄당(pentose)

5탄당은 펜토산(pentosan)으로 식물계에 널리 분포되어 있고, 인체 내에서 영양가치가 크지 않으나 일부 5탄당은 핵산의 구성성분으로 중요하다. 5탄당으로는 아라비노오스, 자일로오스, 리보오스 등이 있다.

1) 아라비노오스(arabinose)

아라반(araban)의 주요 성분이며 펙틴, 헤미셀룰로오스 등의 구성 성분으로 자연계에 유일하게 L형으로 존재하는 당이다. 아라비노오스는 단맛을 갖고 있으며 효모에 의해 발효되지 않는다.

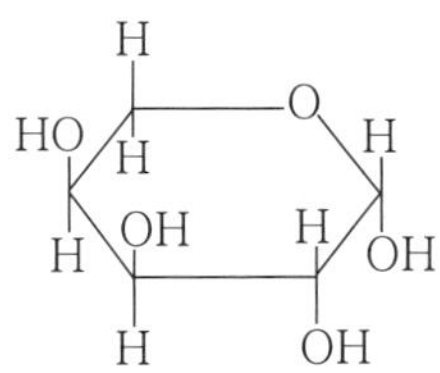

α-L-arabinose

2) 자일로오스(xylose)

자일로오스는 자일란(xylan)의 구성단위로 볏짚, 밀짚, 목질, 견과류, 또는 종자류의 껍질 같은 식물 경엽, 종엽 등에 분포되어 있다.

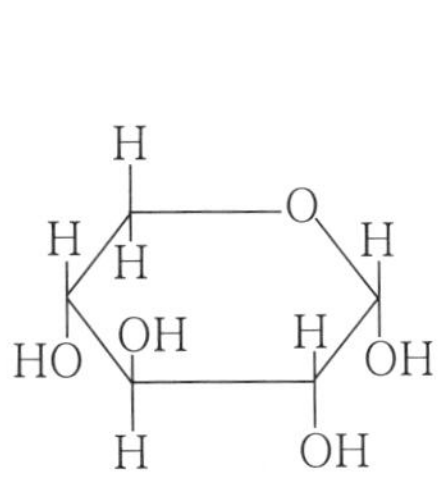

α-D-xylose

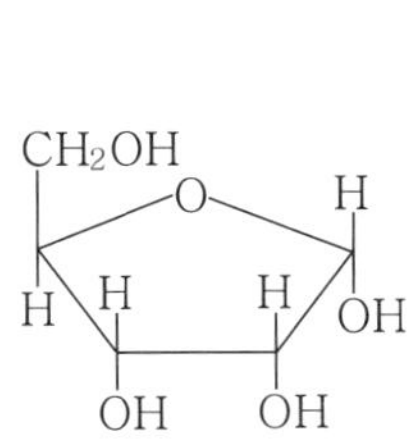

α-D-ribose

자일로오스는 설탕의 60% 정도의 단맛을 가지고 있어 저칼로리 감미료로 이용된다. *Torula*속을 제외한 효모에 의해 발효되지 않는다.

3) 라이보오스(ribose)

라이보오스는 동물세포에 존재하는 RNA, ATP, 비타민 B_2, NAD, CoA 등의 구성 성분으로 매우 중요한 5탄당 이다.

3. 6탄당(hexose)

6탄당은 자연식품에 존재하는 많은 고분자 탄수화물들의 주요 구성성분으로 중요한 것은 포도당, 갈락토오스, 만노오스 등이 대표적이고 대체로 강한 단맛을 가지고 있다. 모두 효모에 의해 발효되므로 지모헥소오스(zymohexose)라 부른다.

1) 포도당(glucose)

포도당(α-D-glucose)은 과일류, 감자류, 채소류 등 식물체에 광범위하게 분포되어 있을 뿐 아니라 포유동물의 혈액 속에도 0.1% 존재한다. 포도당은 전분, 글라이코젠, 전화당, 섬유소, 맥아당, 유당, 자당 배당체 등의 주요 구성성분이다.

포도당은 탄수화물 중에서 가장 기본인 당으로 동물 체내에는 글라이코젠의 형태로 저장되며 생물의 중요한 에너지원이다. 포도당의 단맛은 자당을 100으로 했을 때 70 정도로 단맛이 강한 편이다.

포도당은 α, β형의 두 이성체로 존재하는 환원당으로 α형이 β형보다 더 안정하며 단맛도 강하고 보통 수용액에서 결정시킨 포도당이다.

2) 과당(fructose)

과당은 유리상태로 과일 중에 널리 존재하며 특히 벌꿀에 많다. 포도당과 결합하여 자당을 이루며, 돼지감자와 다알리아 뿌리에 많이 들어있는 다당류인 이눌린(inullin)의 구성성분 이기도 하다.

과당은 천연 당류 중 가장 단맛이 강하고 상쾌하여 감미료로 사용되며 용해도가 크고 과포화되기 쉽다. 포도당이나 자당보다 점도는 작고 흡수성이 크다. 과당은 결합 상태 일 때는 푸라노오스(furanose)형이며 유리형 일 때는 푸라노오스와 피라노오스(pyranose)의 두 형으로 존재한다. 과당은 α, β형의 이성체가 존재하나 자연에 결합 상태로 존재할 때는 β-D-fructose형으로만 존재하고 β형의 단맛은 α형의 3배 정도이다.

3) 갈락토오스(galactose)

자연계의 갈락토오스에는 D형과 L형이 있고, 유리상태로 존재하지 않는다. 포도당과 결합하여 유당이 되며, 한천(寒天)의 주성분인 아가르산(agaric acid)의 구성단당류 이다.

갈락토오스는 동물 체내에서 단백질 또는 지방과 결합하여 동물의 뇌, 신경조직 내의 지질인 세레브로사이드(cerebroside)의 구성성분이 된다. 갈락토오스도 환원당으로 α, β형의 두 이성체가 존재하며, 단맛은 포도당의 60% 정도이다.

4) 만노오스(mannose)

만노오스는 자연 상태에서 유리상태로는 거의 존재하지 않고 곤약(konjak)의 주성분인 다당류 만난(mannan)의 구성단당류 이다.

만난, 갈락토만난(galactomannan)의 형태로 곤약, 감자나 백합 뿌리 등에 들어 있으며 발효성이 있다. 만노오스는 환원당이며 α, β형의 두 이성체로 존재하며 단맛은 있으나 약하다.

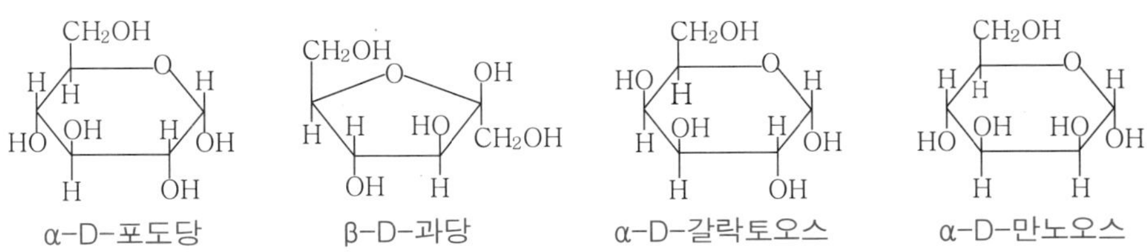

<그림 3-5> 6탄당의 종류

4. 단당류의 유도체

당의 산화·환원반응에 의한 것과 아미노기가 결합된 것 또는 비당류와 결합 등에 의하여 생성된 것이 있다.

1) 당알코올(sugar alcohols)

당알코올은 단당류의 알데하이드기(CHO)가 알코올기(CH_2OH)로 바뀐 화합물 이다. 식물체에 존재하며 감미료나 보습제로 식품에 이용된다.

- 라이비톨(ribitol) : 5탄당 라이보오스(ribose)가 환원된 것이며, 비타민 B_2 (riboflavin)의 구성성분이다.
- 에리쓰리톨(erythritol) : 에리쓰로오스(erythrose)가 환원된 것으로 해조류, 이끼류 성분으로 존재한다.
- 소르비톨(sorbitol) : 포도당이 환원된 것으로 과실에 존재하며 인공감미료나 비타민 C의 합성 원료로 사용된다.
- 만니톨(mannitol) : 만노오스가 환원된 것으로 버섯, 균류, 해조류에 존재하며 건미역의 백색 분말, 고구마에 생기는 흰 가루성분, 만나나무에서 얻어지는 만나꿀의 주성분이다. 단맛이 강하고 체내에서 이용되지 않아서 당뇨병 환자의 감미료로 사용된다.
- 둘시톨(dulcitol) : D-갈락토오스가 환원된 것으로 약간의 단맛을 가진다.
- 이노시톨(inositol) : 환상구조의 당알코올로 식물의 두류와 과일, 동물의 근육, 뇌, 내장 등에 존재하므로 근육당 이라고도 하며 비타민 B 복합체의 한 가지로 특히 쌀겨에 있는 파이틴(phytin), 칼슘(Ca), 아연(Zn), 철(Fe) 등과 강하게 결합하므로 생체 내 이용도를 감소시킨다.

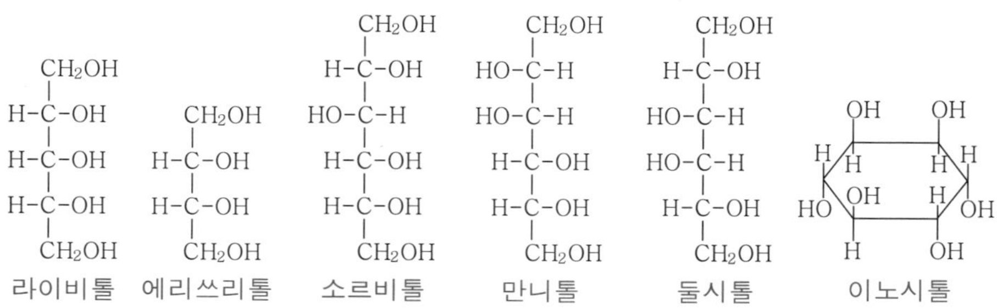

<그림 3-6> 당알코올의 종류

2) 아미노당(amino sugar)

아미노당은 단당류, 6탄당에서 C_2의 수산기(-OH)가 아미노기(-NH_2)로 치환된 것이다.

- 글루코사민(glucosamine, chitosamine) : 새우 게 등 갑각류의 껍질의 주성분인 키틴(chitin)의 구성성분이다.
- 갈락토사민(galactosamine, chondrosamine) : 연골이나 단백질인 콘드로이틴 황산염(chondroitin sulfate)의 구성성분 이다.

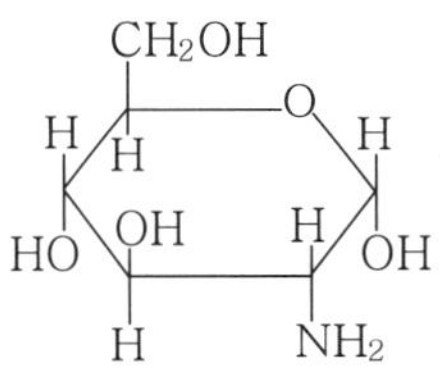
α-D-glucosamine

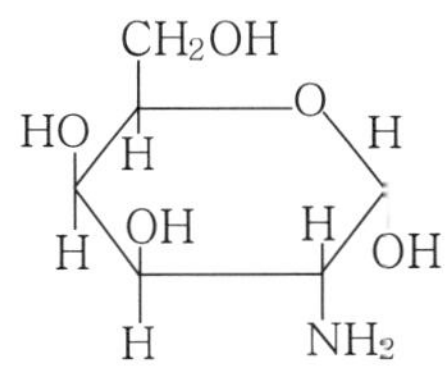
α-D-galactosamine

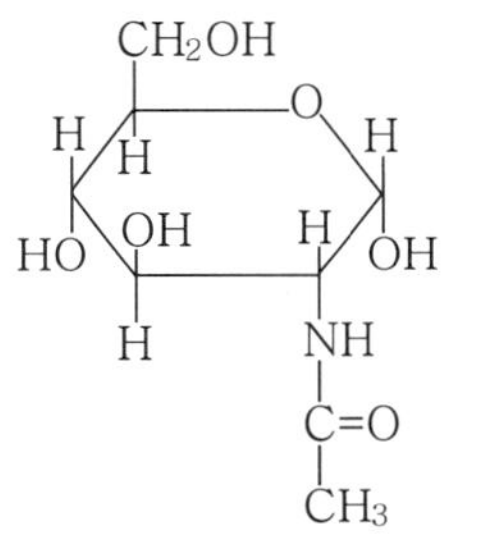
N-acetyl D-glucosamine

3) 싸이오당(thio sugar)

싸이오당은 C_1의 OH가 SH로 치환된 것이며 무, 마늘, 고추냉이의 매운맛 성분인 시니그린(sinigrin)의 구성당인 싸이오글루코오스(thioglucose)가 대표적이다.

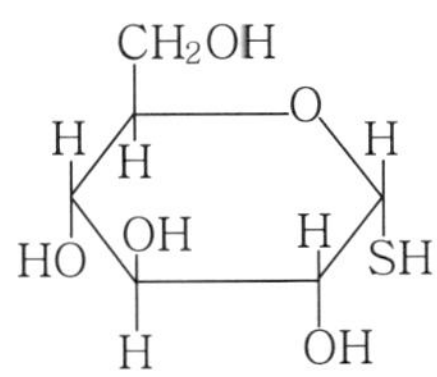
thioglucose

4) 데옥시당(deoxy sugar)

데옥시당은 단당류에서 산소가 하나 제거된 것으로 당의 수산기(-OH)가 수소원자(H)로 치환된 환원형이다.

- 데옥시라이보오스(deoxyribose) : 라이보오스의 C_2에서 산소가 제거된 것으로 핵산인 DNA의 구성성분으로 동·식물에게 널리 분포하는 5탄당이다.
- 람노오스(rhamnose) : 만노오스의 C_6에서 산소가 제거된 메틸 펜토오스(methyl pentose)이며 배당체로 식물계의 색소 성분에 존재하고 단맛이 강하다.
- 푸코오스(fucose) : 갈락토오스의 C_6에서 산소가 제거된 것으로 해조류의 다당류인 푸칸(fucan)의 구성성분이다.

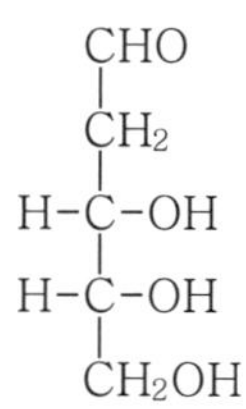
D-2-deoxyribose

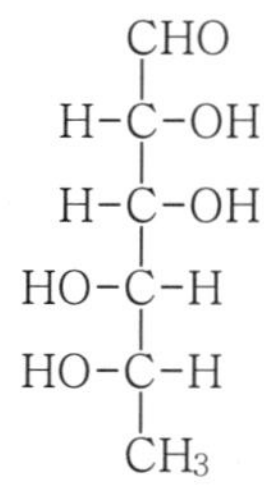
L-rhamnose

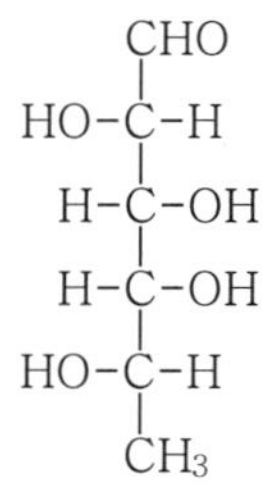
L-fucose

5) 우론산(uronic acid)

단당류 C_6인 제1급 알코올기(-CH_2OH)가 산화되어 카르복시기(-COOH)로 된 것으로 환원성이 있다.

- D-글루쿠론산(glucuronic acid) : D-glucose가 산화된 것으로 식물 껍질의 구성성분으로 존재하며 동물체에서는 헤파린, 황산콘드로이틴(chondroitin sulfate), 하이알루론산(hyaluronic acid)의 성분이며 동물체 내에서 해독작용에 관여한다.

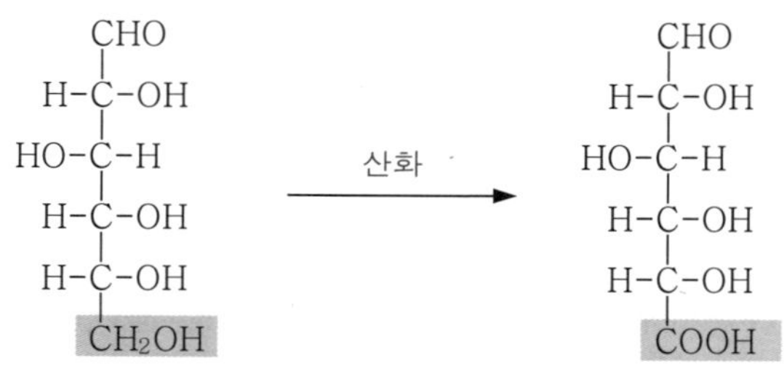

glucose　　D-glucuronic acid

- D-갈락투론산(galacturonic acid) : methyl ester로 과일 중 다당류인 펙틴의 구성성분으로 존재한다
- D-만누론산(mannuronic acid) : 갈조류의 다당류인 알진산(alginic acid)의 구성성분으로 존재한다.

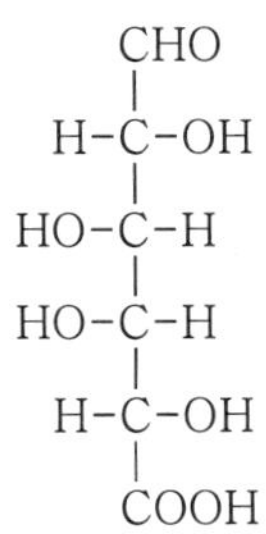

D-galacturonic acid

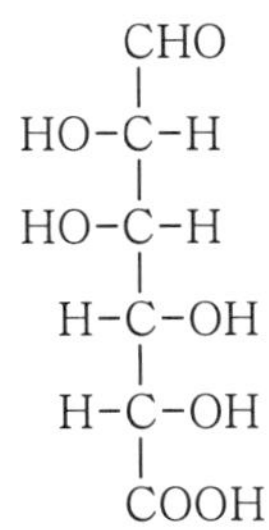

D-mannuronic acid

6) 당산(saccharic acid)

단당류의 C_1의 알데하이드기(-CHO)와 C_6의 제1급 알코올기(-CH_2OH) 양쪽이 다 같이 산화되어 카복시기(-COOH)로 된 것으로 환원성이 없다.

- D-glucosaccharic acid(D-glucaric acid) : D-포도당의 C_1과 C_6이 카복시기(-COOH)로 된 것으로 인도고무나무에 존재하며 물에 녹는다.
- D-mucic acid(D-galactaric acid) : D-갈락토오스에서 유도된 것으로 물에 녹지 않는다.

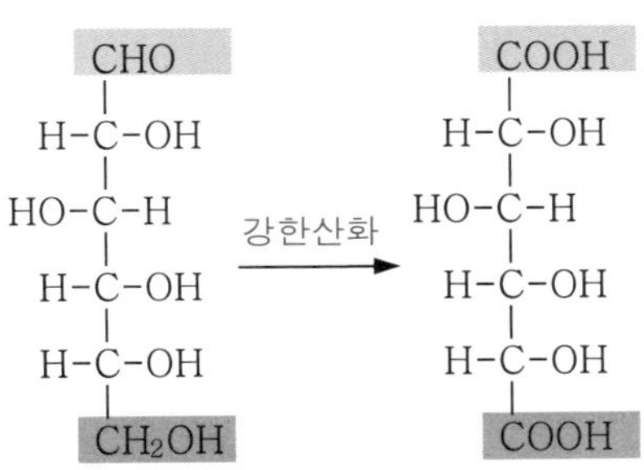

glucose D-glucosaccharic acid

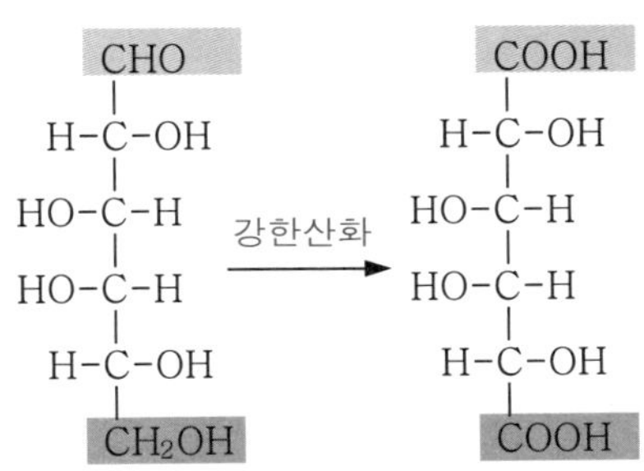

galactose D-mucic acid

7) 배당체(glycoside)

배당체는 단당류의 환원성 OH기와 비당류 부분이 글리코사이드성 결합(또는 -OH가 -SH로 치환되어 -S-결합)을 한 것이다. 배당체의 비당 부분을 아글리콘(aglycone)이라 하는데, 아글리콘의 종류에 따라 여러 가지 배당체가 생긴다. 배당체에는 감자의 솔라닌(solanine), 가지와 포도의 안토시아닌(anthocyanin), 밀감의 나린진(naringine), 밀감과 레몬의 헤스페리딘(hespiridin), 메밀의 루틴(rutin) 등이 있다.

배당체의 역할은 당의 저장, 해독작용, 삼투압 조절작용, 대사에 필요한 물질의 공급조절 등이 있다.

3.2. 소당류(oligosaccharides)

소당류는 가수분해에 의하여 2~8분자의 단당류를 생성하는 탄수화물로서 단당류는 6탄당에 한한다. 이 중에서 식품 중에는 2당류의 분포가 가장 많고 3당류와 4당류 등은 적다.

비교적 최근까지 소당류로서 잘 알려지고 있는 것은 천연에 유리형으로 존재하는 것과, 또한 섬유소와 전분 같은 균일 다당류의 가수분해로 높은 수량이 얻어지는 것뿐이다. 그리고 소당류에 함유된 glycoside결합에는 α, β의 2종류가 있으며, 결합위치는 1 → 2, 1 → 3, 1 → 4, 1 → 6 등이 있다 또 소당류에 있어서는 동일결합만을 가지는 것과, 또는 2종 이상의 결합으로 혼합된 것이 있다. 따라서 소당류의 종류는 현재 약 500종이 알려지고 있는데 식품 중에는 몇 가지만이 다량 존재하며 이들은 D-glucose, D-galactose 및 D-fructose로 되어 있고, 상호간에 밀접한 관계가 있다.

1. 이당류(disaccharide)

이당류는 2분자의 6탄당이 탈수 축합한 것이다. 구성하는 6탄당의 종류에 따라 여러 가지 이당류가 있으며 식품성분으로서 중요한 것은 맥아당, 유당, 자당이 있으며, 자당은 환원력이 없으므로 비환원당이고 맥아당과 유당은 글루코사이드성 OH기가 유리상태이어서 환원력이 있으므로 환원당이다.

1) 맥아당(maltose, malt sugar)

맥아당은 엿당이라고도 하며, 전분이나 글리코겐을 산이나 맥아의 아밀레이스(amylase)로 가수분해 하면 생긴다.

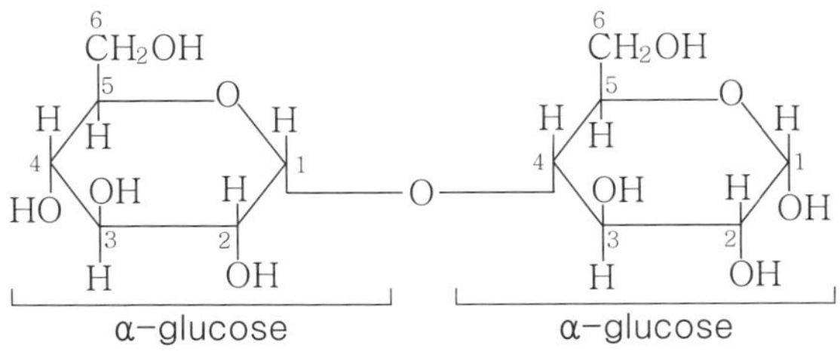

α-maltose

천연에는 홀로 존재하거나 발아되는 종자 중에 소량 존재한다. α-포도당의 C^1의 수산기와 α또는 β-포도당의 C^4수산기가 축합한 것으로 각각 α-맥아당 또는 β-맥아당이라 하며 양자는 평형을 유지하며 존재하고 있다. 맥아당은 환원력을 가지며 효모에 의하여 발효된다. 단맛은 자당을 100으로 했을 때 50~60 정도이다.

2) 유당(lactose, milk sugar)

동물의 유즙 중에 존재하여 젖당이라고도 하는데 식물계에는 존재하지 않는다. 유당은 β-갈락토오즈의 C^1과 포도당의 C^4가 축합한 것으로 포도당이 α인 것을 α-유당, β인 것을 β-유당이라 하며 시유 중에는 α : β = 2 : 3의 비로 존재한다. 식품 속에 적당량의 유당이 들어 있으면 유산균의 발육을 왕성하게 하여 다른 유해균의 발육을 억제하므로 정장작용의 역할을 한다.

<표 3-2> 유즙 중의 유당 량

종 류	유당 량(g/dl)	종 류	유당 량(g/dl)
사 람	7	돼 지	4.6
소	4.8	양	4.6
산 양	4.7	낙 타	5.6
말	4.1	고 래	2.1

포유동물의 정장과 뇌신경 조직에 중요한 역할을 하고 어린이들의 영양에 중요한 당이다. 유산균이 칼슘의 흡수를 돕고 장내 악성 발효나 설사를 막는다. 그러나 한 번에 많이 먹으면 설사를 유발하는 경우도 있다.

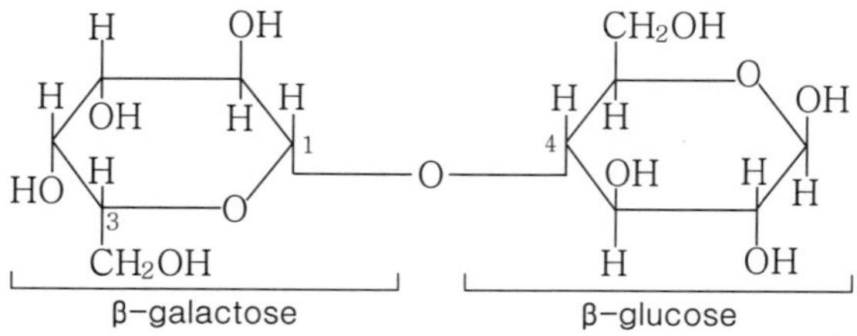

β-lactose

3) 자당(sucrose, saccharose)

설탕 또는 서당이라고도 부르며 과실, 꽃, 종자 등의 식물계에 많이 분포되어 있으며, 특히 사탕수수의 줄기, 사탕무의 뿌리에 15% 정도로 가장 많이 함유되어 있다.

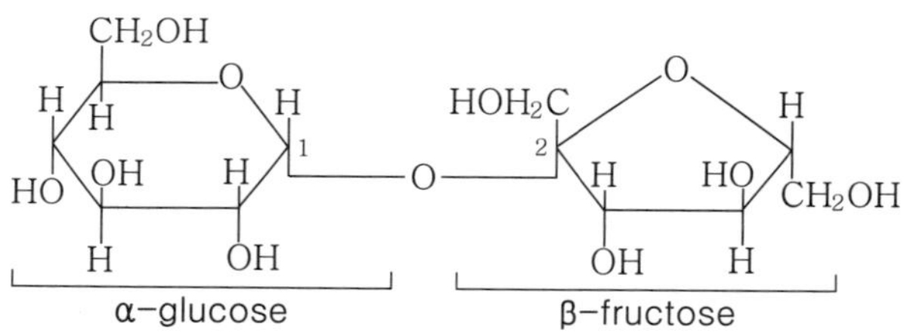

sucrose

$$\underset{\text{sucrose}}{C_{12}H_{22}O_{11}} + H_2O \xrightarrow{\text{HCl 또는 invertase}} \underset{\text{D-glucose}}{C_6H_{12}O_6} + \underset{\text{D-fructose}}{C_6H_{12}O_6}$$

sucrose $[\alpha]_D^{20} = +66.5°$

$[\alpha]_D^{20}=52.2°$, $[\alpha]_D^{20}=-92°$

$[\alpha]_D^{20}=(+52°-92°)/2=-20°$

일반적으로 순수한 자당보다는 그 중의 일부가 가수분해 되어 전화당으로 존재 할 때 전체의 용해도는 순수한 자당만의 용해도 보다 크다. 즉, 0℃에서 자당의 최대 용해도는 64%이며, 자당 중의 58%가 반전된 당의 혼합액으로서 그 혼합물의 최대 용해도는 73% 이다. 또 40℃에서 자당의 최대 용해도는 70% 이나, 자당의 82%가 반전되었을 때 그 혼합물의 용해도는 96%나 된다.

당류의 용해도와 단맛크기의 순서는 대체로 일치하는데 그 순서는 과당>자당>포도당>맥아당>유당의 순이다.

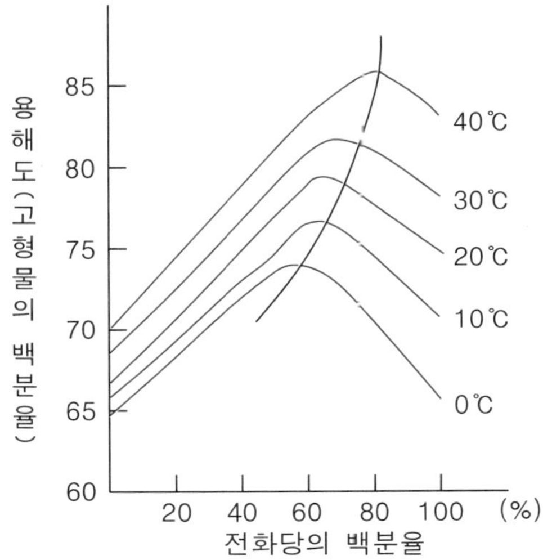

<그림 3-7> 자당과 전화당 혼합물의 용해도 곡선

4) 그 외의 이당류

- 젠티오바이오스(gentiobiose) : 젠티오바이오스는 삼당류인 젠티아노오스 또는 배당체인 아미그달린(amygdalin)의 구성단위이며 전분의 가수분해 과정에서 맥아당과 함께 소량이 형성되기도 한다. 전분이 일단 가수분해 된 후 포도당에서 역 생성되어 만들어 진다. 이 당은 단맛이 없고 비환원성이며, 융점은 209℃ 정도이고 비선광도는 $[\alpha]_D^{20}$=+31.5° 이다.

- 셀로바이오스(cellobiose) : 셀로바이오스는 자연에 유리상태로 존재하지 않으며 섬유소(cellulose)의 구성 성분이다. 구조는 β-D-포도당 두 분자가 β-1,4결합한 것으로 단맛이 없으며 융점은 255℃이고 비선광도는 $[\alpha]_D^{20}$=+14.2° 이다.

- 루티노오스(rutinose) : 루티노오스는 β-람노오스와 β-포도당이 β-1,6결합한 것으로 메밀이나 감귤의 배당체인 루틴(rutin), 헤스페리딘, 나린진 등의 구성 성분이다.

- 트레할로오스(trehalose) : 트레할로오스는 α-포도당 두 분자가 α-1,1결합한 것으로 환원성이 없으며 버섯, 효모, 맥각 등에 존재한다. 보통 α형은 2수화물($C_2H_{22}O_{11}\cdot 2H_2O$)로 존재하며 융점은 97℃이고 비선광도는 $[\alpha]_D^{20}$=+178.3° 이다.

▪ 멜리바이오스(melibiose) : 멜리바이오스는 래피노오스의 구성단위로 갈락토오스와 포도당으로 이루어진다.

β-멜리바이오스는 2수화물($C_2H_{22}O_{11} \cdot 2H_2O$)로 존재하며, 융점은 84℃, 비선광도는 $[\alpha]_D^{20}$=+111.7° 이다. α, β-형의 평형농도(equilibrium mixture)의 비선광도는 $[\alpha]_D^{20}$=+129.5° 이다.

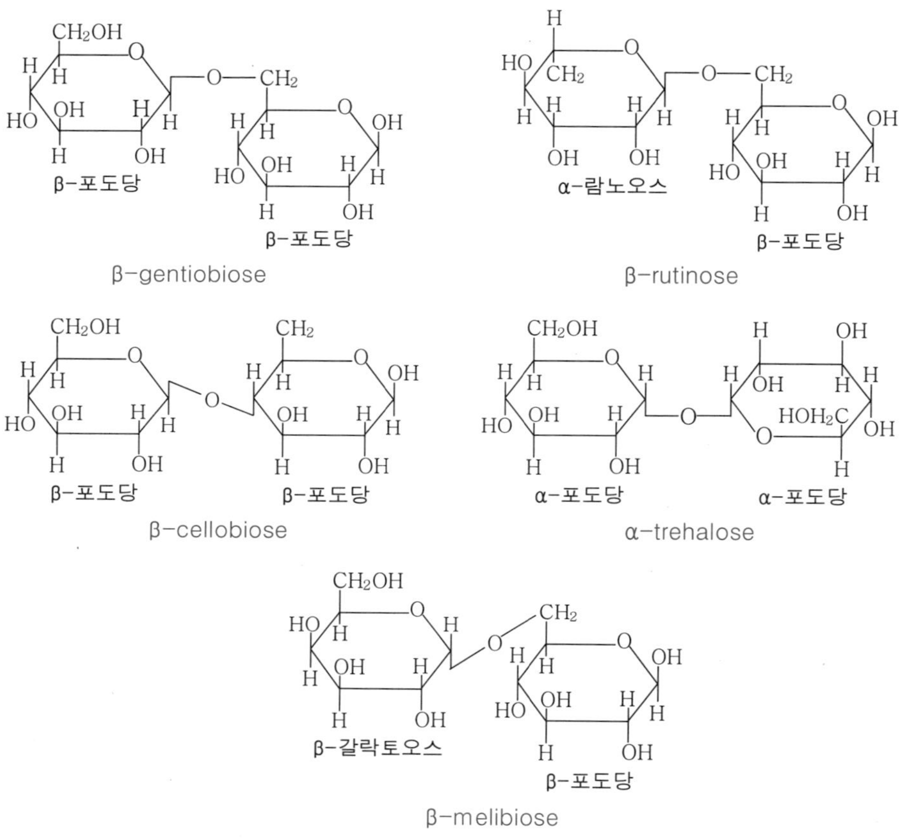

<그림 3-8> 그 외의 이당류

2. 소당류

소당류(oligosaccharide)는 2당류를 포함하여 2~8개의 단당류가 결합된 당류이다. 소당류 중 중요한 것은 3당류인 래피노오스와 4당류인 스타키오스이다.

1) 래피노오스(raffinose)

래피노오스는 식물의 종자나 뿌리에 많고 대두와 면실에도 소량 존재하며 갈락토오스, 포도당, 과당으로 이루어진 3당류로 비환원성 이다.

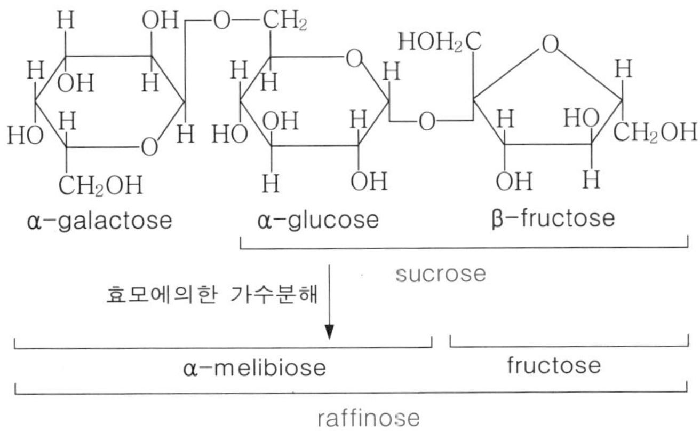

2) 멜레아토오스(meleatose)

멜레아토오스는 만나에서 만들어 지며 두 분자의 포도당과 한 분자의 과당으로 결합된 3당류 이다.

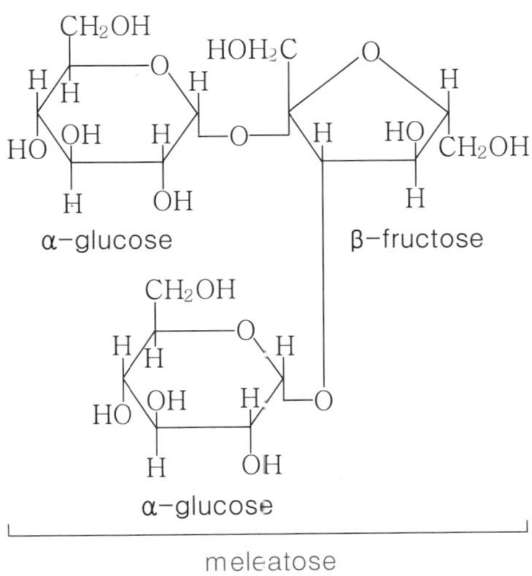

3) 젠티아노오스(gentianose)

젠티아노오스는 용담속에 속하는 식물의 뿌리에 있는 3당류이며 식물체에 존재하는 효소인 인베르틴(invertin)이나 산에 의해 가수분해하여 젠티오바이오스(gentiobiose)와 과당이 생성된다. 젠티아노오스는 비환원성이다.

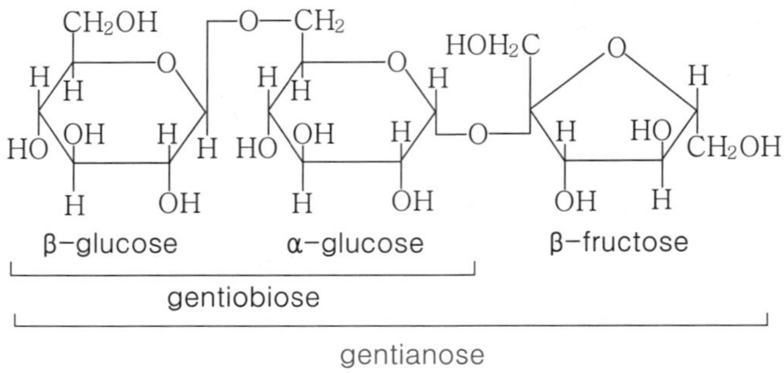

4) 스타키오스(stachyose)

스타키오스는 면실과 대두에 많이 들어 있으며 래피노오스에 또 하나의 갈락토오스 즉, 과당, 포도당, 갈락토오스에 또 한분자의 갈락토오스가 결합된 4당류이며 비환원성이다.

장내 세균의 발효에 의해 가스를 형성하나 비피더스균의 활성을 증진 시키며 간 기능의 보호, 변비방지, 혈압강하, 항암효과가 있는 것으로 알려져 있다.

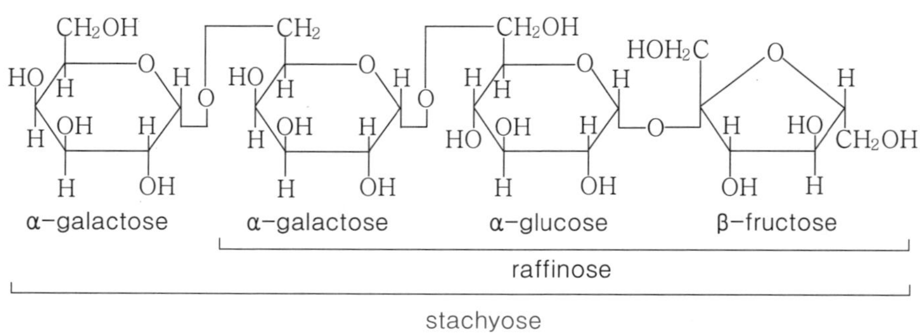

3.3. 다당류(polysaccharides)

다당류는 여러 분자의 단당류 또는 이에 관련된 물질이 글루코사이드 결합으로 반복하여 중합된 거대분자의 탄수화물이다. 동종(同種)의 단당류로 이루어진 것을 단순다당류, 이종(異種)의 단당류로 이루어진 것을 복합다당류라고 한다.

- 단순다당류 : starch, dextrin, inulin, lichenin, cellulose, mannan, galactan, xylan, araban, glycogen, dextran, chitin
- 복합다당류 : glucomannan, hemicellulose, pectin substance, hyaluronic acid, chondroitin sulfate, heparin, gum arabic, gum tragacanth, gum karaya, 메뚜기콩 gum, gum guar, 한천, alginic acid, carrageenan

3.3.1. 단순다당류(simple polysaccharide)

1. 전분(starch)

전분은 식물성 다당류로서 곡류나 감자, 고구마 등에 저장물질로 다량 존재한다. 전분은 물보다 무거우며(비중 1.65) 물속에서 백색의 분상(粉狀)으로 침전되므로 전분이란 이름이 생겼고, 녹말이란 옛날에 전분을 녹두가루로 만들었기 때문에 생긴 용어이다. 그림 3-9와 같이 전분립의 형상과 크기는 식물의 종류와 부위에 따라 다르다.

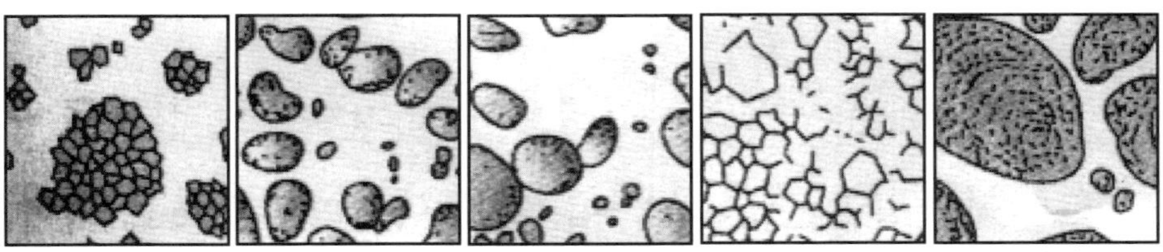

<그림 3-9> 전분의 입자

전분은 포도당의 수가 수백~수천 개 중합한 것으로서 그의 결합방법에 따라서 아밀로오스와 아밀로펙틴의 2종으로 구별한다.

아밀로오스는 포도당이 α-1,4결합(α-글루코오스끼리 C^1과 C^4위치에서 결합한 것으로 말토오스(maltose)의 결합양식이다.)을 되풀이하여 쇄상(鎖狀)으로 중합한 것으로 그 평균 중합도는 전분의 종류에 따라 다르나 일반적으로 200~3,000 정도이다. 또 아밀로오스의 사슬은 포도당이 6분자마다 한 번씩 감으면서 길게 이어져서 전체는 나선상의 분자형태를 이룬다.

<표 3-3> 각종 전분입자의 크기와 형태

종 류	크기(평균치)	형 태	종 류	크기(평균치)	형 태
보 리	25	편두형	감 자	45	난 형
밀	25	편두형	고구마	15	난 형
쌀	7.5	다각형	메 밀	12.5	다각형

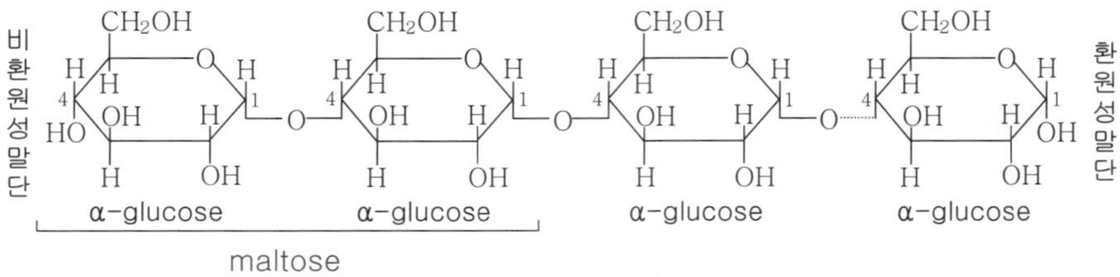

<그림 3-9> 아밀로오스(amylose)의 화학구조

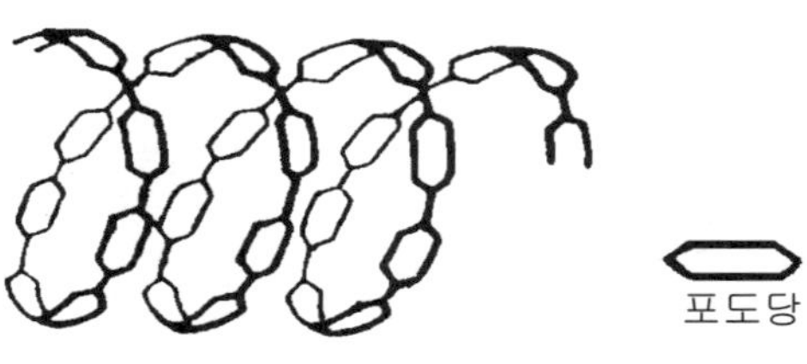

<그림 3-10> Amylose의 나선구조

직쇄(直鎖)를 구성하는 α-포도당 분자의 수는 평균 수백 개에 이른다. 아밀로펙틴은 아밀로오스 직쇄의 군데군데에 다른 아밀로오스 사슬이 α-1,6결합(α-포도당끼리 C_1과 C_6의 위치에서 결합한 것으로 아이소말토오스의 결합 방법)에 의하여 분지된 것이다. 각 측쇄(側鎖)를 구성하는 포도당의 분자 수는 20~28개, 아밀로펙틴 전체를 이루는 포도당의 수는 전분의 종류에 따라 차이가 있으나 일반적으로 40,000~340,000 정도이다.

아밀로펙틴 측쇄는 말단이 규칙적인 분지상의 다발(micelle) 구조를 이루고 있으며 전체는 구상(球狀)을 이루고 있다.

<표 3-4> 아밀로오스와 아밀로펙틴의 비교

특 성	아밀로오스	아밀로펙틴
분 자 량	40,000~340,000	4,000,000~6,000,000
X-선 분석	고도의 결정성	무정형
물에 대한 용해	거의 녹지 않음	잘 녹음
요오드와의 반응	짙은 청색	자주색

아밀로펙틴은 아밀로오스와 같이 α-1,4결합을 주로 하고 있으나 사슬 군데 군데에서 다른 아밀로오스 사슬이 α-1,6결합(α-포도당끼리 C^1과 C^6의 위치에서 결합한 것으로 아이소말토오스의 결합방법이다.)에 의하여 분지된 것이다.

전분은 요오드 액에 의하며 청색을 나타낸다. 이것은 요오드분자가 아밀로오스쇄상의 나선구조의 중간에 들어가 아밀로오스와 요오드의 복합체를 이루어 색을 나타내기 때문이다.

전분을 가수분해 할 때 요오드반응은 청색에서 자색, 적색이 되고 차차 퇴색되어 무색이 되며 이 변화는 아밀로오스의 쇄상분자가 점차로 절단되어 아밀로오스와 요오드가 복합체를 이루지 않기 때문이다.

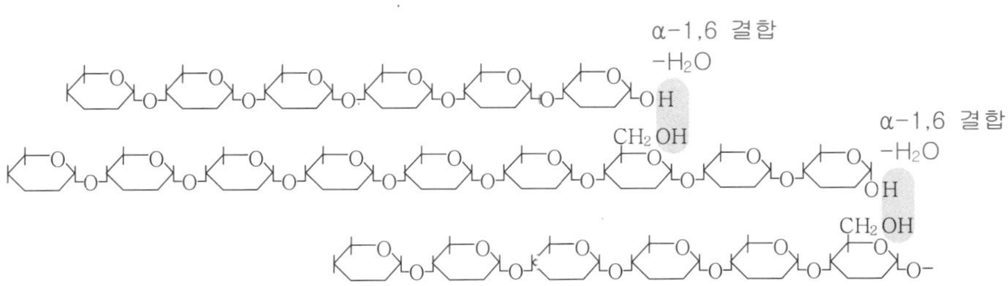

<그림 3-11> amylopectin 구조의 일부

전분 중의 아밀로오스의 함량은 blue value를 측정함으로써 알 수 있다. Blue value란 전분입자의 구성 성분과 요오드와의 친화성을 나타낸 값으로 전분 분자 중에 존재하는 직쇄상 분자인 아밀로오스의 양을 상대적으로 비교한 값이다.

일반적으로 아밀로오스의 blue value는 0.8~1.2이고 아밀로펙틴의 blue value는 0.15~0.22정도이다.

<표 3-5> 각종 starch의 amylose 함량(%)

종 류	아밀로오스 함량	종 류	아밀로오스 함량
찹 쌀	0	옥수수	21.0
멥 쌀	17.0	감 자	22.0
바나나	20.5	밀	24.0

2. 글라이코젠(glycogen)

동물성 저장다당류로서 간장(6%), 근육(0.7%), 조개류(5~10%)에 많고 균류 및 효모 등에도 있다. 구조는 아밀로펙틴과 같이 α-포도당의 중합체로서 분자량은 1,000,000~4,000,000 정도이며 분자 내의 포도당쇄상의 가지가 많으므로 구상분자로서 되어 있다. 즉 글라이코젠은 아밀로펙틴(amylopectin)보다 가지가 많은 분자이나 사슬의 길이는 짧다.

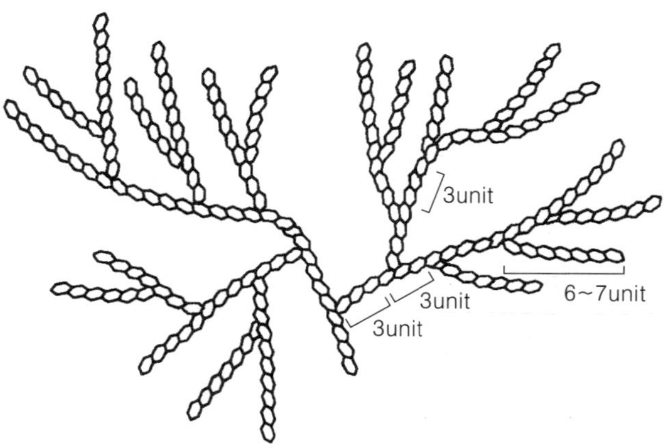

<그림 3-12> glycogen의 모형도

3. 섬유소(cellulose)

섬유소는 고등식물 세포막의 주성분으로서 자연계에 광범위하게 분포되어 있는 탄수화물이다. 전분이나 글라이코젠(glycogen)과 같이 포도당이 중합된 탄수화물이나 이들과 다른 점은 β-1,4결합(β-포도당끼리 C^1과 C^4의 위치에서 결합한 것으로 셀로바이오스(cellobiose)의 결합방식이다.)을 한 것으로 전체는 직선상의 분자를 이루고 있으므로 요오드반응은 나타나지 않는다. 섬유소의 분자량은 그 출처에 따라 다양하지만 대체적으로 β-포도당 2,800~10,000개의 중합도를 가진다.

섬유소는 X-선 회절도에 의하면 결정성 영역과 무정형 영역의 두 개의 영역으로 형성되어 있으며, 결정성 영역의 비율은 출처에 따라 다소 차이가 있으나 대체적으로 30~70% 정도이다.

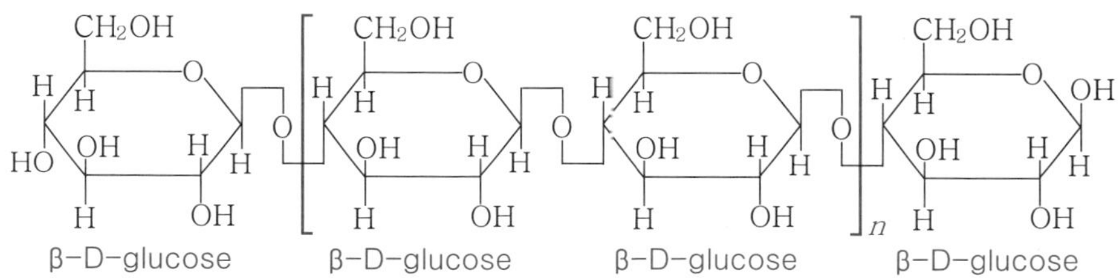

<그림 3-13> 섬유소의 직쇄구조

결정성 영역이 크면 섬유의 탄성과 인장 강도를 증가시키며 이러한 섬유질 식품은 질기다. 식품으로부터 수분을 제거하면 섬유소의 무결정 부분이 점차 결정성으로 된다. 예를 들어 채소를 건조하면 질겨지고 가소성과 팽윤력이 감소한다.

인체에는 섬유소를 분해하는 효소가 없으므로 식품 중의 섬유소는 거의 소화되지 않고 체외로 배설된다. 그러나 식품 중 적당량의 섬유소는 장의 연동을 자극하여 대변을 형성하고 변통(便通)을 좋게 한다. 섬유소는 저칼로리 식품의 제조에, 또 염색성이 좋은 점을 이용하여 식품의 착색에, 그리고 보향성이 좋아서 식품에 첨가하여 향기성분을 흡착, 유지하는데 이용된다.

4. 그 외의 단순다당류

xylan은 xylose, araban은 arabinose, mannan은 mannose, galactan은 galactose를 구성단위로 하는 다당류로서 광범위하게 식물의 세포막에 분포되어 있다.

1) 이눌린(Inulin)

이눌린은 돼지감자, 다알리아의 뿌리, 백합 뿌리 등에 들어있는 다당류로 과당이 다수 결합된 것이다. 사람에는 이눌린을 분해하는 효소가 없기 때문에 식품으로서의 가치는 없으나 과당의 제조 원료로 쓰인다.

2) 키틴(chitin)

키틴은 *N*-아세틸 글루코사민(*N*-acetyl glucosamine)이 β-1,4결합으로 연결된 다당류로 셀룰로오스가 식물체의 구조형성 다당류인데 반해 키틴은 동물체의 구조형성 다당류로 곤충류나 갑각류의 외각에 많이 분포되어 있고 균류에도 있다.

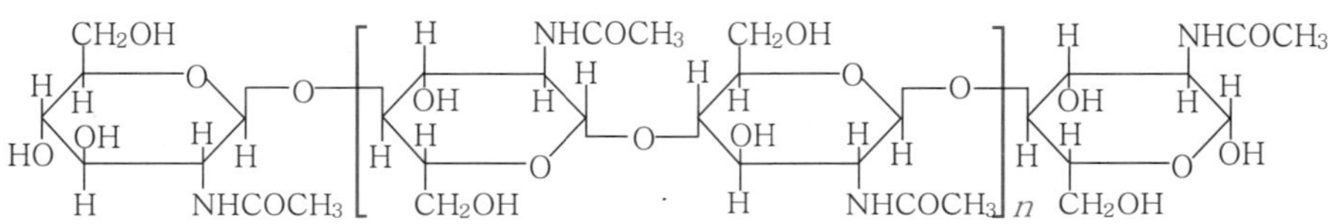

chitin

3.3.2. 복합다당류(complex polysaccharides)

1. 헤미셀룰로오스류(hemicellulose)

헤미셀룰로오스는 세포벽을 구성하고 있는 복합다당류로 셀룰로오스, 리그닌 등과 함께 식물세포의 세포막 구성성분으로, 주로 나무 목질부의 주요 구성성분이다. 그러나 이들 섬유질과 달리 구성단위가 일정하지 않고 자일로오스, 아라비노오스와 같은 당성분과 글루쿠론산, 갈락투론산과 같은 우론산으로 구성되어 있다.

2. 글루코만난(glucomannan)

글루코만난은 만난(mannan)이라고도 하며 포도당과 만노오스가 약 1 : 2로 결합된 것이다. 인체에서 거의 흡수되지 않기 때문에 저칼로리 식품의 원료로 사용된다.

<표 3-5> 셀룰로오스와 헤미셀룰로오스의 특징

	셀룰로오스	헤미셀룰로오스
구성분자	D-포도당의 단일 중합체	일정하지 않음
분자량	$4.6 \times 10^5 \sim 1.7 \times 10^6$	10,000~40,000
분자모양	결정성, 섬유상	비결정성, 비섬유상
산알칼리용해도	잘 녹지 않음	알칼리에 잘 녹음
가수분해생성물	D-포도당	주로 D-자일로오스

3. 한천(agar)

한천은 홍조류인 우뭇가사리에서 추출된 다당류로 갈락토오스로 된 복합다당류로 갈락탄(galactan)이다. 한천은 홍조류를 건조한 후 뜨거운 물에 녹여 동결건조 시켜서 만든다.

젤 형성력이 좋은 아가로오스(agarose)와 아가로펙틴(agaropectin)의 두 성분으로 되어 있다. 한천은 고온에서 잘 견디고 젤 형성능력이 강하기 때문에 빵이나 과자류의 안정제로 사용되고 젤리의 원료 등으로 이용된다.

미생물 배양 배지에서 고체 상태를 유지하기 위해서도 사용되며, 사람은 아가(agar)를 소화할 수 없으나 물을 흡수하면 팽창하기 때문에 장을 자극하여 변통 좋게 한다.

4. 황산콘트로이틴(chondroitin sulfate)

황산콘트로이틴은 뮤코(muco) 다당류로 콜라젠과 더불어 연골조직, 결합조직의 주요 성분이다. 그 구조는 2-*N*-아세틸 갈락토사민(2-*N*-acetyl galactosamine), D-글루쿠론산(D-glucuronic acid)이 β-1,4와 β-1,3으로 번갈아 결합되어 있으며 2-*N*-아세틸 갈락토사민의 C_6에 있는 수산기는 황산과 에스터 결합으로 연결되어 있고, 이 황산기와 글루쿠론산(glucuronic acid)의 -COOH기는 보통 염 형태로 존재한다.

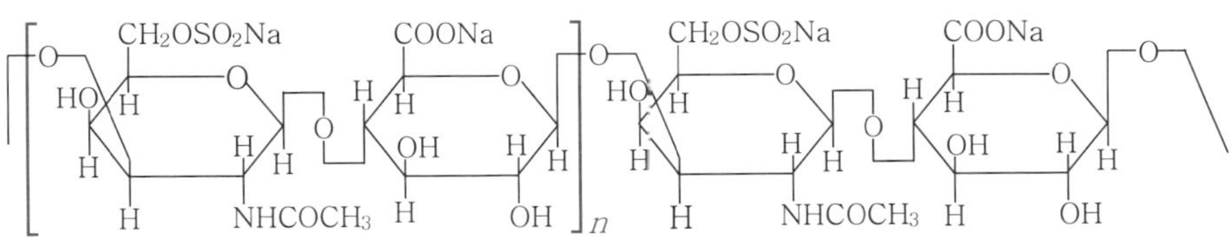

chondroitin sulfate

5. 펙틴질(pectic substance)

펙틴질들은 과일이나 채소류 같은 식물의 세포막, 또는 세포막 사이(middle lamella)를 결착시켜 주는 물질로 작용한다.

1) 펙틴의 구조

펙틴질에 속하는 것으로 프로토펙틴(protopectin), 펙틴(pectin), 펙트산(pectic acid), 펙틴산(pectinic acid)의 네 가지로 분류되는데 이들 분자들의 기본구조 단위가 갈락투론산(galacturonic acid)이 α-1,4결합을 통해서 긴사슬로 연결되어 있다.

또한 갈락투론산의 카복시기가 메틸 에스테르화 되어 메톡실기(methoxyl group, $-OCH_3$)가 된 것도 있다. 펙틴질에서 메톡실기의 함량이 0%일 경우에 펙틴이 아니라 펙틴산(pectic acid)이라 하고, 7% 이상일 대는 고메톡실펙틴, 7% 이하일 때는 저메톡실펙틴이라고 한다.

2) 펙틴의 종류

- 프로토펙틴 : 펙틴의 모체가 되는 물질로 미성숙 식물 조직에 포함되어 있다.
- 펙틴산 : 분자 속 카복시기의 상당수가 메틸 에스터의 형태로 되어있는 펙틴질 이다.

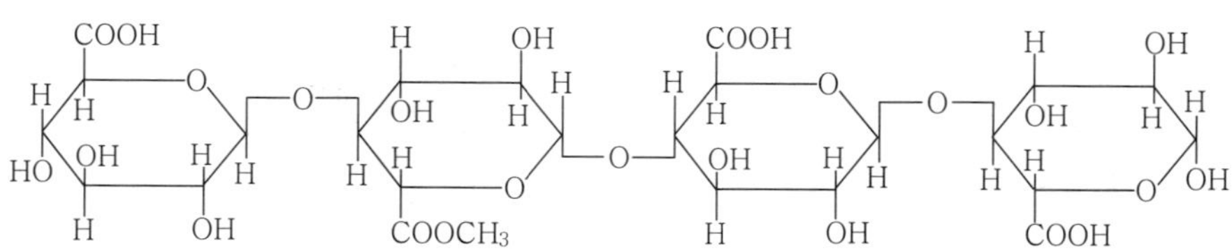

pectinic acid

- 펙트산 : 카복실기에 메톡실기가 전혀 존재하지 않는 폴리갈락투론산(polygalacturonic acid)이다.

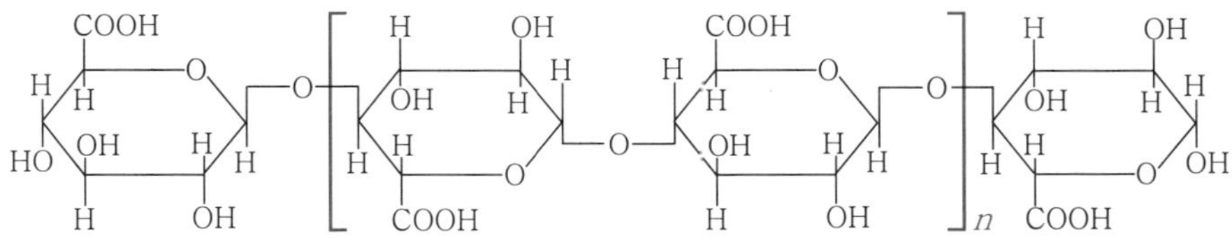

- 펙틴 : 분자 속 카복시기의 일부가 메틸 에스터로 되어 있는 갈락투론산으로 적당량의 당, 산의 존재 하에 겔을 형성할 수 있는 펙틴산, 펙트산의 중성염 또는 산성염을 통틀어 펙틴이라고 한다.

3) 펙틴분해 효소

대표적인 펙틴분해 효소로 프로토펙티네이스(protopectinase), 펙틴 에스터레이스(pectin esterase, PE)와 폴리갈락트로네이스(polygalacturonase, PG)가 있다.

- 펙틴 에스터레이스 : 펙틴의 메틸 에스테르기를 가수분해하는 효소로서 과실주에 포함되어 있을 때 과일의 펙틴에서 메톡실(methoxyl)기를 분해하여 메탄올을 생성하여 숙취의 원인이 되기도 한다.
- 폴리갈락트로네이스 : 펙틴의 갈락투론산 분자를 가수분해함으로써 절임식품의 연부현상의 원인이 된다. 또한 이러한 효소는 저장식품에 바람직하지 못한 품질변화를 일으키기도 하지만 과즙에서 혼탁을 일으키는 펙틴을 가수분해하여 과즙을 맑게 하는 등의 작용으로 식품가공에 이용된다.

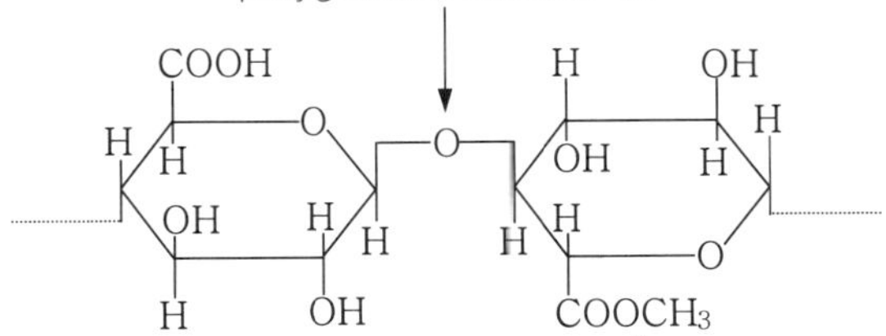

<그림 3-14> 펙틴분해 효소

4) 펙틴의 젤 형성

펙틴의 젤화 정도는 펙틴의 양, 펙틴 분자량, 메톡실기량, 설탕량, pH, Ca^{2+} 등에 의해서 영향을 받는다.

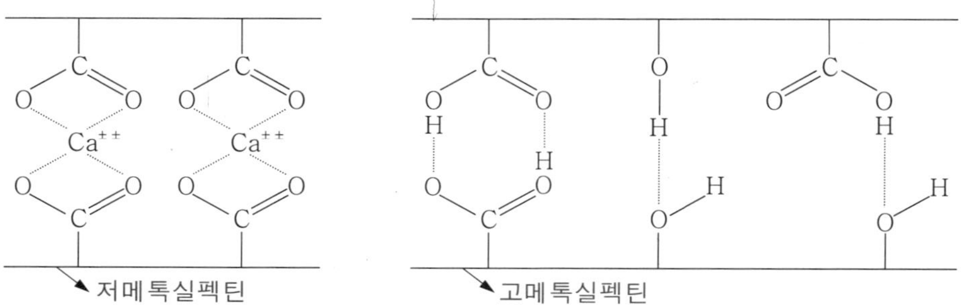

<그림 3-15> 펙틴의 젤 형성

- **고메톡실펙틴** : 높은 당 함량과 낮은 pH는 고메톡실펙틴에서의 젤 형성에 필수적이다. 펙틴 수용액에서는 유리 카복실기가 (-)전하를 띠게 되지만, 산을 첨가하면 해리도가 낮아져서 전기적으로 중성이 되고 이웃한 펙틴분자들과 수소결합을 하여 젤 망상구조를 형성한다.
- **저메톡실펙틴** : 저메톡실펙틴의 경우에는 당과 산이 없이 Ca^{2+} 같은 다가 양이온이 있으면 젤을 형성할 수 있다. 펙틴분자의 카복실기 사이에 양이온이 다리를 놓고 젤 망상구조를 형성한다.

6. 검류(gums)

검류란 동·식물에 존재하는 점성이 큰 콜로이드 용액을 만드는 점도가 큰 물질로 다당류에 속하는 물질이 많다. 검질은 적은 량의 용액으로 높은 전성을 나타내는 다당류 및 그 유도체를 말한다. 이들은 모두 물과 결합하여 전성의 용액이나 젤을 형성하는 친수성 분자(hydrophillic molecule)를 가지며, 분자의 성질이 검질의 특성에 크게 영향을 미친다.

자연의 동·식물에서 분리되는 검질 중의 어떤 것은 예부터 안정제, 젤형성제, 결착제, 유화제, 팽윤제 등으로 식품 공업에 널리 이용되어 왔다.

1) 식물에서 얻어지는 검류

(1) 아라비아검(gum arabic)

아라비아 고무는 건조한 고지대에서 자라는 아카시아에 속하는 나무껍질에서 얻어지는 복합다당류로 주요 구성단위가 β-갈락토오스이고, 맥주 거품안정제, 제빵에서 유화제로 이용된다.

(2) 구아검(gum guar)

구아검은 콩과식물에 속하는 *Cyamopsis tetragonolobus*의 종자에서 얻어지는 검질로 자연 검질 중에서 외관상 점도가 가장 크고 찬물에서 점도가 큰 특성을 가지고 있다.

2) 해조에서 얻어지는 검류

(1) 한천(agar)

한천은 홍조류에서 추출된 다당류로 전분모양을 하고 있으며 젤 형성력이 좋은 아가로오스(agarose)와 아가로펙틴(agaropectin)의 두 성분으로 구성되어 있다. 한천은 젤 형성능력이 강한데, 그 젤은 고온에 잘 견디기 때문에 빵이나 과자류의 안정제로 사용되고, 미생물 배양배지에서 고제상태를 유지시키기 위해 사용된다.

(2) 알진산(alginic acid)

알진산은 미역, 다시마 등의 갈조류 세포막의 주요 성분으로 존재하는 복합다당류 이다.

(3) 카라기난(carrageenan)

카라기난은 홍조류에 속하는 해조들의 열수 추출물로 기본구조는 한천과 같으나, 한천에 비하여 젤 탄력성이 크고, 수분 보유성이 커서 동결이나 해동에 의한 이수현상이 적다. 그리고 초콜릿 우유의 안정제와 냉동식품에서의 얼음결정 억제제로 많이 이용된다.

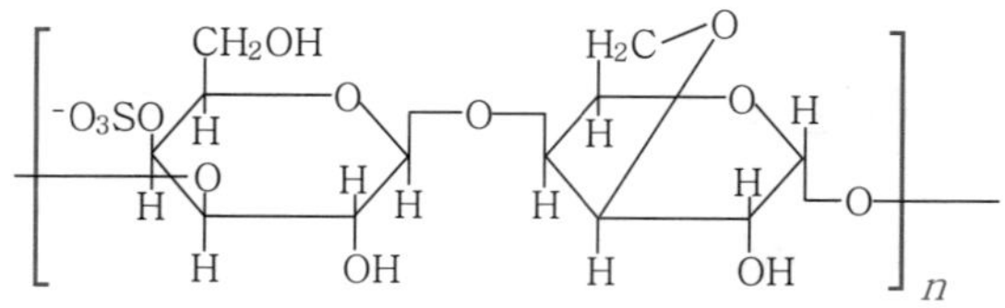

κ-carrageenan

3) 미생물에서 얻어지는 검류

(1) 덱스트란(dextrans)

미생물 *Leuconostoc mesenteroid*가 만들어 내는 검질로 포도당이 α-1,6결합에 의해 연결된 것에 α-1,3결합으로 가지가 달린 구조를 가지고 있다.

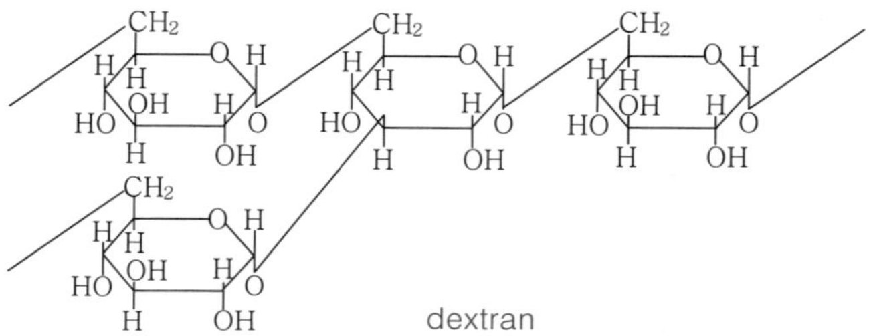

dextran

(2) 잔탄검(xanthan gum)

잔탄검도 덱스트란 같이 미생물에 의해 생성되는 물질로 *Xanthomonas campestris*의 발효과정에서 생성되는 점도가 큰 검류이다.

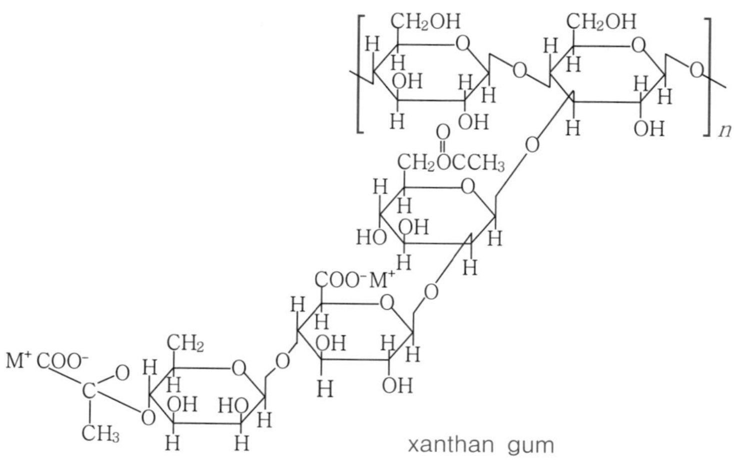

xanthan gum

3.4. 전분의 변화

전분은 식물성 식품 중에서 가장 중요한 것으로, 곡류를 주식으로 하는 사람들은 그 칼로리의 대부분을 전분에서 얻고 있는 실정이다. 이러한 전분은 식품을 가공, 조리 및 저장하는 동안에 여러 가지 변화를 받게 되는 데, 그 중에서 중요한 변화가 전분의 호화, 노화 및 호정화현상이다.

3.4.1. 전분의 호화(糊化, gelatinization)

전분입자는 결정질의 부분과 비결정질의 부분이 있는데, 이들은 모두 인접하는 분자 사이에는 직접 또는 물 분자들을 통해서 서로 수많은 수소결합(hydrogen bond)에 의해서 결합되어 섬유상 집합체인 마이셀(micelle)을 형성하고 있다. 이와 같은 구조를 가진 전분입자에 물을 넣고 가열하면 온도가 상승함에 따라 명백하지는 않지마는, 단계적인 변화가 일어난다.

처음 전분입자가 찬 물속에 존재할 때는 전분입자는 약 25~30%의 물을 흡수한다. 그러나 이때는 전분입자는 외관상의 모양에는 별다른 변화가 없으며, 이 시기에 흡수된 물은 건조시키면 쉽게 제거되므로 전분입자들의 물의 흡수과정은 가역적(可逆的, reversible)이다.

이 전분입자의 현탁액은 온도가 올라감에 따라 물의 흡수량이 증가되고 전분입자는 급속한 팽윤(澎潤, swelling)을 일으킨다. 옥수수 전분의 경우, 60℃에서는 자체 중량의 약 3배의 물을 70℃에서는 약 10배의 물을 흡수하여, 최고의 팽윤에 달하였을 때는 약 25배의 물을 흡수한다고 한다.

이 단계에서 전분입자들의 형체는 큰 변화를 받지 않으나, 물의 흡수과정은 처음 단계와 달리 비가역적(非可逆的, irreverible)이며, 가용성인 전분성분인 아밀로펙틴은 전분입자 밖으로 나와 물에 녹게 된다. 따라서 전분 현탁액의 점도가 커지며, 반투명의 교질(colloid)상태, 즉 풀(paste)을 만든다. 이 현상을 전분의 호화라 한다.

이상의 단계를 지나면, 전분 현탁액은 온도가 상승함에 따라 물을 더욱 흡수하여 최고의 팽윤상태를 지나 붕괴되어 그 형체를 잃게 된다.

한편, 형성된 교질용액을 냉각할 때에는 아밀로오스나 아밀로펙틴 분자들은 운동성을 잃고, 농도가 아주 클 때에는 반고체의 젤(gel)을 형성한다. 이 젤을 가열하면 다시 콜로이드 상태 즉, 졸(sol) 상태로 가역적으로 변화한다.

보통 생 전분을 β-전분이라고 하는데, 이것은 규칙적인 분자배열을 가진 미세한 결정 상태이며, 호화전분을 α-전분이라고 하는데, 이것은 불규칙적인 분자배열을 가지는 무정형 상태인 것이다. 따라서 전분의 호화를 α-화라고도 하며, 이것은 β-전분이 α-전분으로 변화되는 현상이다.

β-전분은 물 분자나 효소와의 친화력이 적기 때문에 소화되기 어려우나, α-전분은 효소작용을 받기 쉬우므로 소화가 되기 쉽다. 따라서 쌀 등의 곡류, 감자, 고구마 등의 전분질 식품을 가열 조리하는 것은 소화되기 어려운 생 전분(β-전분)을 호화전분(α-전분)으로 만들기 위한 것이다.

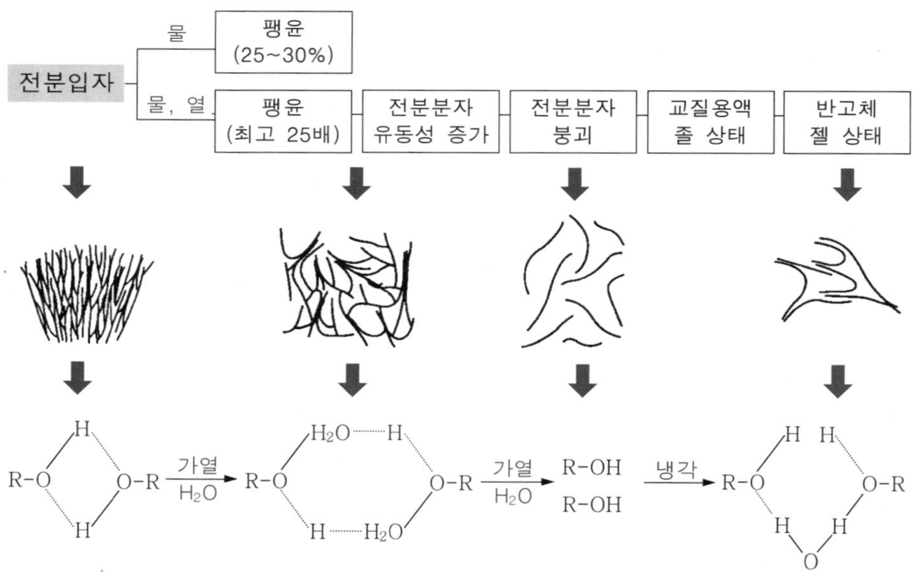

<그림 3-16> 전분입자의 호화과정

1. 전분의 X-선 회절도(X-ray diffraction pattern)

생 전분을 X-선에 의하여 간섭사진을 찍으면 전분분자의 배열 방법의 규칙성으로 말미암아 X-선의 결이 일정한 간섭을 받아 결의 겹치는 곳과 지워지는 곳이 생겨서 결국은 결정물질과 마찬가지인 일정한 간섭환(干涉環)이 나타난다. 곧 전분분자는 결정은 아니나 군데군데 규칙적인 마이셀(micelle)이 있기 때문에 전체로서는 결정과 비슷한 구조를 가짐을 알 수 있다. 이와 같은 상태의 전분을 β-전분이라고 한다.

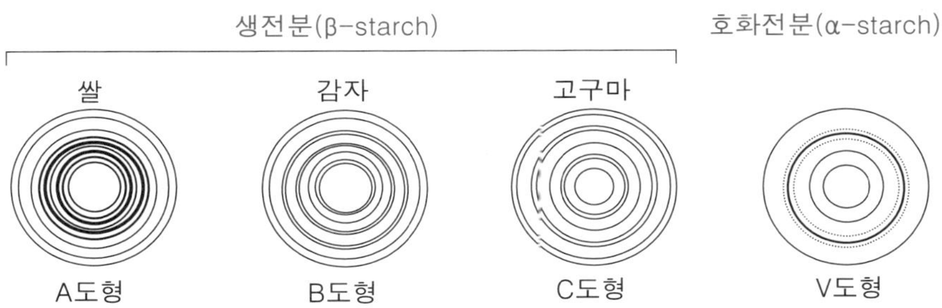

<그림 3-17> 전분의 X-선 간섭도

쌀이나 옥수수 전분과 같이 곡류 전분은 A형의 X-선 간섭도를, 감자나 밤 등의 전분은 B형의 X-선 간섭도를, 고구마, 칡, 완두, 타피오카 등의 전분은 C형의 X-선 간섭도를 각각 나타낸다. 보통 전분은 대략 20~30%의 결정 구조를 가지고 있으며 섬유소는 약 70%의 결정 구조를 가지고 있으므로 전분은 이것에 비하면 오히려 무결정에 가까운 구조를 하고 있다고 볼 수 있다.

호화전분은 마이셀(micelle) 구조가 파괴되어 배열이 불규칙해지므로 뚜렷한 간섭환이 나타나지 않는 V형의 X-선 간섭도를 보여준다. 일반적으로 호화전분은 종류에 관계없이 모두 V형을 나타낸다. 이러한 전분을 α-전분이라 한다.

2. 호화에 영향을 주는 인자

1) 전분의 종류

호화는 전분의 종류에 큰 영향을 받는데 이것은 전분입자들의 구조의 차이에 기인하는 것으로 볼 수 있다. 곡류 전분의 호화온도는 일반적으로 감자, 고구마와 같은 서류 전분의 호화온도보다 높다.

한 예로써 감자 전분의 경우, 일반적으르 56℃에서 호화되기 시작하며, 64℃에서 완결되나 수수의 전분은 68 ℃에서 호화되기 시작하며, 76℃에서 완결된다고 한다.

2) 수분과 온도의 영향

전분의 호화는 수분과 온도에 의하여 가장 큰 영향을 받는다. 일반적으로 온도가 높으면 호화가 빨리 일어나는데, 예를 들면 쌀은 70℃에서 2~4시간이 필요하나, 100℃에서는 20분이면 호화된다. 또한 수분함량이 많을수록 호화는 빨라진다.

따라서 밥을 지을 때 물이 적으면 호화되기 어렵고 식빵을 구울 때 고온(약 210℃)이 필요한 것은 밀가루의 수분 함량이 적기 때문이다.

3) pH의 영향

전분의 팽윤과 호화는 pH에 의하여 크게 영향을 받으며, 특히 알칼리성인 경우에는 전분의 팽윤과 호화가 촉진된다. 어떤 전분 현탁액에 적당량의 NaOH를 가하면 가열하지 않아도 호화가 쉽게 일어날 수 있다.

4) 염류의 영향

일부 염류와 알칼리들은 전분입자들의 호화온도를 내려준다. 이와 같은 작용을 하는 물질들을 팽윤제(澎潤劑, swelling agents)라 한다. 따라서 팽윤제는 전분입자의 팽윤과 호화를 촉진시킨다. 일반적으로 염류의 음이온이 팽윤 촉진제로 작용하며 그 작용의 크기는 다음과 같다.

$$OH^- > CNS^- > I^- > Br^- > Cl^-$$

한편, 황산염(SO_4^{2-})은 호화를 억제한다.

3.4.2. 전분의 노화(老化, retrogradation)

호화전분 즉 α-전분을 실온에 방치하면 차차 불투명하게 되고 침전하게 되며 규칙성을 나타내게 되는 β-전분으로 되돌아가는 현상을 노화 또는 β-화라 한다. 이 현상은 불규칙적인 배열을 하고 있던 전분 분자들이 시간이 경과됨에 따라 부분적으로나마 규칙적인 분자배열을 한 마이셀(micelle) 구조로 되돌아가기 때문이다. 떡이나 빵, 밥이 굳어지는 것은 전분의 노화현상 때문이다. 이와 같이 전분이 노화되면, 전분입자는 다시 마이셀의 모양으로 되돌아간다. 일단 α-화된 전분이 노화되어 β-전분으로 돌아가면 X-선 간섭도는 원료 전분의 종류에 관계없이 항상 B-형의 간섭도를 나타낸다.

α-화한 전분의 분자는 많은 물과 수화되어 따로 떨어져 있으나, 실온에 두면 가까이 있는 다른 분자와 일정한 거리에서 수소결합을 일으킨다. 이 수소결합은 근처에 있는 분자의 OH기와 직접 결합하는 수도 있고, 두 분자 사이에 물 분자를 두고 결합하는 수도 있다. 이와 같이 분자의 회합점(會合點)이 있으면, 이것을 기점으로 하여 점차로 수소결합을 이루어 분자의 회합점이 생장한다.

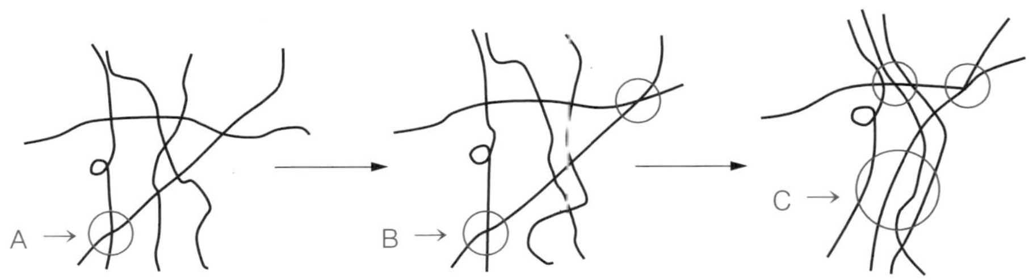

<그림 3-18> 노화의 모형도

분자의 회합점이 커지면 용해도가 감소되고, 대부분의 수화수(水和水)는 손실되어 침전된다. 생장된 분자회합 부분은 마이셀 상태의 분자로 배열되어 β-전분으로 되돌아간다. 또 물을 사이에 두고 결합된 부분도 시간이 경과되면 마이셀(micelle) 구조로 변하게 된다.

1. 노화에 영향을 주는 인자

1) 전분의 종류

전분의 노화는 전분의 종류에 따른 전분분자의 내부구조, 크기, 형태들과 밀접한 관계가 있다.

일반적으로 옥수수, 밀과 같은 곡류 전분은 노화되기 쉬우며, 그 반면 감자, 고구마, 타피오카 등의 전분은 노화되기 어렵다. 한편 찹쌀, 찰보리, 찰옥수수와 같은 곡류의 전분은 가장 노화되기 어렵다.

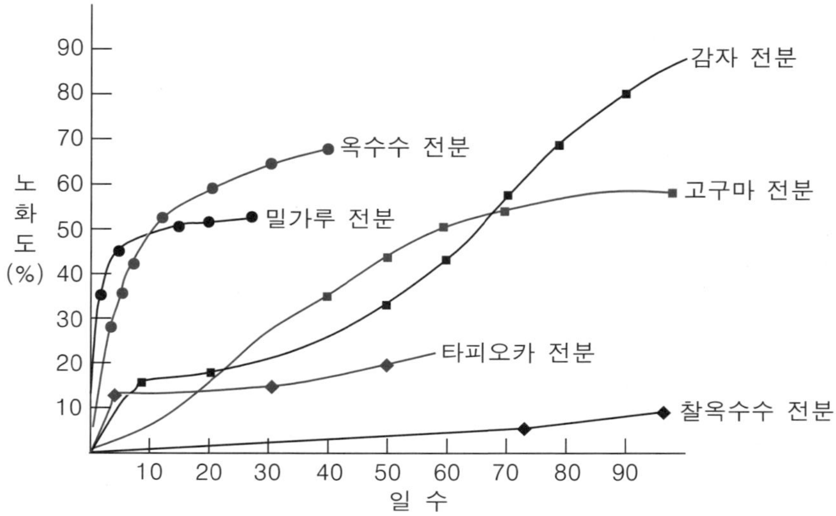

<그림 3-19> 각종 전분(2%, 수용액)의 노화속도

2) 아밀로오스(amylose)와 아밀로펙틴(amylopectin)의 함량

찹쌀이나 찰옥수수의 전분이 노화되기 어려운 이유의 하나는 그 구성 전분이 거의 100%가 아밀로펙틴으로 되어 있기 때문인 것으로 생각되고 있다.

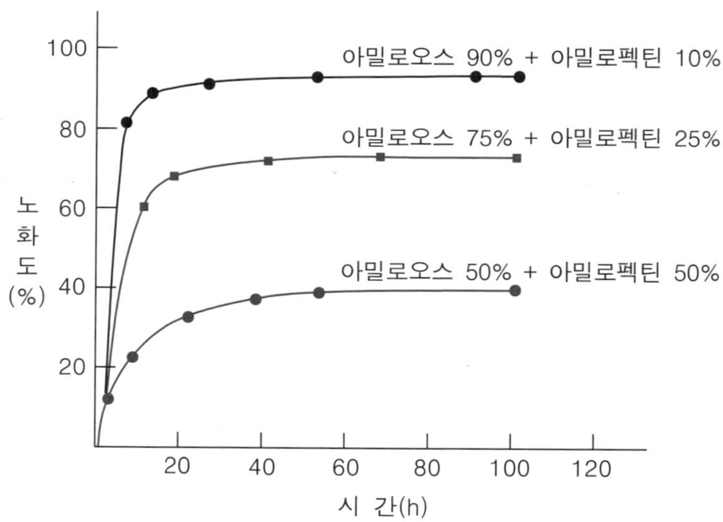

<그림 3-20> amylose와 amylopectin 혼합액의 노화속도

아밀로오스는 그 분자형태가 직선상이며, 분자량도 작기 때문에 아밀로펙틴에 비해 호화되기도 쉽고 또한 노화되기도 쉽다. 같은 아밀로오스라 하여도, 그 포도당(glucose)의 중합도(重合度)에 따라 노화속도가 다른데 일반적으로 중합도가 적을수록 노화되기 쉬우나 너무 적으면 다시 노화되기 어려워지며, 중합도가 400 정도일 때 가장 노화가 잘 일어난다.

한편, 아밀로펙틴은 분자량도 아밀로오스 보다는 월등히 크며 분자형태도 가지가 많아 입체장해를 받기 쉬우므로 호화 및 노화가 어렵다. 그리하여 일반적으로 아밀로오스의 함량이 많은 전분은 그림 3-20과 같이 노화가 더 빨리 일어난다. 따라서 거의 아밀로펙틴만으로 된 찰옥수수, 찹쌀 등은 일단 호화되면 일반 곡류의 전분에 비하여 노화되기가 어렵다.

3) 수분함량

전분의 노화가 가장 잘 일어나는 수분함량은 30~60% 정도인데, 이보다 수분이 많거나 적으면 노화가 잘 일어나지 않는다. 이것은 수분이 너무 많을 때는 전분분자가 서로 회합되기 어렵고, 또 수분이 적은 건조 상태에서는 전분분자가 교착상태가 되어 노화가 되기 어려운 것으로 믿고 있다.

4) 온도의 영향

일반적으로 온도가 낮을수록 노화가 잘 일어난다. 노화가 가장 잘 일어나는 온도는 0℃ 부근이다. 그러므로 밥이나 빵을 냉장고에 저장하면 상온에 두는 것보다 노화가 촉진된다.

60℃ 이상 또는 -20℃ 이하에서는 거의 일어나지 않는다. 60℃ 이상에서는 전분 분자 간에 수소결합이 되기 어렵기 때문이고 -20℃ 이하에서는 전분 분자들의 자유로운 이동이 억제되기 때문이다.

5) pH의 영향

주로 노화는 수소결합에 의한 전분 분자간의 회합하는 변화이기 때문에 pH에 의하여 영향을 받는다. 다량의 OH^-이온은 전분의 수화를 촉진시키므로, 노화를 방지시켜 준다. 이와 반대로 H^+이온은 노화를 촉진한다. 따라서 전분에 묽은 HCl 또는 H_2SO_4 용액을 가하면 노화가 빨리 일어난다.

6) 무기염류의 영향

무기염류는 일반적으로 호화를 촉진시켜주며, 반대로 노화를 억제하여 준다. 다만 $MgSO_4$와 같은 황산염은 노화를 촉진시켜주는 사실이 알려져 있다.

2. 노화를 억제하는 방법

전분질은 조리 및 가공으로 소화가 잘 되는 α-전분으로 되나 시간의 경과에 따라 소화율이 낮은 β-전분으로 변하는 노화 현상이 일어나는데 이는 바람직한 것이 아니다.

그러므로 노화를 억제하기 위하여 여러 가지 방법이 사용되고 있으며, 그것은 대체로 앞에서 언급한 전분의 노화에 영향을 주는 여러 인자들을 고려하여 고안되고 있다.

1) 수분함량의 조절

전술한 바와 같이 전분의 노화는 수분함량이 30~60%에서 가장 잘 일어나므로, 그 이상으로 또는 그 이하로 수분 함량을 조절하면 노화를 억제할 수 있다. 식품에서는 실제로 수분 함량을 줄이는 방법이 이용되는데, α-화된 전분을 80 ℃ 이상에서 수분을 제거하든가, 또는 0℃ 이하에서 급속히 탈수하여 수분이 15% 이하가 되게 하면 전분분자가 교착 고정되므로 노화하기 어렵다. 특히, 수분함량이 10% 이하 일 때는 노화가 거의 일어나지 않는다고 한다. 실제로 건빵, 라면류, 비스켓류 등과 같은 식품은 수분 함량이 10% 이하이므로 거의 노화가 일어나지 않는다.

2) 당류의 첨가

당류는 식품 속에서는 그 속의 수분과 수소결합을 통하여 수화(水和, hydration)되어 있다. 따라서 당류는 식품 중의 유효 자유수의 양을 감소시켜 주며 일종의 탈수제로서 작용한다. 양갱의 전분은 30~60%의 수분을 가지고 있어, 노화가 잘 일어날 수 있는 조건에 있음에도 불구하고 장기간 저장하여도 맛이나 소화성이 저하되지 않는 것은 다량의 당이 첨가되어 있기 때문이다.

3) 유화제의 이용

유화제는 전분 교질용액의 안정도를 증가시켜 줌으로 전분 분자들의 회합(會合)이나, 회합에 의한 침전 등을 방지하는 효과가 있기 때문에 노화를 억제한다. 이와 같은 유화제로는 모노글리세라이드(monoglycerdes), 지방산락티레이트(fatty acid lactylates), 다이글리세라이드(diglycerdes), 자당지방산에스터(sucrose fatty acid ester) 등이 이용된다. 이것들은 빵이나 과자류의 노화(stailing)를 방지하는 데 큰 효과가 있는 것으로 알려지고 있다.

4) 냉동에 의한 방법

전분의 노화는 0℃ 보다 낮은 -20~-30℃에 이르면 거의 노화가 일어나지 않는다. 그리하여 식품을 동결 건조시켜 노화를 방지하는 방법이 채택되고 있는데, 이러한 방법을 이용한 식품으로는 냉동 건조미 등이 있다.

3.4.3. 전분의 호정화(糊精化, dextrinization)

전분을 효소나 산으로 가수분해하면 맥아당(maltose)을 거쳐서 포도당(glucose)이 된다. 이들의 분해를 도중에서 정지시키면 가수분해 정도에 따라 여러 가지 중합도를 가진 중간 생성물이 얻어진다. 이때 맥아당과 포도당이 되기 이전의 모든 가수분해 중간 생성물을 총칭하여 덱스트린(dextrin)이라고 한다. 덱스트린은 요오드 반응의 정색에 의하여 가수분해 정도를 추정할 수 있으며 분자량이나 중합도에 의하여 가용성 전분(soluble starch), amylodextrin, erythrodextrin, achromodextrin, maltodextrin으로 구분한다.

1. 가용성 전분

가용성 전분은 생전분을 묽은 염산 용액에 침지하여 실온에서 7일 정도 방치한 후 산성을 띠지 않을 때까지 수세하여 건조시켜 얻는다. 이것은 전분의 가수분해 생성물이라는 점에 있어서는 덱스트린(dextrin)과 다를 바 없으나 보통의 덱스트린과 구별하여 전분의 유도체처럼 취급하고 있다.

생전분은 냉수나 뜨거운 물에 잘 분산되지 않는데 비하여 가용성 전분은 냉수에는 잘 분산되지 않으나 뜨거운 물에는 잘 분산되어 투명한 콜로이드

(colloid) 용액을 만든다. 그리고 가용성 전분은 전분과 마찬가지로 페링(Fehling) 용액을 환원하지 않으며 요오드 정색 반응도 청색을 나타낸다.

2. 아밀로덱스트린(amylodextrin)

가용성 전분보다 가수분해가 약간 더 진행된 것으로 가용성 전분과 거의 비슷한 성질을 나타낸다. 요오드 정색 반응도 청색을 나타낸다.

3. 에리쓰로덱스트린(erythrodextrin)

아밀로덱스트린 보다 가수분해가 더 진행된 것으로 냉수에 녹는다. 그리고 1~3%의 맥아당을 함유하고 있기 때문에 환원성을 가지고 있다. 요오드 정색 반응은 적색을 나타낸다.

4. 아크로모덱스트린(achromodextrin)

에리쓰로덱스트린 보다 가수분해가 더 진행된 것으로 환원성이 있으며, 요오드 정색 반응을 일으키지 않는다.

5. 말토덱스트린(maltodextrin)

아크로모덱스트린 보다 가수분해가 더 진행된 것으로 맥아당이 포도당으로 가수분해 되기 직전의 텍스트린 이다. 따라서 덱스트린 중에서 중합도가 가장 적은 반면에 환원성이 가장 크며 요오드 정색 반응을 일으키지 않는다.

이상의 여러 덱스트린의 성질을 비교하여 보면 표 3-6과 같다.

식품의 조리, 가공에 있어서 콩이나 깨를 볶거나, 식빵을 굽거나, 또는 곡류가공품을 얻기 위해 쌀이나 옥수수를 뻥튀기 할 때는 전분의 호정화가 일어난다.

<표 3-6> 각종 덱스트린(dextrin)의 성질비교

종 류	요오드반응	$[\alpha]_D^{20}$	환원력 (maltose=100)	침전시키는데 필요한 알코올의 농도
Amylodextin	청색	190~195°	0.6~2	40% 알코올
Erythrodextrin	적갈색	194~196°	3~8	65% 알코올
Achromodextrin	무색	192°	10	70%에 녹음
Maltodextrin	무색	181~182°	20~43	70%에 녹음

3.4.4. 당류의 캐러멜화(caramelization)

당류를 가열하면 우선 녹고 온도를 더 올리면 당의 탈수(脫水), 분열에 의하여 훌후랄(furfural) 및 하이드록시메틸 훌후랄(hydroxymethyl furfural)이 생성되며, 이 두 중간 생성물은 다시 중합(重合, polymerization)하여 흑갈색의 중합생성물을 만든다. 이 현상을 캐러멜화라 하고, 이때 생긴 흑갈색의 중합생성물을 캐러멜(caramel)이라고 한다.

당류 중에서 과당은 캐러멜화를 일으키기 쉽기 때문에 과당이 함유된 설탕은 캐러멜을 만드는데 사용된다.

캐러멜은 간장, 약식 등 식품에 흑갈색을 내는 색소로 널리 이용되는데, 설탕을 160℃로 가열하여 녹인 후 200℃로 온도를 상승시켜 캐러멜화 시킨다. 빵, 비스킷은 캐러멜로서 색깔을 잘 내게 하기 위해서는 오븐에 넣기 전에 설탕을 그 표면에 바르기도 한다. 캐러멜은 식품의 조리 및 가공 시에 색과 풍미에 영향을 주는 바가 크다.

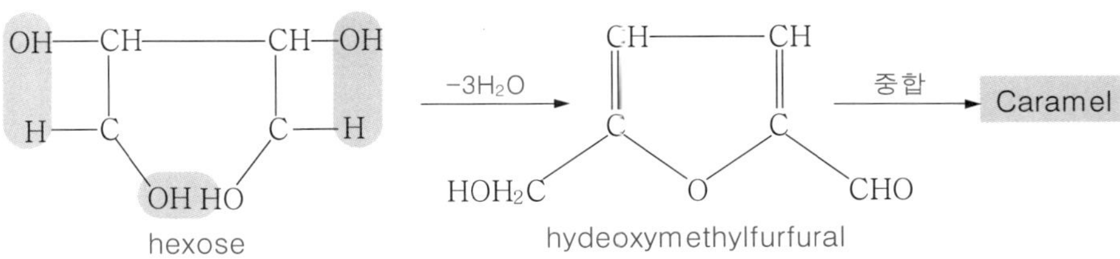

3.4.5. 효소 및 산에 의한 탄수화물의 변화

감자, 호박, 고구마 등의 전분질 식품을 저온에서 오래 저장할 때 단맛이 증가하게 된다. 이것은 전분이 아밀레이스(amylase), 말테이스(maltase) 등의 효소 작용을 받아 포도당으로 분해되는 동시에 온도가 낮아 호흡이 억제되므로 당의 소비가 감소되기 때문이다.

과실이 익어감에 따라 달아 지는 것은 유기산이 감소되어 신맛이 줄어드는 동시에 포도당이 과당으로 변화하기 때문이라 한다.

이밖에 탄수화물은 식품의 조리, 저장, 가공, 발효에 있어서 식품 중의 효소나 또는 미생물이 가지는 여러 가지 효소의 작용을 받아 가수분해 또는 변질된다.

1. 전분의 효소에 의한 가수분해

전분의 글루코사이드(glucoside) 결합을 가수분해하는 효소로서, α-아밀레이스, β-아밀레이스, 글루코아밀레이스, 아이소아밀레이스 등이 알려져 있다.

1) α-아밀레이스(α-amylase)

α-아밀레이스는 우선 전분분자의 α-1,4결합을 임의의 위치에서 가수분해하여 맥아당 및 저분자의 덱스트린을 생성시킨다. 이들은 계속 작용을 받아 서서히 포도당과 맥아당으로 분해된다.

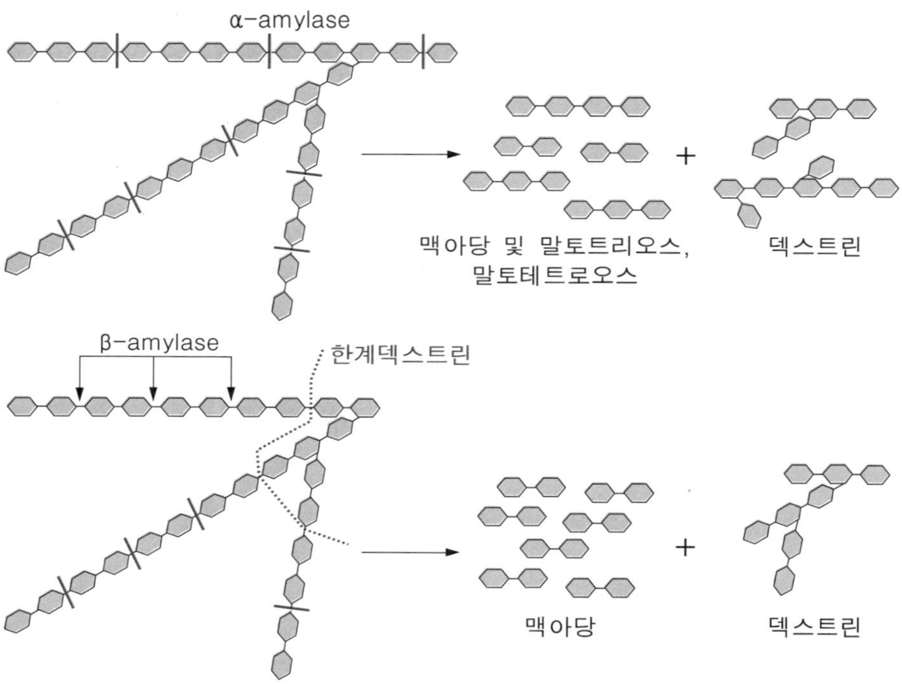

<그림 3-21> α-아밀레이스와 β-아밀레이스의 작용

전분의 아밀로펙틴(amylopectin)의 분지점(分枝點)은 α-1,6결합이므로 분해하지 못하고 분지내부의 α-1,4결합을 분해한다. 따라서 전분은 α-아밀레이스의 작용을 받아서 분자량이 작아져서 전분의 점도가 급속히 감소하여 액화(液化)하며, 요오드에 대한 정색반응도 청색 → 자색 → 적색 → 갈색 → 황색을

거쳐 쉽게 소실하고 환원력은 차츰 증가한다. 따라서 이것을 액화효소(liquefying enzyme) 또는 호정화(dextrinogenic amylase)라고도 한다.

α-아밀레이스는 그 출처에 따라 성질이 다른데, 분자량은 50,000~60,000, 최적 pH는 4.7~6.9이며, Ca^{2+}에 의하여 열에 대한 변성에서 보호를 받을 수 있다.

2) β-아밀레이스(β-amylase)

β-아밀레이스는 전분 분자의 비환원성 말단에서 차례로 α-1,4결합을 가수분해하여 β-맥아당(β-maltose) 단위로 차례로 분리시키면서 분해가 내부로 진행된다. 따라서 전분의 점도가 쉽게 저하하지 않고 요오드 반응은 적갈색이지만 분해와 더불어 환원력이 급증한다. 이것을 당화효소(saccharifing enzyme)라고도 한다.

β-아밀레이스도 출처에 따라 성질이 조금 달라서 내열성, pH에 대한 안정성, 최적 pH 등에 차이가 있다. 대체로 분자량은 150,000 정도이고 최적 pH는 4.0~6.0 사이이다.

3) 글루코아밀레이스(glucoamylase)

글루코아밀레이스는 전분 분자의 비환원성 말단에서 포도당(glucose) 1개씩을 분해한다.

이 효소는 α-1,4결합만으로 이루어진 아밀로오스를 100% 분해하는 것은 물론 α-1,6결합도 직접 가수분해할 수 있어 아밀로펙틴을 80~90% 분해한다.

4) 아이소아밀레이스(isoamylase)

아이소아밀레이스는 전분의 α-1,6결합에만 작용하여 가수분해하는 효소이다. 그러나 이 효소는 β-한계 덱스트린 같은 비교적 큰 분자의 α-1,6 글루코사이드(중합도 4~5 이상)에는 작용하나 아이소말토오스(isomaltose), 아이소말토트리오스(isomaltotriose)와 같은 적은 분자에는 작용하지 않는다.

2. 전분의 산에 의한 가수분해

전분 분자는 α-1,4 및 α-1,6 글루코사이드 결합으로 구성되어 있다. 이 글루코사이드(glucoside) 결합은 묽은 산과 가열하면 쉽게 가수분해 된다.

전분의 가수분해 속도는 전분 및 수소이온의 농도와 반응 온도에 비례한다. 가수분해 산으로서 HCl, H_2SO_4, 수산 등이 쓰인다.

이 가수분해에 의하여 생기는 포도당(glucose)은 α형과 β형의 두 종류의 이성체가 생기는데 그 비율은 α : β = 3 : 2 이다. 그러나 실제로 전분을 가수분해할 때 충분히 주의하여 최적조건을 갖추어도 생성한 포도당은 더욱 분해가 진행되어 5-하이드록시메틸 훌후랄(5-hydroxymethyl furfural)이 생기고 이것이 중합하여 착색물질을 생성하거나, 또는 분해하여 폼산(formic acid)이나 레브린산(levulinic acid)이 생긴다.

생성한 포도당은 위와 같은 분해과정을 밟는 한편 역합성되어 isomaltose, gentiobiose, panose, maltotriose 등의 당을 생성하기도 한다.

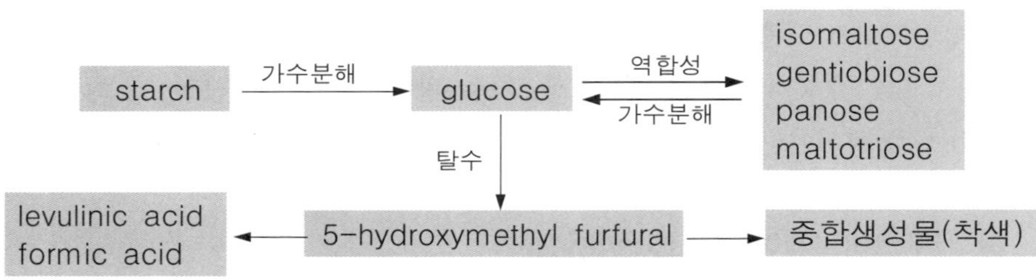

3.4.6. 섬유소(cellulose)의 유도체

섬유소의 구조를 화학적으로 일부 변경시켜 섬유소의 유도체로 하여 식품첨가물로 사용되는 것이 있다.

섬유소에 NaOH를 작용시키면 섬유소는 알칼리를 흡수하여 팽윤된 알칼리 섬유소를 얻는다.

$$\underset{\text{cellulose}}{ROH} + NaOH \longrightarrow \underset{\text{alkali cellulose}}{RONa} + H_2O$$

알칼리 섬유소를 CH_3Cl과 반응시키면 메틸섬유소(methyl cellulose)를 얻는다.

$$\underset{\text{alkali cellulose}}{RONa} + CH_3Cl \longrightarrow \underset{\text{methyl cellulose}}{ROCH_3} + NaCl$$

메틸섬유소(methyl cellulose)는 친수성 콜로이드(colloid)를 형성하므로 액체 식품의 안정제로 사용된다. 또한 메틸섬유소는 매우 흡습성이 강하여 가공식품 제조 시 수분 유지가 필요할 때 사용된다.

카복시메틸 섬유소(carboxymethyl cellulcse)는 알칼리 섬유소에 모노클로로아세틱산(monochloroacetic acid, $ClCH_2COOH$)를 작용시켜 얻는다.

$$\underset{\text{alkali cellulose}}{RONa} + \underset{\text{monochloroacetic acid}}{ClCH_2COOH} \longrightarrow \underset{\text{carboxy methyl cellulose}}{ROCH_2COOH} + NaCl$$

카복시메틸 섬유소(CMC)는 물에 잘 녹고 점성을 크게 해 주므로 식품의 안정제, 호료 등으로 사용된다. 보통 CMC의 Na염이 시판되고 있으며 아이스크림, 청량음료, 과자류 등에 널리 사용된다.

하이드록시프로필 섬유소(hydroxypropyl cellulose)는 알칼리 섬유소에 프로필렌 옥사이드(propylene oxide)를 작용시켜 얻는다.

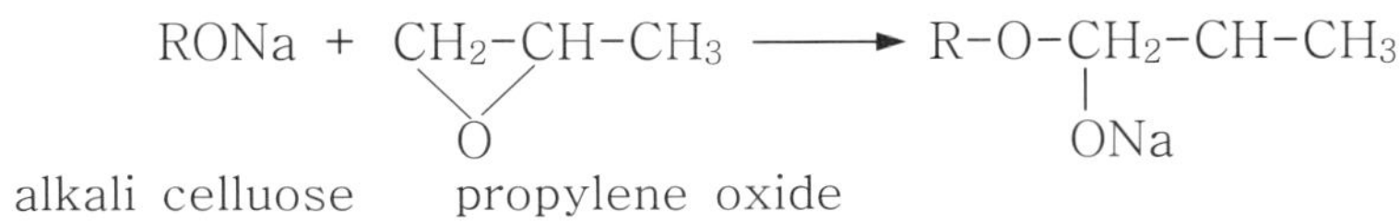

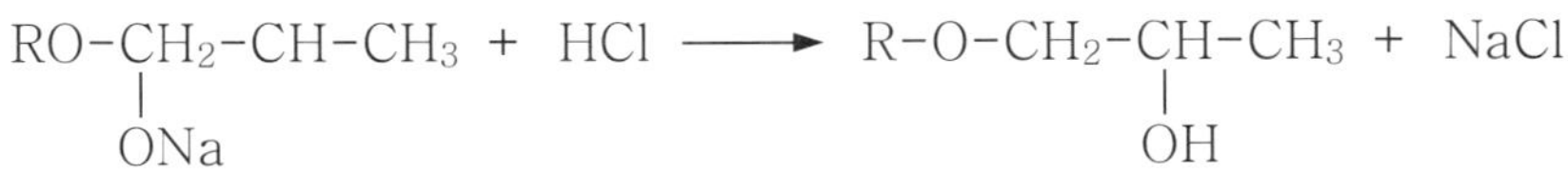

하이드록시프로필 섬유소는 메틸 섬유소(methyl cellulose)와는 반대로 수분을 잘 흡수하지 않는 성질이 있으므로 분말상태로 건조식품의 건조 상태를 유지하는 데 사용된다.

4장 | 지질(Lipid)

지질은 C, H, O의 3가지 원소로 구성된 유기화합물로서 물에 녹지 않으며 유기용매에 녹는 생체 성분이다. 동식물성 식품에 광범위하게 분포되어 있고 특히 동물의 근육과 피하조직 및 식물의 종자에 많이 함유되어 있다.

유(油)는 상온에서 액체 상태로 있는 것을 말하고, 지(脂)는 상온에서 고체 상태로 있는 것을 말한다. 그러나 야자유는 상온에서 고체이지만 따뜻한 곳에서는 액체유가 되므로 유와 지의 구별은 엄밀한 것은 아니다.

4.1 지질의 분류

4.1.1 구조에 의한 지질의 분류

1. 단순지질(simple lipid)

① 중성지방 : 지방산과 글리세롤(glycerol)의 에스터(ester)로서, 실온에서 고체인 것을 지방(fat)이라 하며, 액체인 것을 유(oil)라 한다.

② 왁스(wax) : 고급 1가 알코올과 고급지방산의 에스터이다.

③ cholesterol ester : 지방산과 콜레스테롤(cholesterol)의 에스터이다.

2. 복합지질(compound lipid)

지방산과 여러 알코올의 에스터에 다른 원자단이 결합된 화합물이다.

① 인지질(phospholipid) : 지방산, 글리세롤, 질소화합물, 인산이 결합한 것이다.

② 당지질(glycolipid) : 지방산, sphingosine, 당류가 결합한 것이다.

③ 황지질(sulfolipid) : 유황을 함유한 지질이다.

④ 단백지질(proteolipid) : 단백질과 결합한 지질이다.

3. 유도지질(derived lipid)

단순 및 복합지질의 가수분해로 얻어지는 것이며, 지질의 성질을 가진 것은 다음과 같은 것이 있다.

① 지방산 : 직쇄의 카복실산

② 고급 알코올 : 탄소원자 8~30개를 가진 직쇄 알코올 및 환상 알코올

③ 탄화수소 : 지방족 및 환상화합물
④ isoprenoid : squalene 및 carotenoid

극성이 없는 중성지방, sterol ester 등을 중성지질(neutral lipid)이라 하고, 극성이 있는 인지질, sterol 등을 극성지질(polar lipid)이라고 한다. 또 지질을 비누화(alkali 가수분해)하였을 때 물에 녹지 않고 ether에 녹는 물질이 남아 있다. 이와 같이 비누화되지 않는 성분을 불비누화물(unsaponifiable matters)이라 한다.

비누화될 수 있는 지질은 중성지방, wax, 인지질, 당지질, sterol ester등이고, 비누화될 수 없는 지질은 스테롤(sterol), 스테롤 이외의 고급 알코올, 탄화수소, 일부 지용성 색소 등이다.

- 지 질
  - 단순지질
    - 중성지방 : 지방산 +글리세롤
    - 납(wax) : 고급지방산 + 고급 알코올
    - 콜레스테롤에스터 : 지방산 + 콜레스테롤
  - 복합지질
    - 인지질 : 레시틴(계란노른자에 있는 유화제)
    - 당지질 : 세레브로사이드, 강글리오사이드
    - 단백지질
    - 황지질
  - 유도지질
    - 콜레스테롤
    - 탄화수소

<그림 4-1> 지질의 분류

<표 4-1> 화학구조에 따른 주요 지질의 분류

단순지질	복합지질		유도지질
Triacylglycerols Waxs	인지질	- Phosphatidyl ethanolamine - Phosphatidyl choline - Phosphatidyl serine - Phosphatidyl inositol - Cardiolipin	Sterols Fatty acid
	스핑고지질	- Ceramide - Sphingomyelin	
	당지질	- Cerebrosides - Gangliosides	

4.2. 지방산(fatty acids)

천연에 존재하는 지방산은 대부분이 4~30개의 탄소원자가 직쇄상으로 결합되어 있으며, 말단에 carboxyl(-COOH) 1개를 가지고 있으므로 일반식은 R·COOH로 표시된다.

탄소수 10개 (C_{10}) 이하의 것을 저급지방산, 탄소수(C_{18}) 이상의 것을 고급지방산이라 하며 지방산의 분자 내에 2중 결합을 가지고 있지 않은 것을 포화지방산, 2중 결합을 가지고 있는 것을 불포화지방산이라 한다.

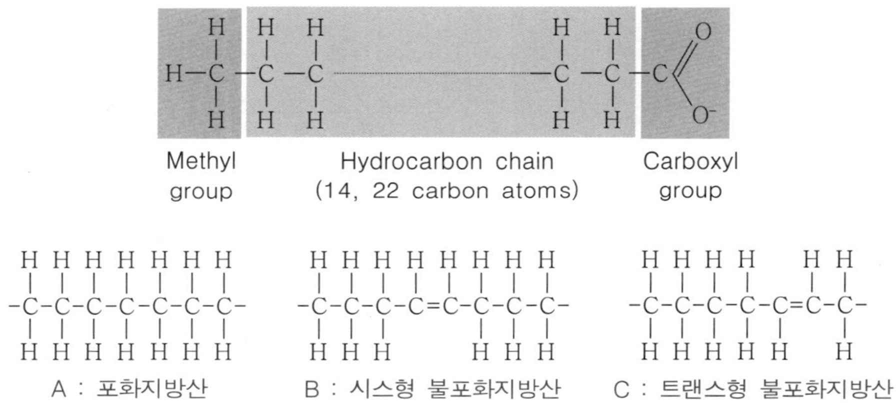

<그림 4-2> 포화지방산(A)과 불포화지방산(B, C)

불포화지방산 가운데서 이중결합을 1개 가진 것을 oleic acid계, 2개 가진 것을 linoleic acid계, 3개 가진 것을 linolenic acid계 지방산이라 한다. 또 이중결합 4개 이상을 가진 지방산을 일반적으로 고도불포화 지방산(Polyunsaturated fatty acid, PUFA)이라 한다.

4.2.1. 포화지방산(saturated fatty acid)

포화지방산은 그림 4-3 처럼 결합손이 4개인 탄소 원자가 인접한 탄소원자 또는 수소원자와 단일 결합하여 포화된 지방산을 말한다.

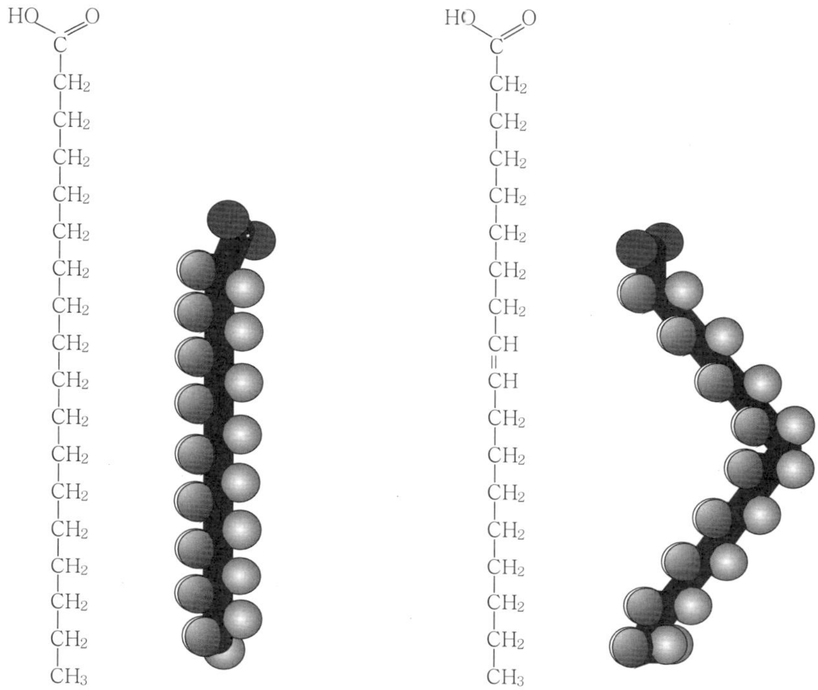

Stearic acid(포화지방산)　　Oleic acid(불포화지방산)

<그림 4-3> 포화지방산과 불포화지방산의 구조

<표 4-2> 주요 포화지방산

탄소수	일반명	계통명	구 조	융 점	성 질	소 재
C_{16}	palmitic산	hexadecanoic산	$CH_3(CH_2)_{14}COOH$	62.9	안녹음	일반 동・식물성유지
C_{18}	stearic산	octadecanoic산	$CH_3(CH_2)_{16}COOH$	69.6	안녹음	일반 동・식물성유지
C_{20}	arachidic산	eicosanoic산	$CH_3(CH_2)_{18}COOH$	75.4	안녹음	땅콩기름, 돼지기름
C_{22}	behenic산	docosanoic산	$CH_3(CH_2)_{20}COOH$	80.0	안녹음	땅콩기름, 콩기름
C_{24}	lignoceric산	tetracosanoic산	$CH_3(CH_2)_{22}COOH$	84.2	안녹음	당지질, 땅콩기름
C_{26}	cerotic산	hexacosanoic산	$CH_3(CH_2)_{24}COOH$	87.7	안녹음	밀랍
C_{28}	montanic산	octacosanoic산	$CH_3(CH_2)_{26}COOH$	90.9	안녹음	montan 랍
C_{30}	melissic 산	triacontanoic 산	$CH_3(CH_2)_{28}COOH$	93.6	안녹음	밀랍

일반식은 $C_nH_{2n+1}COOH$로 표시하며 탄소수 4개인 butyric acid에서 30개의 melissic acid까지 알려져 있다. 이 포화지방산은 탄소수가 증가함에 따라 물에 난용이며 융점은 탄소 수의 증가에 따라 상승하는 경향이 있다.

천연유지에 가장 많이 존재하는 것은 palmitic acid(C_{16})와 stearic acid(C_{18})이다.

4.2.2. 불포화지방산(unsaturated fatty acid)

불포화지방산은 2중결합의 수에 따라서 oleic acid계열(monoethenoid series), linoleic acid계열(dietheoid series), linolenic acid계열(triethenoid series), 고도의 불포화산계열(polyethenoid series)로 나눈다.

<표 4-3> 주요 불포화 지방산

탄소수: 이중결합수	일반명	계통명	구조	융점(℃)	소재
16 : 1	palmitoleic산	9-hexadecenoic산	$CH_3(CH_2)_5CH=CH(CH_2)_7COOH$	0.5	버터, 동물유
18 : 1	oleic산	9-octadecanoic산	$CH_3(CH_2)_7CH=CH(CH_2)_7COOH$	10.9~11.5	일반 동물유
18 : 2	linoleic산	9,12-octadecadienoic산	$CH_3(CH_2)_4CH=CHCH_2CH=CH(CH_2)_7COOH$	-5.2~-5.0	일반 식물유
18 : 3	linolenic산	9,12,15-octadecadienoic산	$CH_3CH_2CH=CHCH_2CH=CHCH_2CH=CH(CH_2)_7COOH$	-11.3~-10.0	아마인유 (건성유)
20 : 4	arachidonic산	5,8,11,14-eicosatetraenoic산	$CH_3(CH_2)_3(CH_2CH=CH)_4(CH_2)_3COOH$	-49.5	간유, 난황유, 어유
20 : 5	eicosapentaenoic산(EPA)	5,8,11,14,17-eicosapentaenoic산	$CH_3(CH_2CH=CH)_5(CH_2)_3COOH$	-54	어유
22 : 1	erucic산	13-docosenoic산	$CH_3(CH_2)_7CH=CH(CH_2)_{11}COOH$	34.7	유채유
22 : 5	claupanodonic산	4,8,12,15,19-docosapentaenoic산	$CH_3(CH_2CH=CHCH_2)_2=CH=CHCH_2(CH_2CH=CHCH_2)_2CH_2COOH$	-78	정어리유
22 : 6	docosahexaenoic산(DHA)	4,7,10,13,16,19-docosahexaenoic산	$CH_3(CH_2CH=CH)_6(CH_2)_2COOH$	-	어유
24 : 6	nisinic산	4,8,12,15,18,21-tetracosahexaenoic산	$CH_3CH_2(CH=CHCH_2)_4(CH_2CH=CHCH_2)_2CH_2COOH$	-	청어유

일반적으로 불포화지방산은 상온에서 액체이며 2중결합을 많이 가지고 있는 것은 중합을 잘 일으킨다.

식용유지 중에서 탄소수가 18개(C_{18})이고 2중결합 1개를 가진 oleic acid가 식품 중에 많이 존재하며 지방산 총량의 10~50%까지 함유하는 것도 있다. 그 다음이 linoleic acid, linolenic acid 순으로 분포되어 있다.

동물성 유지에는 palmitic acid, stearic acid, linoleic acid 등이 비교적 많이 분포되어 있다.

4.2.3. 필수지방산

불포화지방산 중에서 영양상 필수이면서 체내에서 합성될 수 없거나 합성된다 하여도 그 양이 생명유지에 불충분하여 식품으로부터 섭취해야 할 지방산을 필수지방산(essential fatty acid)이라고 한다.

필수지방산은 리놀레산(linoleic acid, C 18 : 2), 리놀렌산(linolenic acid) 및 아라키돈산(arachidonic acid)이다.

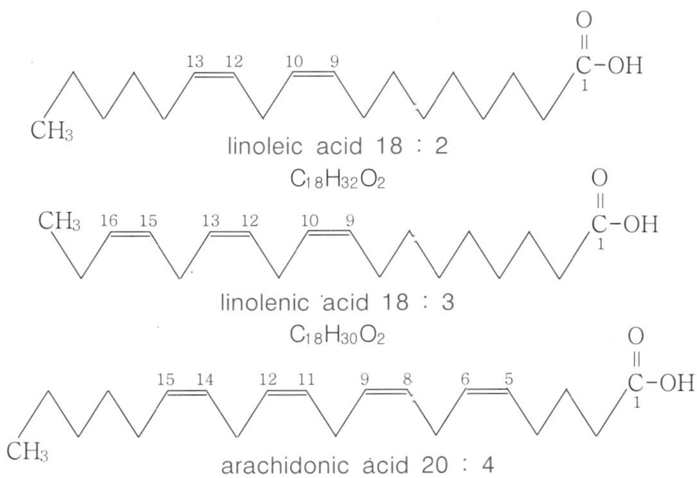

<그림 4-3> 필수지방산의 구조

4.3. 지방질

중성지방(유지)은 glycerol 1분자에, 각종 지방산 3분자가 물이 빠져 나오면서 에스터(ester)결합을 한 것이다.

1분자 glycerol 중 3개의 OH가 모두 ester결합을 이루고 있는 것을 triacylglycerol(예전 명칭은 triglyceride)라고 한다. R_1, R_2, R_3가 동일 지방산일 때 그 glyceride를 단순 중성지방(simple triacylglycerol)라 하고, 3개 가운데서 2개 또는 3개가 서로 다른 지방산일 때는 혼합 중성지방(mixed triacylglycerol)라 한다.

<표 4-4> 식용 동・식물성 유지의 지방산 조성 (단위 : %)

지방산	콩기름	옥수수 기름	목화씨 기름	해바라기 씨 기름	땅콩 기름	올리브유	채종유
14:0 Myristic	0.4	<0.1	0.4~2,0	<0.5	<0.4		<1.0
16:0 Palmitic	7~14	8~19	17~31	3~10	6.0~16	0.05	1.5~64
16:1 Palmitolic	<0.5	<0.5	0.5~2,0	<1.0	<1.0	7.5~20	<30
18:0 Stearic	1.4~5.5	0.5~4.0	1,0~10	1.0~10	1.3~6.5	0.3~3.5	0.5~3.1
18:1 Oleic	19~30	19~50	14~65	14~65	35~72	56~83	8~45
18:2 Linolenic	44~62	34~62	20~75	20~75	13~45	3.5~20	11~29
18:3 Linoleic	4.0~11	<2.0	<0.7	<0.7	<1.0	<1.5	5~16
20:0 Eicosanoic	<1.0	<1.0	<0.5	<1.5	1.0~3.0		<3.0
20:1 Eicosenoic	<1.0	<0.5	<0.5	<0.5	0.5~2.1		3~15
22:0 Docosanoic		<0.5	<0.5	<1.0	1.0~5.0		<2.0
22:1 Erucic			<0.5	<0.5	<2.0		5~60
24:0 Tetracosanoic		<0.5		<0.5	0.5~3.0		<2.0
24:1 Tetracosenoic				<0.5			

지방산	코코아 버터	팜유	팜핵유	코코넛유	버터	돼지기름	쇠기름
4:0 Butyric					3.6		
6:0 Caproic			<0.5	<1.2	2.2		
8:0 Caprylic			2.4~6.2	3.4~15	1.2		
10:0 Capric			2.6~7.0	3.2~15	2.8		
12:0 Lauric		<1.2	41~55	41~56	2.8		
14:0 Myristic	0.1	0.5~5.9	14~20	13~23	10.1	2.0	2.5
14:1 Myristoleic							3.0
16:0 Palmitic	26.0	32~59	6.5~11	4.2~12	25,0	27,1	27.0
16:1 Palmitoleic	0.3	<0.6	1.3~3.5	1.0~4.7	2.6	4,0	10.8
18:0 Stearic	34.4	1.5~8.0	10~23	3.4~12	12.1	11.0	7.4
18:1 Oleic	34.8	27~52	0.7~54	0.9~3.7	27.1	44.4	47.5
18:2 Linoleic	3.0	5.0~14			2.4	11.4	1.7
18:3 Linolenic	0,2	<1.5			2.1		1.1
20:0 Eicosanoic	1.0	<1.0					
22:0 Docosanoic	0.2						

단순 glyceride의 대표적인 것은 우지(牛脂)의 tristearin, 올리브유의 triolein이다. 유지를 가수분해하면 각종 지방산이 생성된다. 대표적인 식용유지의 지방산 구성비율을 보면 표 4-4와 같다. 즉, 대부분의 식용유지의 경우 oleic, linoleic, palmitic, stearic acid가 주요 지방산으로 존재하고 있음을 알 수 있다.

세계적으로 생산되는 모든 식용유지의 주요 지방산 분포비율은 oleic acid, linoleic acid가 각각 34%로 가장 많고, 그 다음이 palmitic acid로 11%, linolenic acid 5%, stearic acid 4%, myristic acid 2% 순이다. 즉, 이상의 6가지 지방산이 각종 식용유지의 주요 지방산을 이루고 있다.

한편, 버터는 butyric, caproic, caprylic, lauric, myristic acid와 같은 저급 내지 중급 지방산을 함유하고 있는 것이 다른 식용유지와 다른 특이한 점이다. 이와 같이 식용유지의 종류에 따라 구성 지방산의 조성 비율이 다르므로 유지는 각각 독특한 특성을 갖게 된다.

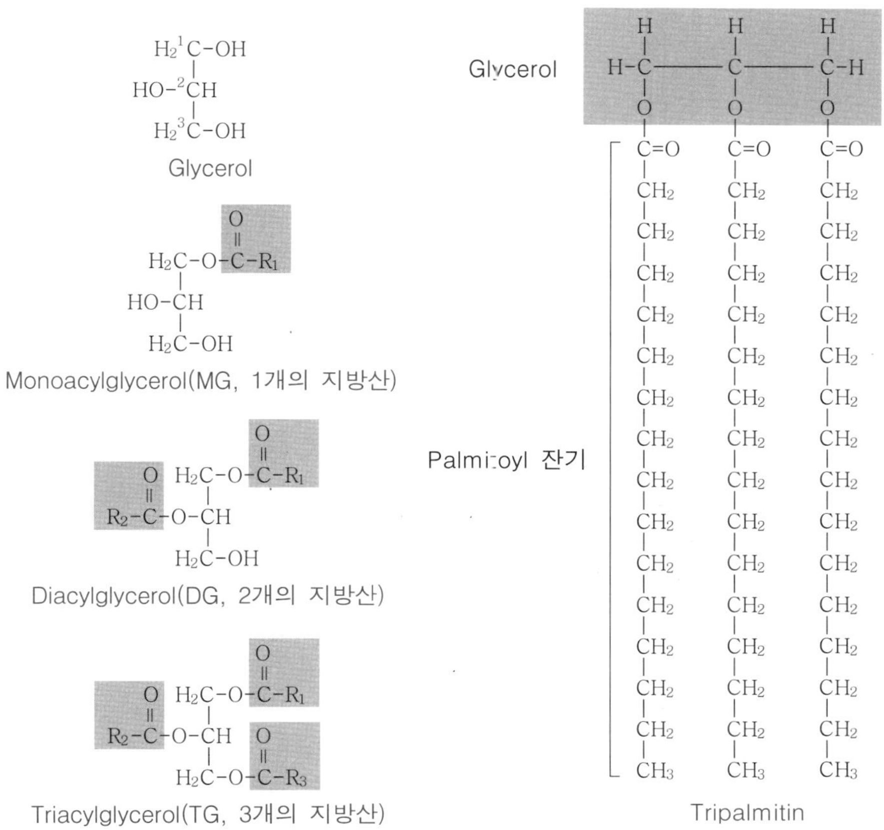

<그림 4-4> 중성지방의 일반적인 구조

4.3.1. 유지의 물리적 성질

1. 용해성

지방은 물에 녹지 않으며, 같은 용제에 대하여는 탄소 수가 많고 불포화도가 높을수록 잘 녹지 않는다. 또 일반적으로 유지는 알코올에 난용이나 피마자유는 알코올과 자유로이 혼합된다.

2. 녹는 점(melting point, 융점)

유지는 구성 지방산의 종류에 따라 녹는점이 달라진다. 불포화지방산을 많이 함유하고 있는 식물성 유지는 녹는점이 낮아서 상온에서 액체이고, 포화지방산의 함량이 많은 동물성 유지는 상온에서 고체이고 식물성 유지보다 녹는점이 높다.

버터는 포화지방산이 많지만 저급지방산이어서 다른 동물성 지방보다 녹는점이 낮고 녹기 쉽다. 몇 가지 지방산의 녹는점은 표 4-3과 같다.

<표 4-5> 몇 가지 지방산의 녹는점

지 방 산	녹는점	지 방 산	녹는점
oleic acid(cis)	13	Linoleic acid(cis-cis)	-5
Elaidic acid(trans)	44	Linolenic acid(trans-trans)	28
Stearic acid	70	Butyric acid	-8

3. 비중(specific gravity)

식품 중의 유지는 비중이 0.92~0.94의 것이 가장 많다. 지방은 일반적으로 저급지방산의 함량이 많을수록, 또 지방산의 불포화도가 높을수록 비중이 크다. 또한 -OH기를 가지고 있거나 지방산이 산화하여 분자량이 작은 지방산이 생성되면 비중이 커진다.

4. 굴절률(refractive index)

식용유지는1.45~1.47의 굴절률을 나타내는데 비교적 재현성이 있어서 유지의 식별을 위해 많이 이용된다.

굴절률은 중성지방에서 분자량이나 불포화도가 증가할수록 증가한다. 즉 지방산의 탄화수소 길이가 증가하거나 이중결합 수가 많아지면 증가한다. 일반적으로 동일한 glyceride인 경우 산가가 높은 것일수록 굴절률이 낮다. 또 비누화가가 높고 요오드가가 낮은 것은 굴절률이 낮다. 굴절률은 온도에 의해 크게 변화 하므로 일정한 온도에서 측정해야 한다.

5. 발연점(smoke point), 인화점(flash point), 연소점(fire point)

식용 유지를 온도를 올리면서 강하게 가열하면 유지표면에서 엷은 푸른 연기가 발생하는데 이때의 온도를 발연점이라고 하고, 발생한 연기가 공기와 섞여서 순간적으로 발화하는 온도를 인화점이라고 하며, 유지가 연속적인 연소를 지속하는 온도를 연소점이라고 한다.

발연점에서 발생되는 연기는 고온으로 유지를 가열할 때 유지가 분해되어 발생되는 것으로 식품들에 흡수되면 좋지 않은 맛이나 냄새를 주므로 가급적이면 발연점이 높은 유지를 사용하는 것이 바람직하다.

일반적으로 유지의 발연점은 유지 중에 유리지방산 함량이 많을수록, 노출된 유지의 표면이 커질수록 그리고 유지 중에 외부에 들어간 미세한 입자상의 물질들이 많을수록 낮아지는 사실이 알려져 있다. 연소점은 일반적으로 인화점보다 20~60 ℃ 높으며 약 300~350℃의 범위다. 일반적으로 발연점이 높으면 인화점과 연소점도 높다.

<표 4-5> 각종 유지의 발연점, 인화점, 연소점(℃)

종 류	발 연 점	인 화 점	연 소 점
피마자유(정제)	200	293	335
옥수수유(조제)	178	294	346
옥수수유(정제)	227	326	359
아마인유(조제)	163	287	353
아마인유(정제)	160	309	360
올리브유(조제)	199	321	361
콩기름(조제, expeller추출)	181	296	351
콩기름(조제, 용매추출)	210	317	354
콩기름(정제)	256	326	356

6. 점도(viscosity)

유지의 점도는 고급지방산으로 된 트리아실글리세롤(triacylglycerol) 일수록 지방산의 분자 간 친화력 때문에 점도가 높아지고 탄소길이가 같을 때는 불포화도가 높을수록 점도가 낮아진다.

7. 유화성

복합지질은 친수기와 소수기(친유기)를 가지고 있어 지방을 유화시키는 성질이 있다. 이러한 성질을 가진 물질을 유화제(emulsifying agent)라 하며, 유화제는 식품공업상 광범위하게 사용되는 물질이다. 물중에 기름의 입자가 분산되어 있는 수중유적형(Oil in Water, o/w)과 기름 중에 물이 분산되어 있는 유중수적형(water in Oil, w/o)이 있다. 전자에 속하는 것은 우유, 아이스크림, mayonnaise 등이고 후자의 예는 버터, 마아가린 등이다. 천연유화제로는 lecithin, sterol, monoglyceride, diglyceride, 담즙산, 단백질 등이 있고 식품공업상 사용되는 합성유화제로는 sorbitan fatty acid ester, mono,di-glyceride, sucrose fatty acid ester 등이 있다.

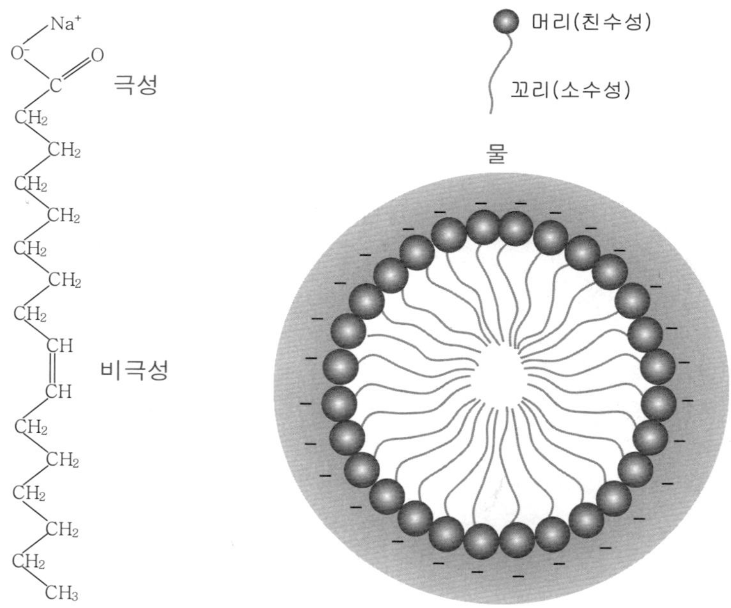

<그림 4-5> 마이셀(Micelle)의 구조

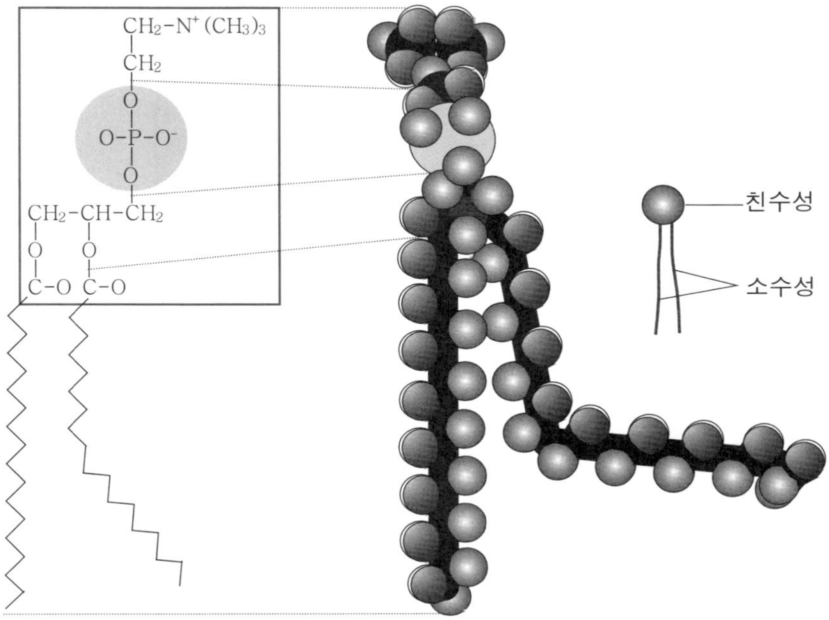

<그림 4-6> 인지질의 구조

4.3.2. 유지의 화학적 성질

1. 비누화가(saponification value, 검화가)

지방은 산, 알칼리, 과열수증기, lipase에 의하여 분해되며 특히 알칼리에 의한 분해를 비누화(saponification)라 한다.

비누화가란 유지 1g을 비누화하는데 필요한 KOH의 mg수를 말한다.

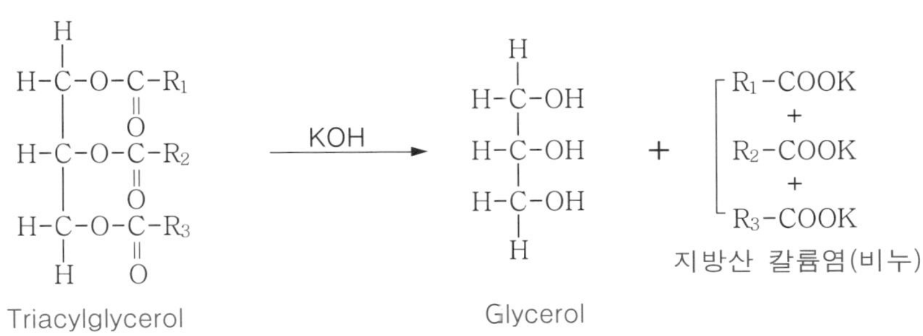

<그림 4-7> 중성지방의 비누화 반응

Triacylglycerol 1mol을 완전히 비누화하는 데에는 3mol의 KOH가 필요하다. KOH의 분자량은 56.1g이므로 KOH는 56,100mg × 3 = 168,300mg이 필요하다. 그러므로 유지 1g을 비누화하는데 필요한 KOH의 mg수인 비누화값은 다음과 같이 계산할 수 있다.

비누화값 = 168,300/유지의 평균분자량

Tristearin의 비누화가 = $(3KOH/C_{57}H_{110}O_6) \times 1{,}000$ =
$(3 \times 56/890) \times 1{,}000 \fallingdotseq 188$ 이다.

비누화가는 지방산의 분자량에 반비례하므로 저급지방산이 많을수록 커진다. 보통 유지의 비누화가는 180~200정도이다.

지방, 납, 복합지질, 지방산은 비누화물(saponifiable fraction)이나 sterol, 색소, 탄화수소 등은 불비누화물(nonsaponifiable fraction)이다.

<표 4-6> 유지의 비누화가

유 지	비누화가	유 지	비누화가
쇠 기 름	196~200	아마인유	188~195
버터기름	210~230	올리브유	185~196
피마자기름	175~183	야 자 유	200~205
닭고기지방	193~204.6	땅콩기름	186~194
코코넛기름	253.4~262	채 종 유	168~179
옥수수기름	187~193	참 기 름	188~193
면 실 유	194~196	대 두 유	189~193.5
돼지기름	195~203	해바라기기름	188~193

2. 요오드가(iodine value, 옥도가)

유지 중의 불포화지방산의 이중결합에는 수소(H_2)나 요오드(I_2)가 쉽게 첨가될 수 있다. 유지 100g에 첨가되는 요오드의 g수를 요오드가(iodine value)라 한다. 수소첨가에 의하여 불포화지방산은 융점이 높은 포화지방산으로 되며 액체지방은 고체지방으로 경화(hardening)가 되고, 생성된 고체지방을 경화유(hardened oil)라 한다. 경화유는 마가린이나 비누제조의 원료로 사용된다.

요오드는 유지분자 내의 이중결합이 열리면서 요오드가 첨가되는 반응이므로 이중결합의 수가 많을수록 결합되는 요오드의 양도 많아진다.

즉, 불포화지방산을 많이 포함하고 있는 지방은 요오드가가 높다. trioein의 요오드가는 $(3 \times I_2/C_{57}H_{104}O_6) \times 100 = (3 \times 127 \times 2/884) \times 100 \fallingdotseq 86.2$가 된다. 요오드가가 130 이상을 건성유(drying oil), 130~100의 지방을 반건성유(semidrying oil), 100 이하의 유지를 불건성유(nondrying oil)라 한다.

건조성이란 유지가 공기 중에서 산소를 흡수하여 산화·중합·축합을 일으킴으로써 차차 점성이 증가하여 마침내 고화(固化)하는 성질을 말하는데, 그 강약은 유지류의 이중결합의 수에 비례하며, 요오드값에 따라 분류할 수 있다. 아마인유, 들깨기름은 요오드값이 130 이상으로 건성유에 속하고 얇은 막으로 만들어 공기 속에 방치해 두면 비교적 단시간 내에 굳어 건조되므로 도료의 중요한 자재가 된다.

면실유, 참기름, 콩기름은 요오드값이 100~130으로 반건성유이며 동백유, 피마자유, 올리브유 등은 요오드값이 100 이하로서 불건성유에 속한다.

<표 4-7> 유지의 요오드가

유 지	요오드가	유 지	요오드가
쇠 기 름	35.4~42.3	아마인유	175~202
버터기름	26~38	올리브유	79~88
피마자기름	84	땅콩기름	88~98
닭고기지방	66~71.5	채 종 유	94~105
코코넛기름	6.2~10	참 기 름	103~117
간 유	137~166	대 두 유	122~134
옥수수기름	111~128	해바라기기름	129~136
면 실 유	103~111.3	고래기름	90~146
돼지기름	62.5~79	호두기름	139~150

3. 산가(acid value)

신선한 지방은 유리의 지방산을 함유하고 있지 않으나, 지방의 분해로 인하여 다소의 유리지방산이 혼재하게 된다. 유지 1g 중에 있는 유리지방산을 중화하는 데 필요한 KOH의 mg수를 산가(acid value)라 한다. 지방 1g 중에 oleic acid 6mg을 함유하고 있을 경우, 이의 산가는 $(KOH/C_{18}H_{34}O_2 \times 6 = (56/282) \times 6 \fallingdotseq 1.2$이다. 유지의 산가가 높은 것은 변질되었음을 나타내며, 식용유지의 산가는 1.0 이하이다.

<표 4-8> 유지의 산가

유 지	산 값	식품규격산값	유 지	산 값	식품규격산값
쇠 기 름	0.25~0.5	0.3 이하	올리브유	0.3~1.0	0.6 이하
돼지기름	0.5~0.8	0.3 이하	땅콩기름	0.7~0.9	0.5 이하
버 터	0.5~35.4	-	채 종 유	0.4~1.0	0.2 이하
콩 기 름	0.2~1.8	0.2 이하	참 기 름	4.0~12.0	4.0 이하
팜 유	9~11	0.2 이하	해바라기기름	9.0~13.0	0.2 이하
옥수수기름	1.4~2.1	0.6 이하	들 기 름	8.0~13.0	5.0 이하
면 실 유	0.6~0.9	0.2 이하	코코야자기름	2.5~10.0	0.2 이하

4. Reichert-Meissl가, Polenske가

유지를 알칼리로 비누화하고 지방산의 알칼리염을 황산으로 처리한 후 증류하면 휘발성인 C_2~C_{14}의 지방산들이 증류된다. 이 지방산 중 C_4~C_6 지방산은 수용성이나 C_8~C_{14} 지방산은 비수용성이다. 물에 녹는 휘발성 산과 물에 녹지 않는 휘발성 산으로 나누어진다.

지방 5g을 알칼리로 비누화하여 산성에서 증류하여 얻은 휘발성의 수용성지방산을 중화하는 데 필요한 0.1N KOH의 ㎖ 수를 Reichert-Meissl가라고 하는데 저급휘발성 지방산의 양을 나타낸다. 또 비수용성 지방산을 중화하는 데 필요한 0.1N KOH의 ㎖ 수를 Polenske가라고 한다. 즉 Reichert-Meissl가는 물에 잘 녹는 butyric acid, caproic acid와 물에 약간 녹는 caprylic acid, capric acid의 양을 결정하는 것이고 Polenske가는 물에 녹지 않는 myristic acid, lauric acid와 또 caprylic acid, capric acid의 양을 결정하는 것이다.

Reichert-Meissl가는 특히 버터의 위조(adulteration) 검정에 이용된다. 즉 버터의 Reichert-Meissl가는 보통 23~34로 다른 식용유지보다 높으며 마가린은 0.5~5.5로서 버터와 마가린을 구별할 수 있다. 또 Polenske가는 버터가 1.5~3.5이고 야자유는 16.8~18.2로서 야자유는 버터보다 수용성인 휘발성 지방산이 적고 비수용성인 휘발성 지방산이 많으므로 버터 중의 야자유 검사에 이용된다.

5. 헤에너가(Hehner value)

유지 중에 들어 있는 물에 녹지 않는 지방산들의 함량을 전체유지의 양에 대한 비율(%)로 표시된 수치이다. 대부분의 지방은 수용성지방산의 함량이 적고 비수용성지방산의 함량이 많아 Hehner가는 90~95이며 야자유와 같이 저급지방산이 함유된 것은 80~90이고, 쇠기름은 96~97, 돼지기름은 97 정도로 높은 값을 나타낸다. Reichert-Meissl가가 큰 것은 Hehner가가 적다.

6. Acetyl가

유지 중에 존재하는 수산기(-OH, hydroxy)를 가진 지방산의 함량을 표시하는 척도이다. 아세틸가는 시료 유지에 먼저 무수초산(acetic anhydride)을 반응시켜 유지 중에 있는 유리 수산기를 모두 아세틸화 한 다음 이 아세틸화된 유지 1g을 가수분해할 때 얻어지는 초산을 KOH로 중화하는데 필요한 KOH의 mg 수이다.

피마자기름에는 ricinoleic acid($C_{17}H_{32}(OH)COOH$)가 풍부히 들어 있으며 이를 무수초산으로 처리하면 acetyl화가 된다. 이를 비누화한 후에 황산 산성에서 증류하면 초산이 유리되며, 이를 알칼리로 적정한다.

대부분의 식용유지는 hydroxy산을 가지고 있지 않거나 소량 함유하고 있다.

7. 과산화물가(peroxide value)

유지의 초기단계 산패도를 나타내는 값으로 유지 1kg에 함유된 과산화물의 당량수로 정의한다.

유지 5g에 chloroform 20㎖, 빙초산 30㎖, KI 포화액 1㎖를 가하고 1분 후에 물 100㎖를 가해서 생긴 I_2를 0.01N $Na_2S_2O_3$ 표준용액으로 적정하여 정량한다.

과산화물가는 유지의 산패도를 나타내는 것으로서 이 값이 큰 것은 유지의 산패정도가 큰 것이며 산화 안정성이 낮음을 나타낸다. 일반적으로 식물성유의 경우에는 과산화물가가 60~100meq/kg, 동물성유지일 때는 20~40meq/kg에 도달하는 시기를 산패발생기로 보고 있다.

4.4. 왁스류(蠟類, wax)

왁스류(waxes)는 고급지방산과 고급 알코올과의 에스터로서, 자연계에서 그 함량은 높지 않지만 널리 분포하고 있다.

동물계에는 털(hair, wool)이나 깃(feather)의 표면에 식물계에서는 줄기, 잎, 또는 과실의 표면에 얇게 덮여있다. 대부분 융점이 높은 고체로서(60~80℃) 영양성분으로서 가치는 없고 과실표면의 광택을 주어 식품의 가치를 높이는 효과가 있다.

동물성 왁스로는 밀랍과 경랍이 대표적이며 밀랍은 벌집에서 얻어지는 노란색 또는 회색 물질로 융점은 60~65℃이고 주요성분은 myricyl palmitate이다.

경납(spermaceti)은 향유고래의 머리 부분에 존재하는 왁스로서 그 융점은 40~45℃이고 주요성분은 cetyl palmitate이다.

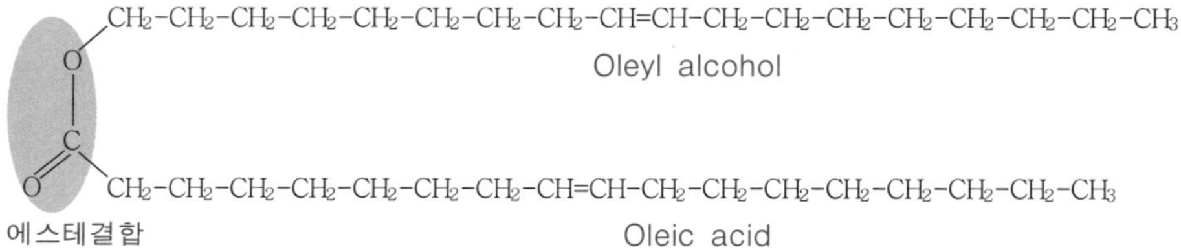

<그림 4-8> 왁스의 구조

4.5. 복합지질(compound lipid)

4.5.1. 인지질(phospholipid, phosphatide)

지방질에 인이 결합된 것으로서 그 기본 구조는 그림 4-9와 같다. glycerol과 sphingosine의 기본 골격에 따라 각각 glycerophospholipid와 sphingo-phospholipid로 나눌 수 있고 뇌, 심장, 신장, 난황에 많으며 식물 중에는 대두에 많이 포함되어 있다. lecithin, cephalin, sphingomyelin이 이에 속한다.

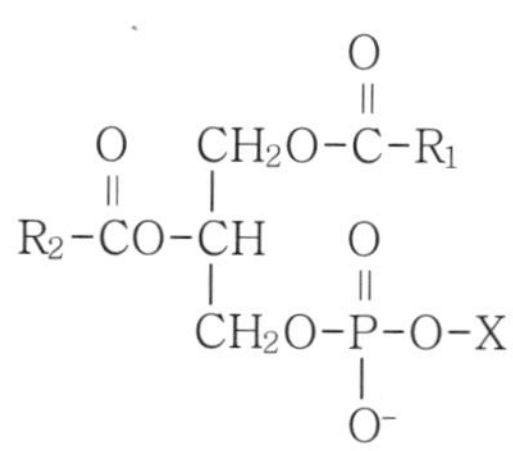

* X는 H, 질소함유 알코올, polyhydroxy 화합물

<그림 4-9> Glycerophospholipid의 구조

1. 레시틴(lecithin)과 세팔린(cephalin)

레시틴과 세팔린은 동물의 뇌, 신경계, 간장, 심장, 난황 및 식물의 종자에 많이 함유되어 있는 인지질이다.

글리세롤(glycerol) : 지방산 : 인산 : 유기염기 = 1 : 2 : 1 : 1로 구성되어 있다. lecithin은 phosphatidic acid 중 인산의 OH기에 choline이 ester 결합한 phosphatidyl choline(lecithin)의 구조로 되어 있다.

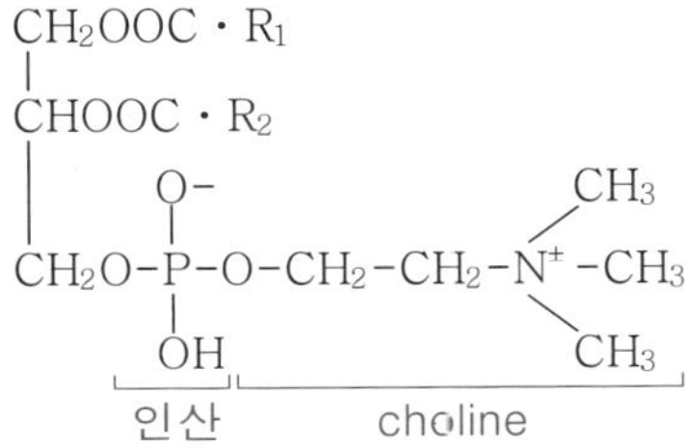

<그림 4-10> 레시틴(lecithin)의 구조

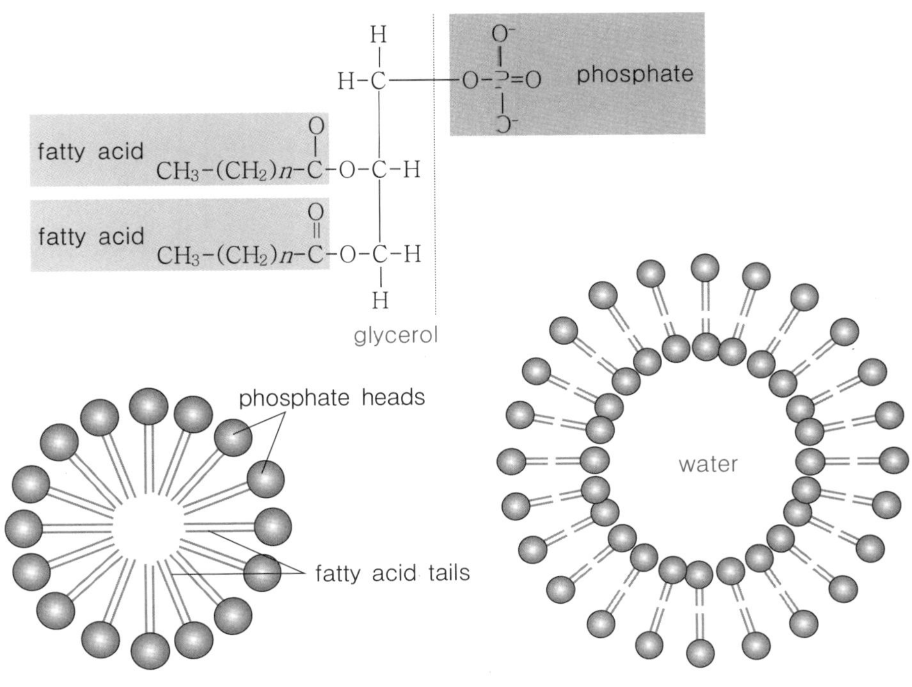

<그림 4-11> Phsophatidic acid와 유화모형

레시틴은 대표적인 인지질로 극성 성질을 가진 인산부분과 비극성인 두 지방산의 탄화수소 때문에 양친매성 성질을 가져 식품공업에서 유화제로 많이 이용된다. 레시틴의 구조에서 2개의 지방산 중 적어도 하나는 포화지방산으로서 palmitic acid, stearic acid이고, 불포화지방산으로는 oleic acid, linoleic acid, linolenic acid, arachidonic acid 등이다.

그리고 세팔린(cephalins)은 phosphatidic acid중 인산의 OH기에 choline 대신 serine이 ester 결합한 phosphatisyl serine(serine cephalin)과 ethanol amine이 ester 결합한 phosphatidyl ethanol amine(ethanol amine cephalin)의 두 종류가 있다.

세팔린은 지방산 중에서 포화지방산은 stearic acid뿐인 것이 lecithin과 다른 점이고 불포화지방산으로는 oleic acid, linoleic acid, arachidonic acid 등이 있다.

2. 스핑고마이엘린(sphingomyelin)

스핑고마이엘린은 동물의 뇌, 신경조직에 많고 식물계에는 존재하지 않는다. 그림 4-12에서 보이는 것처럼 스핑고신, 지방산, 인산 및 콜린으로 구성되어 있다.

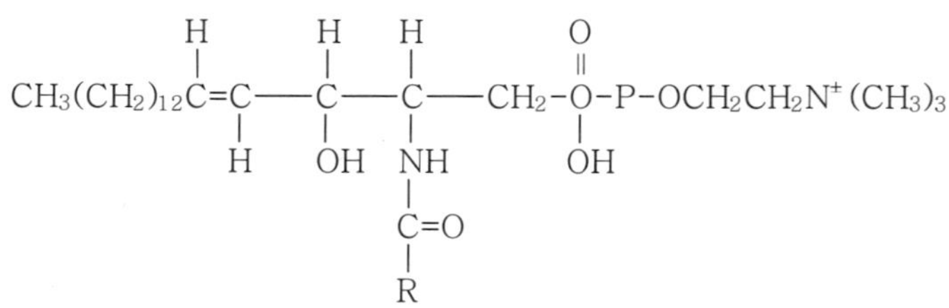

<그림 4-12> 스핑고마이엘린의 구조

3. Phosphatidyl inositol

동・식물조직의 cephalin 부분에서 얻어진다. 간단한 것은 inositol의 OH기 하나가 인산과 결합한 것도 있고 복잡한 것은 지방산, glycerin이 결합한 것도 있다.

4.5.2. 당지질(glycolipid)

당지질은 지방질에 당이 결합된 것으로 glycoglycerolipid와 glycosphingolipid로 구분되며 주요 당지질로는 세레브로사이드(cerebroside)와 강글리오사이드(ganglioside)가 있다. 당지질도 인지질처럼 생체막의 주요 성분이 되며 당지질은 acetone에 녹으므로 인지질로부터 분리할 수 있다.

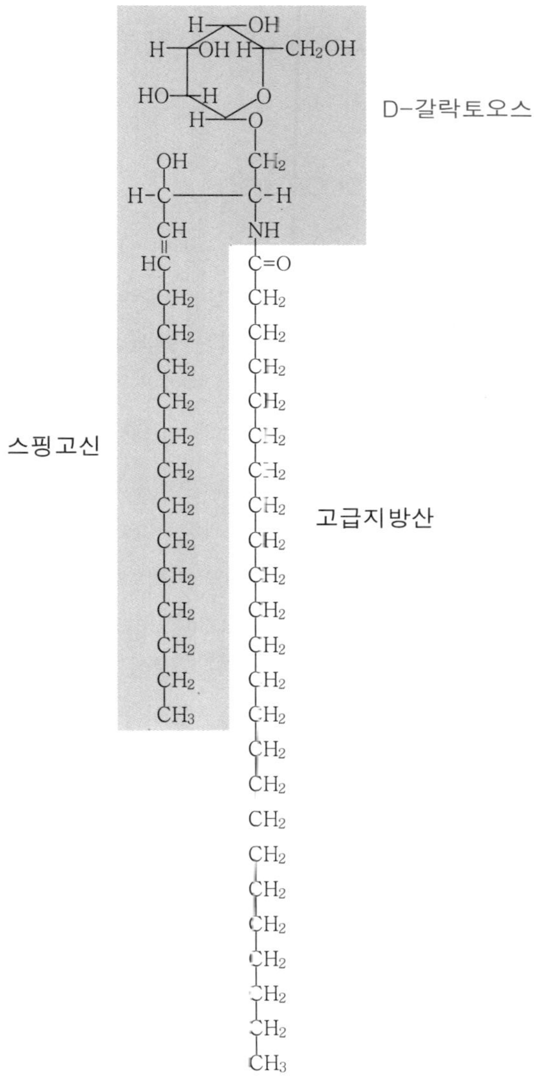

<그림 4-13> Cerebroside의 기본구조

1. 세레브로사이드(cerebroside)

주로 뇌에 존재하며 그 구성당질의 대부분은 갈락토오스(galactose)이고 갈락토오스 1번 탄소(C^1)의 OH가 sphingosine과 결합하고 여기에 지방산이 결합되어 있다.

2. 강글리오사이드(gangliosides)

신경조직의 신경절 세포(ganglion cell)에 주로 존재하며 단일체 화합물에 대한 명칭이 아니다.

4.5.3. 지단백질(lipoprotein)

지단백질은 단백질, 중성지방질, 인지방질 그리고 cholesterol과 그 에스터 화합물들로 구성된 성분이라 할 수 있다. 혈액 속에서 지방질은 가용화(可溶化)될 수 없으므로 체내 흡수한 지방질은 단백질과 결합하여 lipoprotein의 소립자(小粒子)를 만들어 가용화된다.

Lipoprotein은 입자의 밀도(density)에 따라서 다음과 같이 분류된다.

① 카일로마이크론(chylomicron)

② 초저밀도 지단백질(VLDL ; very low density lipoprotein)

③ 저밀도 지단백질(LDL ; low density lipoprotein)

④ 고밀도 지단백질(HDL ; high density lipoprotein)

Chylomicron과 VLDL은 중성지방질을 많이 함유하고 있는데 chylomicron은 식사를 통한 외인성 중성지방질을, VLDL은 간에서 합성한 중성지방질을 체내에 운반하는 역할을 한다. LDL과 HDL은 주로 cholesterol의 운반과 대사에 관여한다. VLDL은 lipoprotein에 의해 LDL로 분해되며, LDL은 세포의 이물질 흡수작용(endocytosis)에 의해 혈관벽 내에 흡착된다. 동맥경화 중의 주요원인은 과량의 혈장 LDL에 기인하는데 이는 cholesterol를 제거시키는 HDL의 양과도 상관된다고 한다. 즉, 혈중의 HDL의 양이 감소되면 동맥경화증이 유발될 수 있다고 한다. 이들 지단백질의 상대적인 크기와 조성은 그림 4-14와 같다.

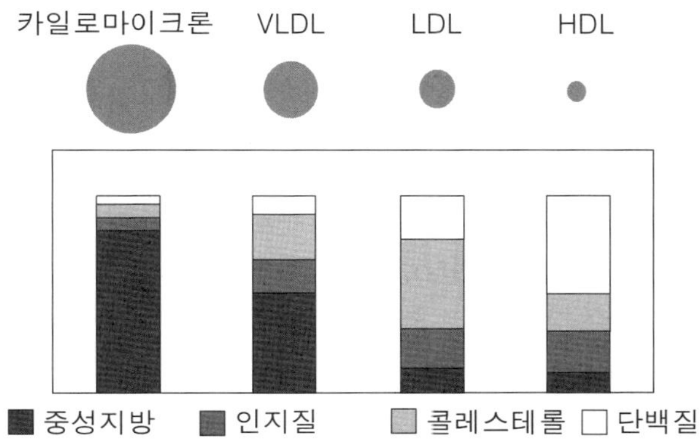

<그림 4-14> 지단백질의 상대적인 크기와 조성

4.6. 유도지질

단순지질과 복합지질의 가수분해에 의하여 얻어지는 유리 지방산이나 alcohols, 그리고 중성지방과는 구조나 성질이 전혀 다르면서 이들과 함께 ether에 추출되어 나오는 sterols, 탄화수소, vitamin A, D, E, K 등을 통틀어 유도지질(derived lipids)이라 하며 이들은 대부분 비검화물이다.

4.6.1. Sterols

Steroides는 다음과 같은 steroid핵(phenanthrene핵에 5각 환이 붙은 탄화수소)을 기본구조로 한 유도체이며, sterols는 3번 탄소(C3)에 OH기를 가지고 있고, 17번 탄소에는 스테롤에 따라 탄소의 수가 8~10개의 탄화수소 측쇄를 가지고 있는 화합물의 총칭이다.

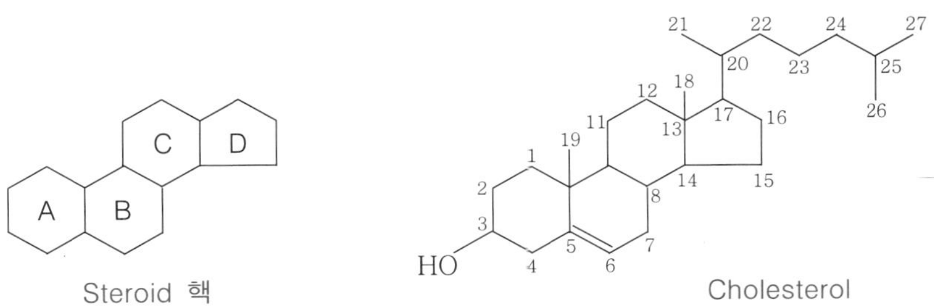

<그림 4-15> 스테로이드 핵과 콜레스테롤 구조

Sterol류는 출처에 따라 동물성(zoosterol), 식물성(phytosterol), 미생물 sterol로 나눌 수 있다.

① 동물성 sterol

대표적인 것은 cholesterol로서 비비누화물질이고 고등 동물의 근육조직, 뇌조직, 신경조직, 담즙, 혈액과 지방조직에 널리 분포되어 있다. 융점 150℃의 백색 고체로서 탄소 수 27개 ($C_{27}H_{45}OH$), 3번 탄소에 OH기를 가지고 $C_{5,6}$에 이중결합을 가지는 steroid이다. 일부 cholesterol은 지방산과 결합하여 ester로서 존재하며 특히 혈액중의 cholesterol은 지단백질(lipoprotein)중에 존재하며 2/3는 지방산 에스터 형태로 존재한다.

인체 내의 cholesterol 중 일부는 인체에서 생합성이 되고 일부는 동물성 식품으로부터 섭취된다. 인체 내에서 cholesterol 평형에 이상이 생겨 과도하게 많을 때는 혈관벽에 축적되기 때문에 동맥경화증, 심장병을 비롯한 순환기 계통의 장해가 유발되므로 식품으로부터의 cholesterol 섭취를 조절하여야 된다. Cholesterol은 동물체내에 필요한 여러 가지 steroide와 스테로이드 호르몬류, 비타민 D의 전구체가 된다.

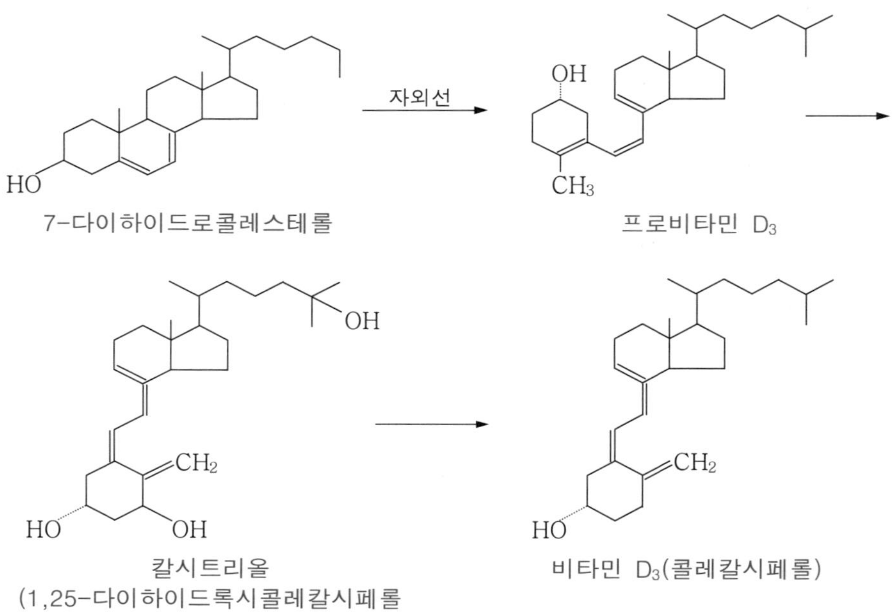

<그림 4-16> 비타민 D_3의 생성경로

② 식물성 sterols(phytosterols)

중요한 것은 sitosterol, stigmasterol, campesterol 등이 있으며 구조는 cholesterol과 흡사하다.

③ 미생물 sterol(mycosterol)

중요한 것은 어고스테롤(ergosterol)로서 자외선 조사에 의해 스테로이드 핵 구조 중 B환이 쉽게 열려 칼시페롤(calciferol, 비타민 D_2)이 되므로 provitamin D로 불려 지기도 한다.

4.6.2. 탄화수소

에테르(ether), 클로로포름 등 유기용매에 의하여 다른 지방질들과 함께 추출되는 탄화수소는 스쿠알렌(squalene), 지용성비타민(A, D, E, K)과 지용성 색소(클로로필, 카로테노이드)가 있다.

지방족계열 탄화수소로는 탄소수 5개인 아이소프렌 단위(isoprene unit)의 축합에 의해 생긴 아이소프레노이드(isoprenoid)가 있고 β-carotene과 squalene이 대표적인 예이다.

스쿠알렌은 상어와 같은 물고기의 어유에서 발견되는 대표적인 탄화수소로 분자식이 $C_{30}H_{50}$이며 6개의 이소프렌 단위가 연결되어 구성되어 있다. 스쿠알렌은 콜레스테롤과 같은 스테로이드 화합물의 전구물질로 알려져 있다.

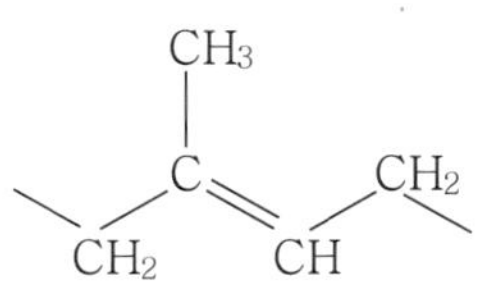

isoprene unit

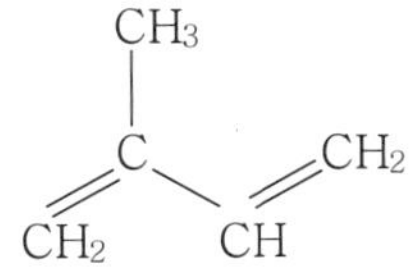

isoprene

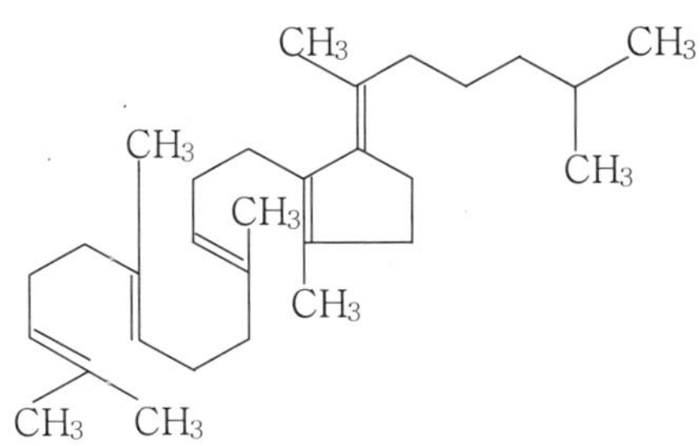

squalene

<그림 4-17> 지방족 탄화수소와 스쿠알렌

4.7. 유지의 산패(酸敗, rancidity)

산패(rancidity)라는 말은 라틴어의 악취, 썩은 냄새라는 뜻의 rancidus에서 유래된 말이다. 유지를 많이 포함하는 지방질식품을 저장하는 경우나, 조리 · 가공 중의 가열 등에 의해서 불쾌한 냄새나 맛의 발생, 착색, 점성의 증가 등 물리 · 화학적 변화가 생겨 그 품질이 낮아지는데, 이 현상을 산패라 하며, 식품으로서의 가치가 낮아짐은 물론 때로는 유해로운 물질을 생성하는 수도 있다.

산패는 그 원인에 따라 산소의 흡수로 산화되는 경우(자동산화). 물, 산, 알칼리 및 효소에 의하여 유리지방산이 생성되어 불쾌한 냄새와 맛을 생성하는 경우, 외부의 나쁜 냄새를 흡수함으로써 일어나는 산패가 있으나 이 중 자동산화에 의한 산패가 가장 많다.

4.7.1. 가수분해에 의한 산패

유지는 물과 접촉하는 동안 그 구성분인 triglyceride가 산, 알칼리, 열처리에 의해 화학적으로 가수분해 되거나, 동식물 조직 또는 미생물에 존재하는 lipase와 같은 효소에 의하여 가수분해 되어 산패된다.

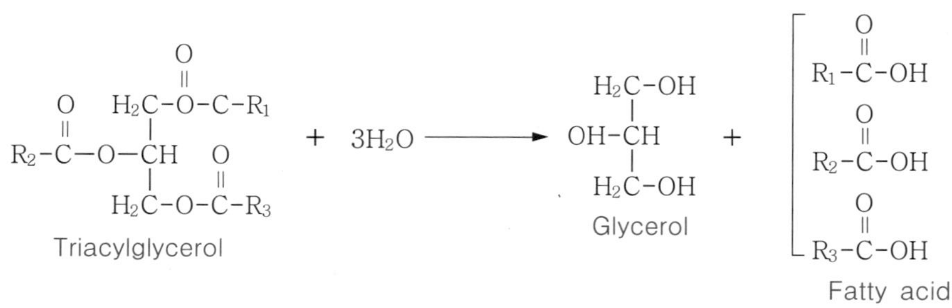

<그림 4-18> 중성지방의 가수분해에 의한 산패

이와 같이 가수분해로 생성된 유리 지방산의 일부는 휘발성이 강한 저급 지방산으로 비정상적인 냄새와 맛을 주며, 물리적, 화학적인 변화나 지방질 식품의 품질을 떨어뜨리는 원인이 된다. 분해 생성된 저급 지방산 중에서 그 냄새

가 가장 자극적인 것은 butyric acid이며, 이것을 구성 지방산으로 많이 함유하고 있는 우유나 낙농 제품에서는 가수분해에 의한 산패가 크게 문제시되고 있다.

종실유는 채유 시 종실에 있는 lipase로 가수분해가 진행되어 많은 양의 유리 지방산을 함유하므로 채유되면 알칼리로 증화하는 탈산과정이 꼭 필요하다.

4.7.2. 자동산화(Autoxidation)

자동산화에 의한 산패는 유지가 공기와의 접촉으로 산소를 흡수하고 흡수된 산소에 의해 유지가 산화되어 산화생성물을 형성하는 것이다. 이러한 산화는 낮은 농도의 산소 조건에서도 자연발생적으로 일어나고 유리 래디칼(free radical)이 계속 관여하여 연쇄적으로 진행되기 때문에 자동산화라고 한다.

자동산화는 산소 흡수속도가 매우느리게 진행되는 유도기간(induction period), 유리 래디칼이 생성되는 개시단계(initial step), 전파단계(propagation step), 종결단계(termination step)로 진행된다.

1. 자동산화의 유도기

유지가 상온에서 공기 중의 산소를 흡수하여 산화가 일어날 때 산소의 흡수속도가 매우 적은 어떤 특정기간을 그 유지의 유도기간(induction period)이라고 부른다. 유도기간에 영향을 주는 요인들로서는 유지의 저장온도, 유지의 불포화도, 항산화제의 존재 유무 등이 있다.

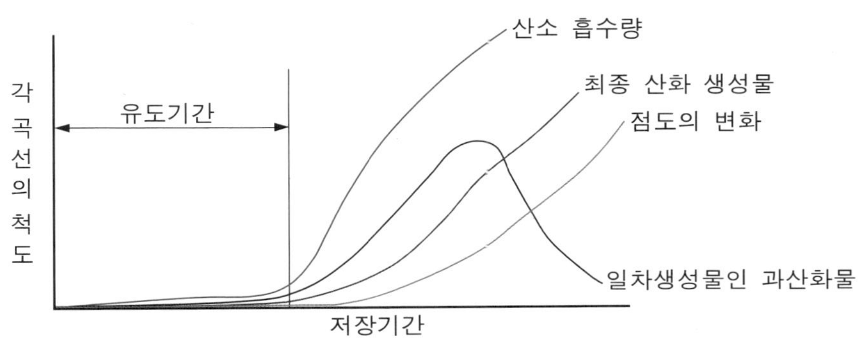

<그림 4-19> 유지의 자동산화 과정 중 주요 반응속도 곡선

2. 자동산화의 메커니즘(mechanism)

자동산화과정은 처음에 유리래디칼이 형성되는 개시단계를 거쳐 전파반응(연쇄반응), 그리고 하이드로퍼옥사이드(hydroperoxide)의 분해단계를 거쳐 종결반응으로 진행된다.

1) 개시단계(initiatial step)

유지 분자나 불순물로서 존재하는 다른 어떤 물질들이 가열, 빛, 분자 상호간 또는 기벽과의 충돌 등에 의해서 활성화(活性化)되어 분자 내에 공유결합을 이루고 있는 수소가 떨어져 유리래디칼(R· ; free radical)이 생성되는 단계이다.

RH $\xrightarrow{\triangle}$ R· + H· (유리래디칼의 생성)

RH + $^1O_2$(일중항 산소) ⟶ ROOH(hydroperoxide의 생성)

ROOH $\xrightarrow{\text{촉매(전이금속)}}$ RO· + ·OH(alkoxy 래디칼의 생성)

ROOH $\xrightarrow{\text{촉매(전이금속)}}$ ROO· + ·H(과산화 래디칼의 생성)

2) 전파단계

생성된 유리 래디칼은 공기 중의 산소와 결합하여 과산화 래디칼(peroxy radical(R—O—O·)이 되고, 이것은 새로운 유지 분자에서 수소를 떼어내어 붙여 hydroperoxide가 되면서 수소를 잃은 유지 분자는 유리기가 된다. 이러한 과정이 반복되어 연쇄적으로 산화가 일어난다.

R· + O_2 ⟶ ROO·

ROO· + RH ⟶ ROOH + R·

한편, 생성된 hydroperoxide는 불안전하기 때문에 여러 가지 에너지에 의해 다음과 같이 분해되어 연쇄적으로 유리기가 생성되기 때문에 급격하게 산화가 진행된다.

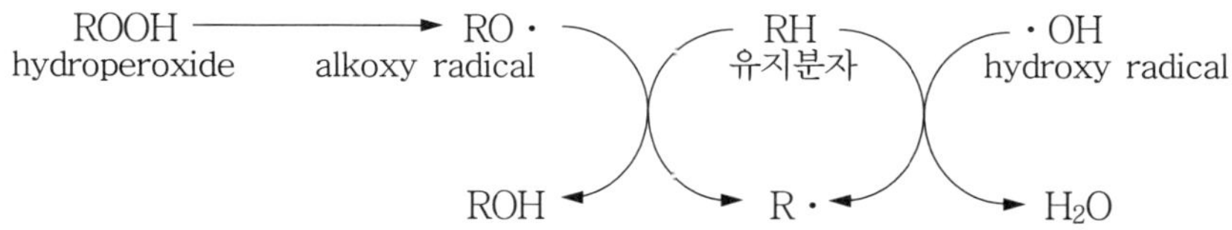

3) 종결단계

이상에서 활성이 매우 큰 각종 래디칼에 의해서 수소를 떼어내기 쉬운 지방질이 거의 소진되면 래디칼끼리 결합하여 여러 가지 중합체를 형성한다. 중간 산화 생성체인 hydroperoxide는 계속 분해되어 연쇄 반응을 유발할 수 있는 유리기를 공급하는 동시에 아직 확실히 규명되어 있지 않는 여러 복잡한 반응을 통하여 각종 alcohol류, aldehyde류, ketone류, 산류, 산화물 등을 생성한다.

R· + R· ⟶ R-R(산소의 양이 적을 때)

ROO· + ROO· ⟶ ROOR + O_2(산소의 양이 많을 때)

RO· + RO· ⟶ ROOR(산소의 양이 많을 때)

따라서 자동산화의 후반기에 들어서면, 축적된 hydroperoxide는 아래 그림과 같이 분해되어 그 함량은 감소하고, 최종 산화 생성물인 aldehyde, ketone, acid, 산화물, 중합체 등의 함량이 계속 증가한다. 특히 알데하이드(aldehyde)는 산패취의 주요 향기성분이다.

R· + R′· $\xrightarrow{\text{중합반응}}$ R : R′ (polymer)

ROO· + R′· $\xrightarrow{\text{중합반응}}$ ROO : R′ (polymer)

ROOH (hydroperoxide) ⟶ R·CO (ketone) 또는 R·CHO (aldehyde) $\xrightarrow{\text{산화}}$ R·COOH (acid)

ROOH $\xrightarrow{\text{환원}}$ ROH (hydroxide)

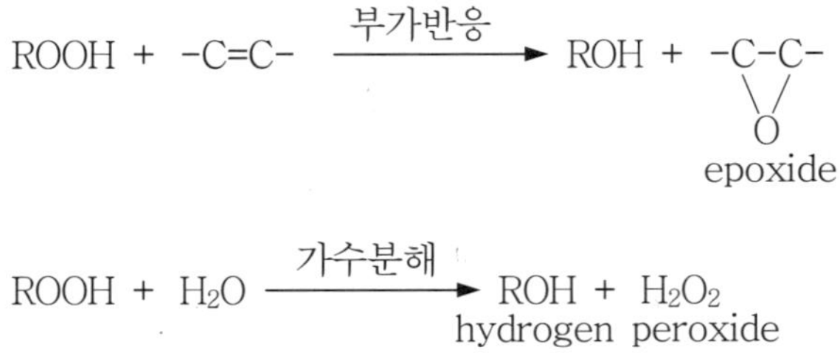

이상 유지의 자동산화의 최종 생산물의 일부는 비교적 휘발성이 큰 물질들이며, 함께 형성된 산들과 함께 비정상적인 냄새와 맛을 내고 산가(酸價)가 높아지며 요오드가는 낮아진다. 또한, 각종 유리기의 중합이 진행되어, 유지의 점도 증가 등의 원인이 된다. 이들 중합된 유지분자들은 체내 흡수가 어렵기 때문에 일반적으로 영양가의 감소가 일어나며, 유지 중에 함유되어 있는 비타민 A나 카로틴류의 파괴와 필수 지방산들의 함량의 감소도 일어난다.

자동 산화가 심하게 진행되었을 때에는 과산화물(peroxide), expoxy 지방산 등의 유독성 carbonyl 화합물들이 형성되어 인체에 유해작용을 하게 된다. 과도하게 자동산화 된 식용유지, 지방질 식품 또는 튀김식품의 독성(毒性, toxicity)은 많은 동물실험을 통해서 확증되고 있다.

3. 자동산화에 영향을 미치는 요소

1) 지방산의 종류

유지의 자동산화 속도는 그 유지를 구성하는 지방산의 불포화도 즉, 이중 결합의 수에 크게 영향을 받는다. 따라서 불포화지방산이 포화지방산보다 더 산화되기 쉬우며, 요오드가가 큰 유지일수록 일반적으로 산화 속도는 빠르다.

2) 온 도

유지의 산화는 온도가 상승함에 따라 급격히 진행된다. 식물성 shorting oil을 항온조 안에서 저장 시험한 결과 21℃에서 63℃ 사이에서 16℃마다 2배의 속도로 증가하였다. 그러나 식품을 0℃ 이하에서 저장했을 경우는 0℃ 이상에서 저장했을 경우보다 지방의 산화 속도가 빠르다. 이것은 동결에 의하여 얼음의 결정이 석출되고 그 수용성 잔여 부분에 금속 촉매의 농도가 증가되므로 자동산화가 촉진되는 것으로 생각되고 있다.

3) 광 선

가시광선, 자외선, γ-선은 산화촉진제이며 파장이 짧을수록 에너지가 강하므로 자외선의 조사에 의하여 증진된다.

자외선은 지방산에 직접 흡수되어 유리기를 생성하며, 또한 클로로필(chlorophyll), 헴(heme) 화합물 등 가시광선에 의해 지방산에서 유리기를 생성케 하고, hydroperoxide의 분해도 촉진한다.

4) 금 속

2가 전하를 가지면서 쉽게 산화와 환원이 되는 전이금속 즉 코발트(Co), 구리(Cu), 철(Fe), 망간(Mn), 니켈(Ni) 등은 미량이라 하여도 촉매 작용이 강하여 유지의 자동산화를 촉진한다. 금속은 분자 상태의 산소를 활성화시켜 초기 반응에서 유리기 생성을 촉진시키거나, hydroperoxide의 분해를 촉진시킴으로써 유지의 자동산화 속도를 증진시킨다. 식용유지에는 미량의 중금속을 함유하는데 이들 금속은 유리형이나 결합형으로 존재한다. 이는 식물이 자라는 토양이나 가공, 저장 등에 사용된 용기로부터 유래된다. 따라서 유지를 가공할 때는 금속에 대하여 특히 주의하여야 한다.

5) 산소

산소 분압이 150mmHg 이하로 농도가 낮을 때에는 산화 속도는 산소의 분압에 비례하나, 그 이상인 경우에는 산소분압에 무관하다. 따라서 유지식품을 완전 진공 포장하거나 N_2 가스 충전 포장을 함으로써 산패를 방지할 수 있다.

6) 생화학 물질

동물성 색소(hemoglobin, myoglobin), cytochrome 등이 육류의 가열조리 과정 중 파괴되어 형성된 각종 헴 화합물들은 육류 지방질의 자동 산화를 촉진한다. chlorophyll 등의 감광물질, lipoxygenase 등의 효소는 산화 촉진 작용이 있고 tocopherol류, flavonoid 등은 천연항산화제로 산화를 억제한다.

7) 수분

수분은 금속의 촉매작용에 대하여 영향을 미친다. 금속은 주로 물층 및 유지

층과의 계면에서 촉매작용을 한다. 수분함량이 매우 낮은(수분활성도가 0.1 이하) 건조식품에서 산화는 매우 빨리 진행되다. 0.3까지 증가하면 산화는 감소하며 0.55~0.85 범위에서 산화속도는 다시 증가된다.

수분활성도 0.3에서 산화속도가 제일 낮은 것은 금속촉매의 활성을 감소시키고 유리 래디칼 제거효과가 있기 때문이며 0.55 이상에서 산화속도가 다시 증가하는 것은 금속 등의 촉매와 산소의 이동을 증가시키기 때문이라고 볼 수 있다.

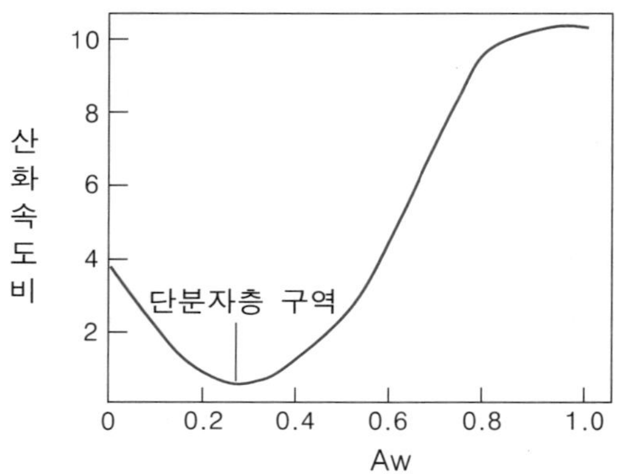

<그림 4-20> 지질의 산화에 대한 수분활성의 영향

4.7.3. 가열에 의한 산화

일반적으로 튀김을 하는 경우처럼 유지를 장시간 고온으로 가열하면 저장중의 산패와 같은 현상이 단시간에 일어나는 것으로 생각된다. 또 고온에 의한 중합, 열분해 등 여러 가지 반응이 일어난다.

고온으로 가열하는 시간이 길면 산가, 과산화물가(peroxide value), 점도 및 굴절률이 높아지며, 요오드가가 낮아지고 중합이 일어나며, 불포화도가 낮아진다.

1. 가열 중합

유지를 가열하면 다음과 같이 이중 결합이 있는 부분에서 중합한다.

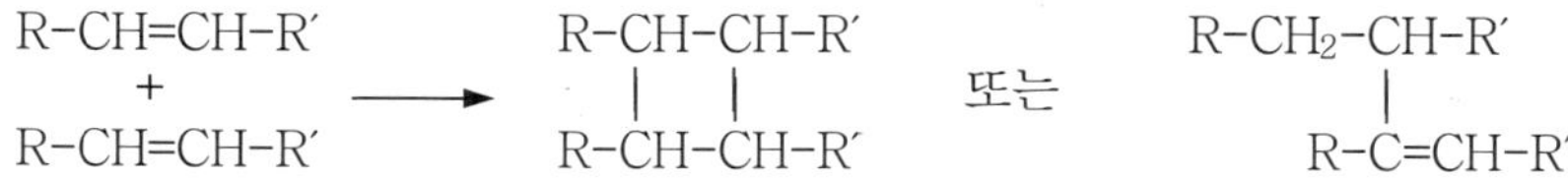

이와 같이 중합 반응은 이중 결합이 많아 불포화도가 높은 기름이나 튀김용으로 여러 번 사용한 기름일수록 일어나기 쉽다. 중합이 일어나면 비중과 점성이 커지며 흑색으로 변하고, 향미와 소화율이 나빠진다.

2. 가열 분해

유지를 가열할 때 약 150℃부터 연기를 내며 분해하기 시작하는데 처음에는 유지가 분해되어 유리지방산과 glycerol로 분해되고, 유리지방산에서 aldehyde, ketone, 저급 지방산들의 휘발성 물질을 생성한다. 한편, glycerol은 탈수되어 자극취를 가지는 아크롤레인(acrolein)을 생성한다. 유지를 고온으로 가열할 때 생기는 자극성 냄새는 이 분해산물에 기인하는 것이다.

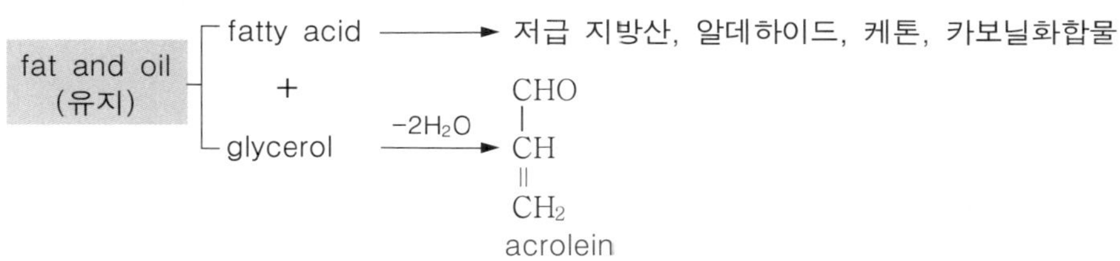

4.7.4. 효소에 의한 산화

1. 가수분해 효소에 의한 산패

유지를 가수분해하는 효소로는 고급 지방산의 ester결합을 분해하는 lipase, 저급 지방산 ester의 유지에 잘 작용하는 esterase 및 인지질에 작용하여 분해하는 phospholipase의 세 가지가 있다. 식품 저장 중에 이들이 작용하여 지방산이 생성되면 나쁜 맛과 냄새를 발생 할 뿐만 아니라 품질저하를 일으킨다.

2. Lipoxigenase에 의한 산패

이 효소는 대두, 가지, 감자, 완두 등의 식품에 광범위하게 분포되어 있으며 자동산화와 똑같은 hydroperoxide를 만든다. 이 효소에 의해 생성된 hydroperoxide는 분해되어 저급 aldehyde류 등이 생겨 냄새를 내게 되는 것이다.

4.7.5. 변향에 의한 산패

일부 유지에서는 산패가 일어나기 전에 뚜렷한 냄새의 변화를 가져 올 때가 있다. 풀냄새(grassy flavor), 또는 콩비린내(beany flavor)를 가진 콩기름 원유(crude oil)를 탈취 등의 정제과정으로 이 냄새를 제거한 후 저장하면 얼마 후 다시 풀냄새나 콩비린내가 난다.

이와 같은 냄새는 산패가 일어나기 전, 즉 과산화물 값이 5meq/kg과 같이 낮은 수준에서도 생성되어 산패와 구별되고 정제 전의 냄새로 복귀한다는 뜻에서 변향이라고 한다.

변향의 형성 기구에 대하여 분명하게 밝혀진 것은 없으나 일부 연구자들은 그 원인이 주로 유지 속에 존재하는 linolenic acid가 자동산화되어 hydroperoxide를 형성하고, 다시 여러 가지 carbonyl 화합물을 형성하기 때문이라고 주장하고 있다. 변향을 억제하는 방법으로는 식용유지를 되도록 낮은 온도에 저장하도록 하고, 빛의 조사를 피하도록 하며, 금속 오염을 방지하는 것이다.

4.7.6. 유지의 산패 측정 방법

유지의 산패가 일어나면 산소의 흡수 속도가 증가되고, hydroperoxide와 같은 과산화물이 생성되는 동시에 carbonyl 화합물의 생성도 증가된다. 유지의 산패측정은 1차적으로 유지에 흡수된 산소나 산화물의 양을 측정할 수 있고 2차적으로 과산화물의 분해 산물 측정을 통해 이루어진다.

1. 과산화물가(過酸化物價, peroxide value)

식용유지나 지방질 식품이 산패하면 과산화물이 생성된다. 따라서 생성된 과산화물을 측정함으로써, 유지의 산패 정도와 유도기간의 길이를 알 수 있다. 과산화물가는 유지 1kg에 함유된 과산화물의 밀리몰 수 또는 밀리 당량 수로써 표시한다.

유지의 자동산화 생성물인 hydroperoxide의 함량이 자동산화의 진행에 따라 일단 최고값에 도달한 후 감소하기 때문에 산패가 발생한지 오래된 유지는 과산화물가가 의외로 낮을 수 있다는 것을 주의해야 한다.

2. 카보닐(carbonyl) 화합물의 측정

유지나 지방질 식품이 산패하면 과산화물을 거쳐서 많은 종류의 carbonyl 화합물이 생성되므로 이 양을 측정하여 산패의 정도를 알아내는 방법이다. 측정 방법은 알데히드와 케톤화합물이 2,4-dinitrophenyl hydrazine과 작용하여 붉은 색소의 2,4-dinitrophenyl hydrazone을 생성하므로 이 색을 분광광도계를 이용하여 비색 정량하는 방법이다.

Carbonyl 화합물은 과산화물가와 같이 산화 과정이 지속되는 동안에 최고값에 달하였다가 다시 감소되는 일이 없이 계속 증가된다. 그러나 일부의 carbonyl 화합물은 휘발성이기 때문에 생성된 carbonyl 화합물의 일부가 소실될 가능성이 있기 때문에 주의하여야 된다.

3. TBA가(thiobarbituric acid value)

지방산화를 평가하는데 가장 널리 사용하는 방법 중의 하나이다. TBA가는 과산화물가와는 달리 유지의 산화가 진행됨에 따라 그 값이 계속 증가된다.

TBA가는 1kg의 유지 중에 함유되어 있는 malonaldehyde($CH_2(CHO)_2$)의 몰 수로써 표시한다.

이것은 유지의 산패에서 생성된 malonaldehyde가 2-thiobarbituric acid와 HCl의 존재 하에서 붉은색의 착색 물질을 형성하는 반응을 이용하여 비색 정량하는 방법이다.

4.8. 항산화제(抗酸化劑, antioxidant)

유지의 산화를 억제하여 주는 물질로 산화의 개시를 지연시키거나 산화속도를 늦추어 주기 때문에 유도기간은 연장되지만 완전히 산화를 억제할 수는 없다. 항산화제는 대부분이 polyphenol화합물로 천연항산화제와 합성항산화제로 나눈다.

4.8.1. 천연 항산화제

생물이 자기 자신 내에 있는 지방질의 산화를 막기 위하여 천연 유지 중에 미량으로 존재한다. 주로 식물성 유지에 들어 있는 경우가 많고, 동물성 유지에는 그 함량이 극히 적다. 식물성 유지는 동물성 유지보다 불포화도가 높지만 산화에 대하여 보다 안정한 것은 이러한 이유 때문이다.

천연항산화제의 대표적인 것은 여러 가지 식품의 종자유(seed oil)에 들어 있는 tocopherol, 참기름의 sesamol, 면실유의 gossypol, 콩기름, 옥수수기름 등을 제조 정제할 때 부산물로 얻어지는 lecithin류 등이 있다.

<표 4-9> 천연항산화제의 종류

종 류	특 징	존 재
토코페롤 (tocopherol)	치환기의 종류에 따라 여러 개의 동족체가 존재하며 항산화력의 증가는 δ>γ>β>α의 순이다. 비타민 E의 항산화성은 6위(位)의 phenol성에서 유래	주로 곡류, 두류, 배아유, 일반식물성 유지 300~1,000ppm, 돼지기름 10~30ppm
레시틴 (lecithin)	인지질로서 대두유 등에 많으나 항산화력이 약하다. 철, 구리 등의 금속 산화촉진제와 결합한 산화촉진 제거(cephalin 등 sterol)	대두유, 옥수수유의 정제 시 부산물
세사몰 (sesamol)	참깨 중 sesamolin의 배당체로 존재. sesamolin → sesamol + samin	참깨
고시폴 (gossypol)	면실유 중에 많으며 강력한 항산화력을 가지나 독성이 강하므로 정제 시 제거해야 함.	면실유
구아이악수지 (gumguaiac)	인도토산의 상록수 *Guaiacum offcinalis*의 수지 성분. 이 중 항산화성을 가진 여러 가지 페놀화합물 함유. 항산화력은 강한 편은 아님.	유지, 버터에 사용
플라보노이드 (flavonoid)	hesperidin, quercetin, rutin 등 각종 당과 결합하여 여러 가지 배당체로 존재.	식물조직(양파, 메밀, 귤 등)
타닌 (tannin)	타닌 중 gallic acid(갈산)와 digallic acid는 항산화성을 가짐.	오미자, 찻잎, 감
향신료와 향신유	미약하나 일부 항산화작용을 가짐	생강(curcum), 정향나무(eugenol)

4.8.2. 합성항산화제

주로 페놀(phenol)기를 가진 물질로써 벤젠핵에 알킬기를 붙인 것이 많고 독성이 있으므로 사용량이 규제되어 있다.

<표 4-10> 합성항산화제의 종류

종 류	특 징	사용식품	사용량
EP(ethyl protocatechuate)	페놀계 합성 항산화제	식용유지, 버터	
PG(propyl gallate)	몰식자산(gallic acid)의 프로필 알코올 에스터	식용유지, 유지제품 등	
BHA(butylated hydroxy anisole)	유지 및 가공식품에 가장 널리 사용되는 페놀계 항산화제로 항산화력이 강하며, 독성도 비교적 낮음 휘발성은 높은 온도에서 장기간 가열 시 감소 3,5-di-BHA>3-BHA>2-BHA	검 식용유지, 유지제품 어류냉동품침지액	0.075% 0.02% 0.10%
BHT(butylated hydroxy toluene)	가장 널리 사용되는 항산화제로 비교적 낮은 독성과 강력한 항산화 작용을 가짐. 가격은 저렴하나 휘발성이 크다.	식용유지, 쇼트닝, 버터, 크래커 유지제품 어류염장품, 어류냉동품침지액	0.02% 0.1% 이하
NDGA(nor-dihydro guaiaretic acid)	페놀계 항산화제로 식용유지에 잘 녹지 않으나 항산화력은 강함		

4.8.3. 상승제

인산, 구연산, 주석산, ascorbic acid 등은 항산화 효과가 없거나, 있어도 그 작용이 매우 미약한 물질로서 항산화제와 함께 사용하면 항산화작용을 도우므로 상승제(synergist)라 한다. 이것은 free 상태가 된 항산화제에 수소를 주어서 항산화성을 복원하는 작용을 하거나, 산화촉진제인 금속 이온과 착화합물(chelate)을 만든다. 금속 킬레이트제 작용은 일반적으로 지방산의 염으로 존재하는 미량의 금속을 일부 불활성화 시킨다.

ROO· + AH ⟶ ROOH + A·
R· + AH ⟶ RH + A·
A· + BH ⟶ AH + B·

4.8.4. 항산화제의 작용 메커니즘

항산화제는 유지 자동산화의 초기 단계에서 유리 래디칼의 생성을 저해하거나 peroxy radical에서 hydroperoxide를 생성하는 속도를 효과적으로 억제하여 안정한 화합물로 변화시킨다. 그러나 hydroperoxide가 분해되어 최종 산화생성물인 carbonyl 화합물 등을 형성하는 과정에는 관여하지 않는다. 따라서 항산화제는 이미 산화가 상당히 진행된 유지에 대해서는 그 효과를 별로 기대할 수 없다.

자동산화의 초기 단계에서 기질(基質 ; RH)이 탈수소되어 유리기(R·)가 생기는데, 이 유리기에 항산화제(AH)의 H·를 주어서 이것을 처음 상태로 되돌려 연쇄 반응을 저지한다.

전파단계 ROO· + RH ⟶ ROOH + R·
산화방지제 반응 ROO· + AH ⟶ ROOH + A·

이때 항산화제는 free 상태(A·)가 되는데, 적당한 상승제(BH)가 있으면 H·를 받아 원래의 항산화제로 돌아가게 되어 항산화성이 회복된다.

상승제가 없을 때는 peroxy radical과 반응하든가 A·와 A·가 결합하여 안정화하게 된다.

5장 | 단백질(Protein)

5.1. 아미노산(amino acid)
5.2. 단백질
5.3. 식품 단백질
5.4. 단백질의 변성(denaturation)
5.5. 효소

단백질이란 희랍어의 proteois(제1이라는 뜻)에서 유래된 바와 같이 생물체의 생명유지에 중요한 역할을 하는 효소, 항체, 유전자, 비타민 및 호르몬 등의 주성분을 이루는 화합물이다. 단백질은 일반적으로 탄소 50~52%, 수소 6~7%, 산소 20~23%, 질소 12~19% 및 유황 0.2~0.3%로 구성되어 있다. 단백질 중의 질소의 함유량은 평균 16%이다.

단백질을 분해하여 생기는 질소의 양에 6.25를 곱하면 단백질의 양을 계산할 수 있고 이 6.25를 단백질의 질소계수(nitrogen coefficient 또는 N-factor)라고 한다. 단백질은 20개의 서로 다른 아미노산이 peptide 결합을 하여 이루어진 것으로 아미노산의 종류와 수, 배열순서에 따라 다른 단백질이 생성된다.

단백질 분자 구조의 다양성이 영양가와 풍미, 물성의 차이가 되어 나타나고 생물체 내에서 다양한 기능을 한다.

5.1. 아미노산(amino acids)

아미노산(amino acids)은 단백질을 구성하는 "bulilding block"으로 천연의 단백질을 구성하는 아미노산에는 약 20여종이 있다.

5.1.1. 아미노산의 구조

아미노산은 분자의 α위치에 amino기(-NH_2)를 가진 carboxyl산으로서 일반식은 $NH_2\text{-}\underset{\underset{R}{|}}{C}H\text{-}COOH$로 표시된다.

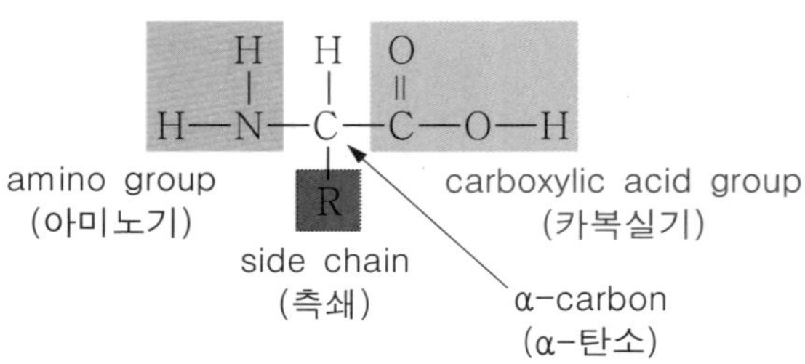

<그림 5-1> 아미노산의 일반적 구조

아미노산(amino acid)은 아미노기가 결합하는 탄소의 위치에 의하여 α, β, γ, δ-amino acid라 부른다. 단백질을 구성하지 않는 β-alanine, γ-amino-butyric acid 등도 있지만 일반적으로 단백질을 구성하는 아미노산은 α-아미노산이다.

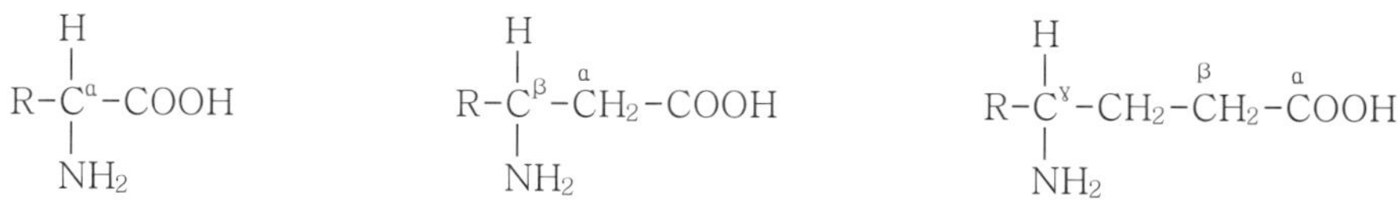

α-아미노산　　　β-아미노산　　　γ-아미노산

<그림 5-2> α, β, γ-아미노산의 구조

아미노산은 proline과 hydroxyproline을 제외하고는 모두 α 위치의 탄소에 아미노기(amino기)를 가진 carboxyl산이다. 측쇄인 R이 수소인 glycine을 제외하고는 모든 아미노산이 α-탄소에 4개의 각각 서로 다른 원자나 작용기(NH_2, H, R, COOH)가 결합되어 있는 비대칭탄소원자(부제탄소, asymetric carbon atom)로 되어 있으므로 L-형과 D-형의 두 입체이성체가 존재한다.

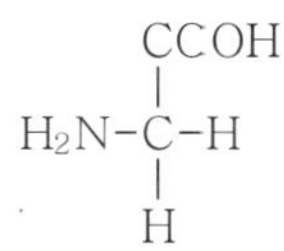

<그림 5-3> 글리신(glycine)의 구조

L-glyceraldehyde　　　D-glyceraldehyde

<그림 5-4> L-및 D-글리세르알데하이드

당의 경우와 같이 glyceraldehyde를 기준으로 하여 D-형과 L-형을 결정한다. 즉 탄소원자를 중심으로 입체적인 사면체로 생각하고 상단에 카복실기

(-COOH)를, 하단에 알킬기(R그룹)를 배치했을 때 아미노기($-NH_2$)가 오른쪽에 있는 것을 D-형, 왼쪽에 있는 것을 L-형이라고 한다.

단백질을 구성하고 있는 아미노산은 α형이면서 L형인 α-L-amino acid이다.

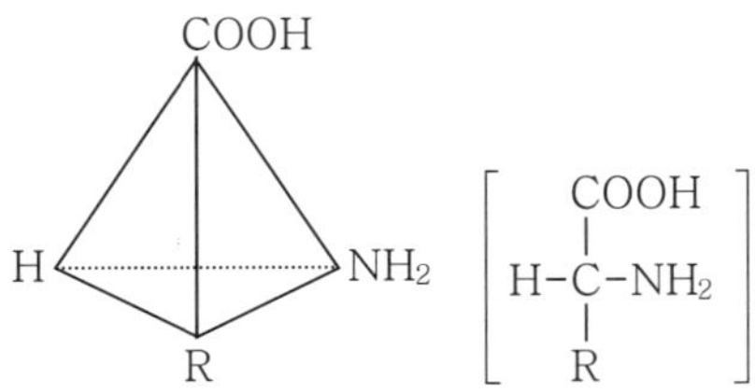

D-아미노산

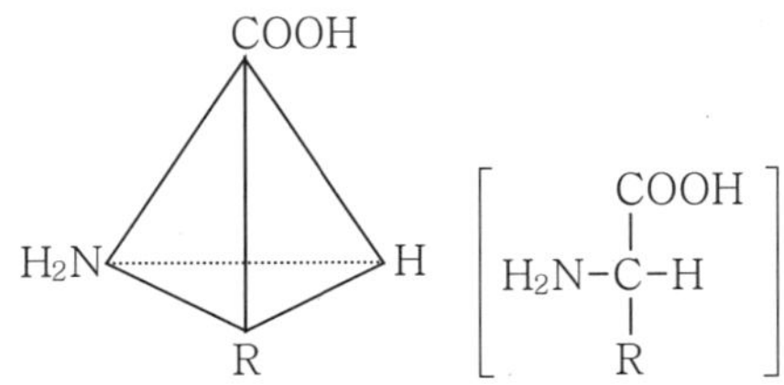

L-아미노산

<그림 5-5> 아미노산의 입체 이성체

5.1.2. 단백질 구성 아미노산의 종류와 구조

아미노산 구조에서 보는 것처럼 측쇄(R)의 화학구조와 아미노기, 카복실기의 수, 분자 중에 함유된 원자나 원자단의 특징에 의해 분류된다.

1. 중성아미노산, 산성아미노산, 염기성아미노산

아미노산을 구성하고 있는 아미노기와 카복실기의 수가 같을 경우 중성아미노산, 아미노기가 많을 경우 염기성 아미노산, 카복실기가 많을 경우 산성아미노산이라 한다. 산성 아미노산은 aspartic acid, glutamic acid가 있고 염기성 아미노산은 lysine, histidine, arginine이 있다.

2. 측쇄(R)의 화학구조에 따른 분류

측쇄에 탄화수소기를 가진 지방족 아미노산, 벤젠기를 가진 방향족 아미노산과 hetero 고리를 가지는 복소환 아미노산(heterocyclic amino acids)로 크게 분류된다. 방향족 아미노산으로는 phenylalanine, tyrosine이 있고 복소환 아미노산으로는 tryptophan, histidine, proline이 있다.

3. 원자나 원자단에 의한 분류

유황원자를 가지는 함황아미노산으로는 cysteine, methionine이 있고 수산기를 가지는 hydroxy 아미노산으로는 tyrosine, serine, threonine이 있다.

4. 필수아미노산

인체의 단백질 형성에 필요하나 합성이 되지 않아 반드시 식품으로부터 섭취해야 하는 아미노산들로 valine, leucine, phenylalanine, threonine, methionine, tryptophan, lysine, isoleucine,의 8개가 있다. 이외에 arginine과 histidine은 성인에게는 필요 없으나 성장발육기의 어린이와 회복기 환자에 있어서는 필수 아미노산이다. 이들 외에 인체 내에서 합성되는 아미노산을 비필수아미노산이라 한다.

<표 5-1> 아미노산의 종류

필수아미노산	비필수아미노산
히스티딘(histidine) 아이소루신(isoleucine) 루신(leucine) 라이신(lysine) 메싸이오닌(methionine) 페닐알라닌(phenylalanine) 쓰레오닌(threonine) 트립토판(tryptophan) 발린(valine)	알라닌(alanine) 알지닌(arginine) 아스파라진(asparagine) 아스파트산(aspartic acid) 시스테인(cysteine)과 시스틴(cystine) 글루탐산(glutamic acid) 글루타민(glutamine) 글라이신(glycine) 프롤린(proline) 세린(serine) 타이로신(tyrosine)

5. 제한아미노산(limiting amino acids)

단백질의 영양가는 함유되어 있는 필수아미노산 중에서 사람이 필요로 하는 양에 대해서 가장 부족 되는 필수아미노산에 의해 좌우된다. 이와 같은 아미노산을 제한 아미노산이라고 한다.

<표 5-2> 단백질의 구성 아미노산의 종류와 구조

분 류	아미노산	약 호	화학구조	pI
I. 지방족 아미노산 (a) 중성 아미노산	glycine	Gly(G)	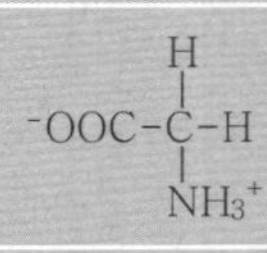	6.0
	alanine	Ala(A)	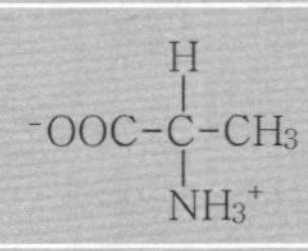	6.0
	valine	Val(V)	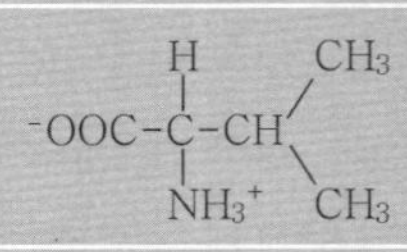	6.0
	leucine	Leu(L)	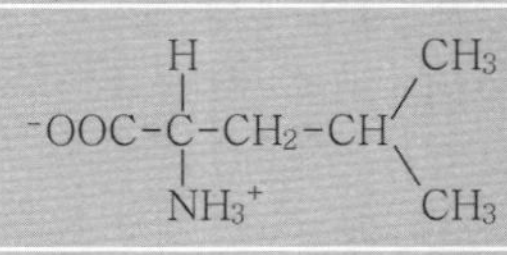	6.0
	isoleucine	Ile(I)	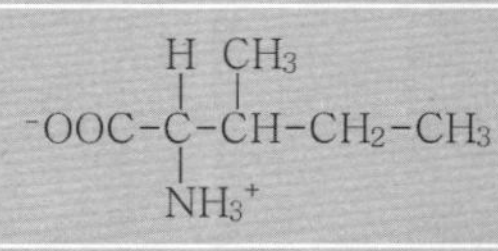	6.1
	serine	Ser(S)	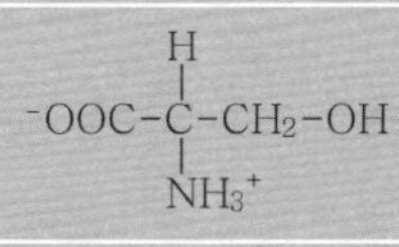	5.7
	threonine	Thr(T)	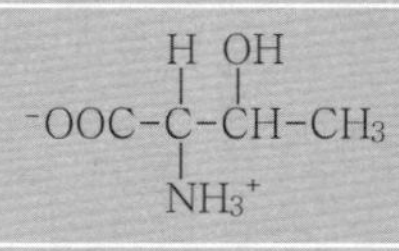	6.5
(b) 산성 아미노산 및 그 amide	aspartic acid	Asp(A)	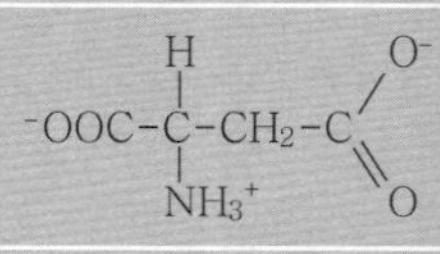	3.0
	glutamic acid	Glu(D)	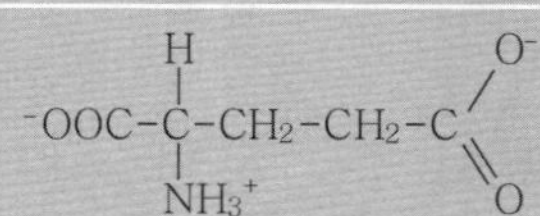	3.2
	asparagine	Asn(E)	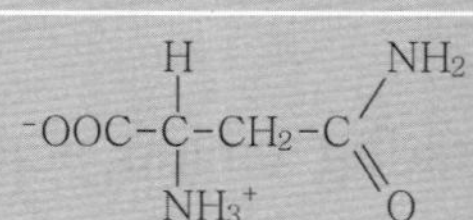	5.4
	glutamine	Gln(Q)	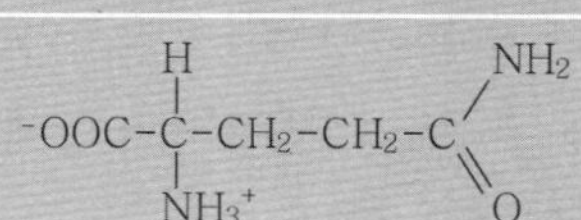	5.7

(표 5-2 계속)

<표 5-2> 계 속

분 류	아미노산	약 호	화학구조	pI
(c) 염기성 아미노산	lysine	Lys(K)	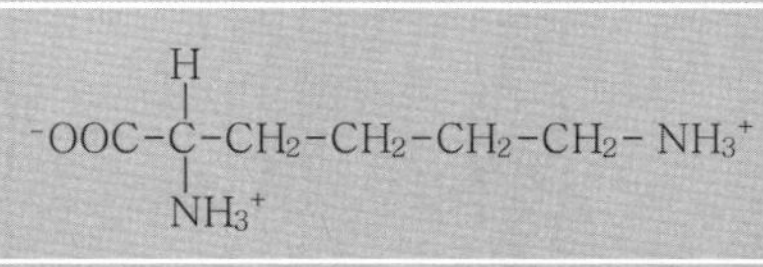	9.8
	arginine	Arg(R)	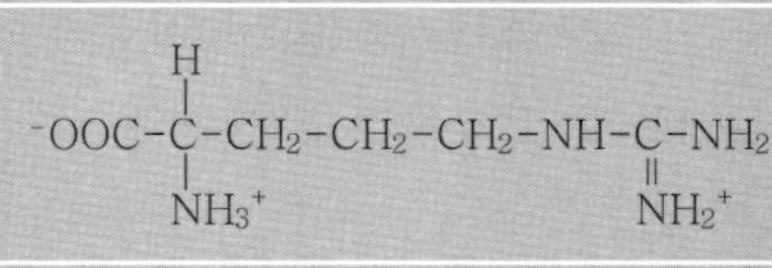	10.8
(d) 함황 아미노산	cysteine	Cys(C)	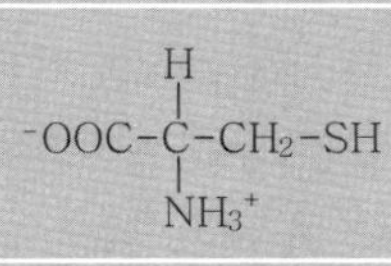	5.0
	methionine	Met(M)	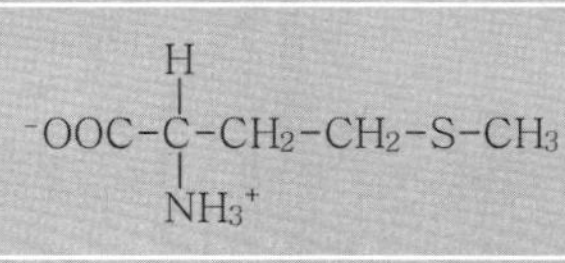	5.8
II. 방향족 아미노산	phenylalanine	Phe(F)	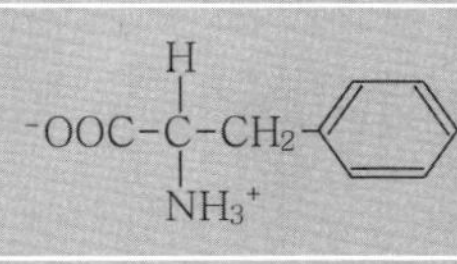	5.5
	tyrosine	Tyr(Y)	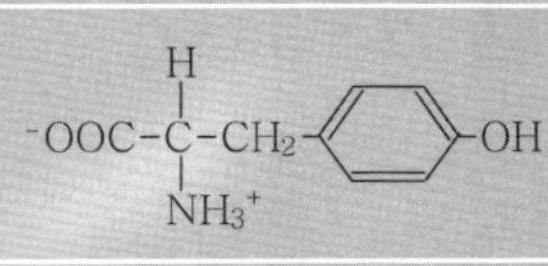	5.7
III. 복소환 아미노산	tryptophan	Trp(W)	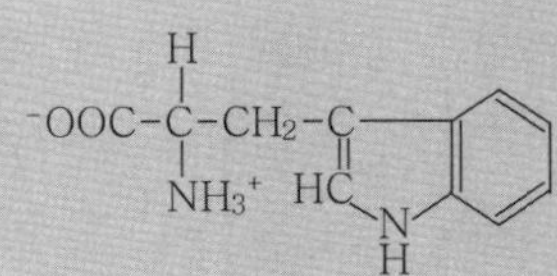	5.9
	histidine	His(H)	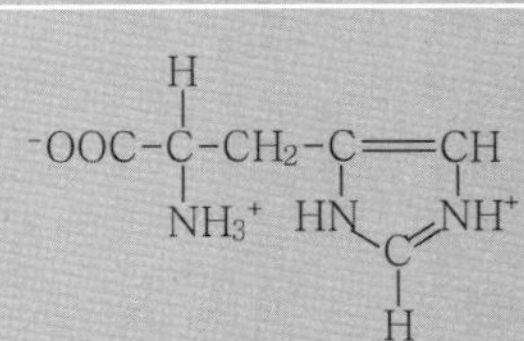	7.6
	proline	Pro(P)	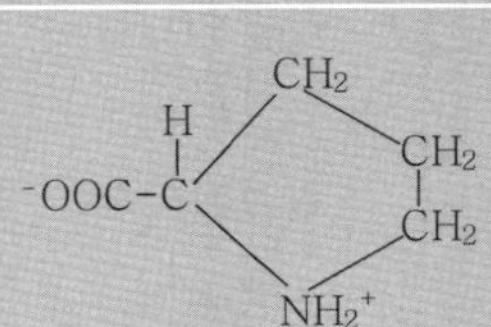	6.3

5.1.3. 단백질을 구성하지 않는 아미노산

아미노산 가운데 단백질의 구성분이 되지 않고 유리상태 또는 특수한 화합물의 구성성분으로만 존재하는 것이 20여종 된다. 이 중에서 식품과 관계가 깊은 것으로서 ornithine은 간장에 들어있고 citrulline, arginine과 더불어 동물체의 요소생성에 관여한다.

Dihydroxyphenylalanine(DOPA)는 동식물의 흑색색소인 melanin 생성의 중간체로 알려져 있다. Alliine는 마늘 중에 들어 있고 마늘의 향신성분인 allicine은 alliine에서 생긴 것이다. β-alanine는 근육 속에 유리상태 또는 dipeptide로 존재하며 또 pantothenic acid의 구성성분으로서 자연계에 널리 분포되어 있다.

α-aminobutyric acid는 감자, 사과 속에서 발견되고, 뇌중에도 존재한다.

5.1.4. 아미노산의 일반적 성질

1. 양성 전해질

아미노산은 한 분자 내에 산성으로 작용하는 카복실기(-COOH)와 알칼리로 작용하는 아미노기($-NH_2$)를 함께 가지고 있는 양성물질이다.

아미노산은 수용액 중에서 해리되어 산성용액에서는 수소이온(H^+)을 받아서 ($-COO^- + H^+ \rightarrow COOH$) 양이온(+)이 되고 알칼리 용액에서는 수소이온(H+)을 방출하여($-NH_3^+ + OH^- \rightarrow NH_2 + H_2O$) 음이온(-)으로 된다.

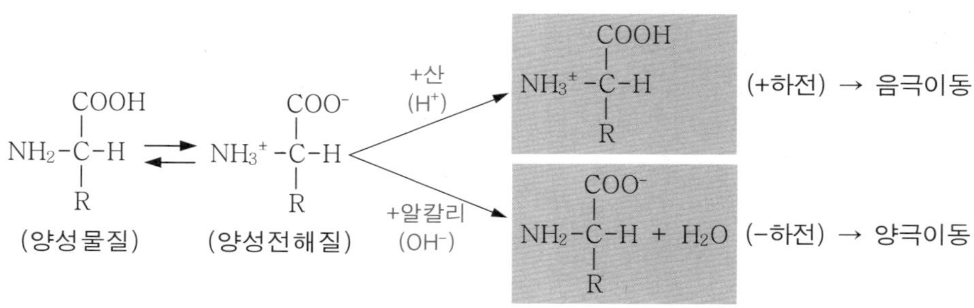

<그림 5-6> 양성전해질의 아미노산

아미노산 용액을 전기영동(electrophoresis) 장치에 넣고 전류를 통하면 산성용액에서는 (+)전하가 많아서 음(-)극으로 이동하고 알칼리 용액에서는 (-)전하가 많아서 양극(+)으로 이동한다.

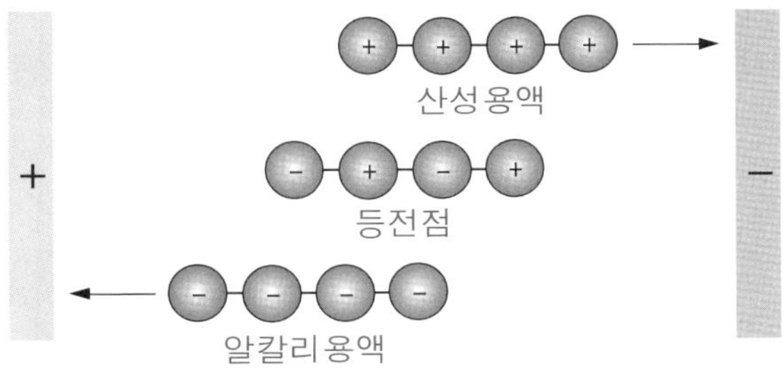

<그림 5-7> 전기영동(electrophoresis) 장치

그러나 어느 일정한 pH에서는 양전하와 음전하가 상쇄되어 전하가 0이 되므로 전장 내에서 어느 전극으로도 이동하지 않는다. 이때의 pH를 등전점(isoelectric point, pI)이라고 한다. 등전점에서 아미노산은 불안정하여 침전되기 쉬우며 용해도, 점도, 삼투압은 최소가 되고 흡착성과 기포성은 최대가 된다.

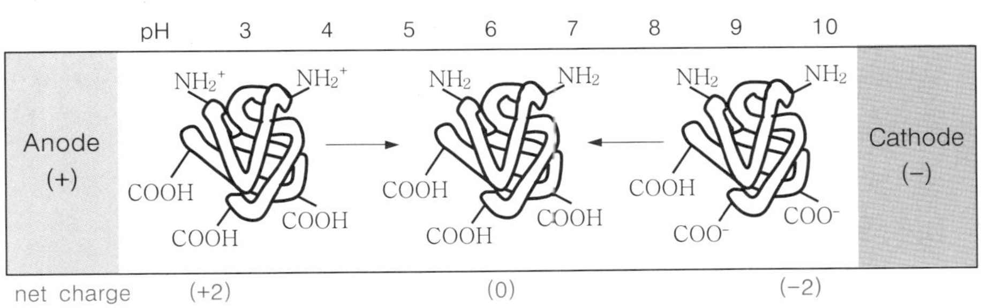

<그림 5-8> 전기영동에 의한 단백질의 분리

2. 용해성

아미노산은 양성전해질이므로 극성이 큰 용매인 물, 특히 염류의 용액에 잘 녹고 alcohol, ether에는 녹지 않으나 묽은 산이나 알칼리에 쉽게 녹는다. 그러나 tyrosine과 cysteine은 물에 녹기 어렵고 proline과 hydroxyproline은 alcohol에 잘 녹는다.

3. 맛

단백질은 맛이 없으나 아미노산은 각각 특유한 맛을 가지고 있어 일반적으로 식품의 맛과 관계가 있다. 글루탐산의 Na염(Monosodium glutamate, MSG)은 조미료로 널리 사용된다.

L-leucine, L-phenylalanine 처럼 소수성 아미노산은 쓴맛을 가지고 alanine, lysine은 단맛을 가진다.

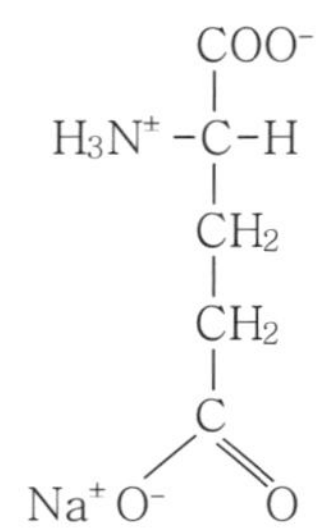

<그림 5-9> MSG의 구조

4. 광학적 성질

단백질을 구성하는 아미노산은 glycine을 제외하면 모두 부제탄소를 가지고 있어 2개의 광학이성체가 존재한다(D, L 형).

5.1.5. 아미노산의 화학적 반응

1. 닌하이드린(ninhydrin) 반응

아미노산은 산화제인 닌하이드린과 반응하여 암모니아, 탄산가스, 알데하이드를 생성한다. 이때 생성된 암모니아는 닌하이드린과 반응하여 청자색의 화합물을 만들고 이 물질의 흡광도를 측정한다.

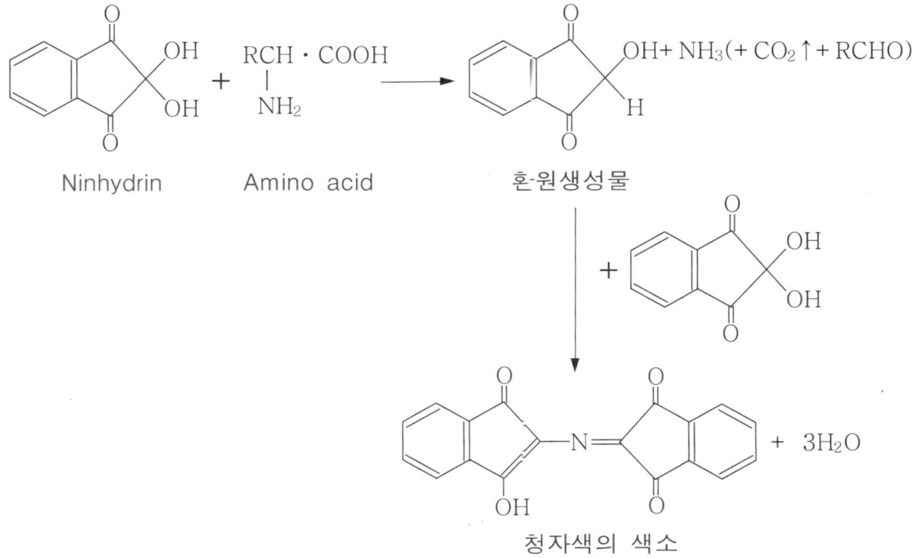

<그림 5-10> 닌하이드린 반응

2. 탈탄산 반응(decarboxylation)

아미노산은 화학적 또는 생물학적으로 카복실기가 떨어져나가 아민(amine)이 된다. 동물체내에서 히스티딘(histidine)의 카복실기가 제거되어 생성된 히스타민(histamine)은 알레르기(allergy) 반응에 관여한다.

$$\mathrm{R{-}CH(NH_2){-}COOH} \xrightarrow[\text{부패세균}]{\mathrm{Ba(OH)_2},\ \text{가열}} \mathrm{R{-}CH_2{-}NH_2} + \mathrm{CO_2}$$

$$\text{histidine} \xrightarrow{\text{세균}} \text{histamine}$$

$$\text{tyrosine} \xrightarrow{\text{세균}} \text{tyramine}$$

<그림 5-11> 탈탄산 반응

3. 2,4-dintrofluorobenzene(DNFB)과의 반응

DNFB는 아미노산의 아미노기와 반응하여 황색의 DNP-아미노산을 생성하며 단백질의 N-말단 아미노산 분석에 이용된다.

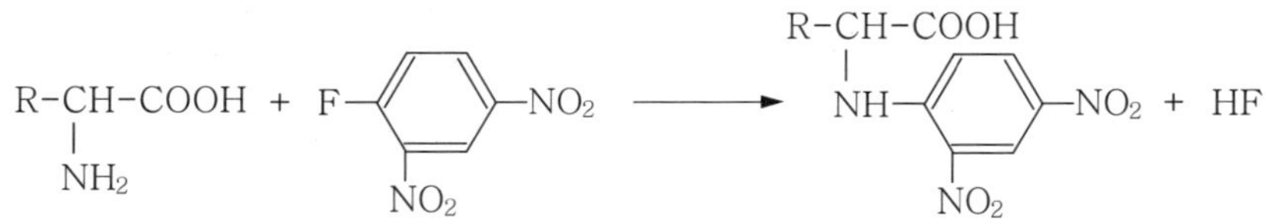

2,4-dinitrofluorobenzene　　dinitrophenyl(DNP)아미노산

<그림 5-12> DNFB 반응

5.2. 단백질

단백질은 이화학적 성질에 의하여 단순단백질, 복합단백질 및 유도 단백질의 3군으로 분류한다. 단순단백질은 아미노산만으로 구성된 것이고 복합단백질은 단순단백질과 비단백질이 결합한 것이며 유도단백질은 천연 단백질이 화학적 또는 효소적 방법에 의해 변형된 것이다.

- 단백질
  - 단순단백질
    - 알부민-ovalbumin(난백), serumalbumin
    - 글로불린-myosin(근육), lactoglobulin(유청), glycinin(대두)
    - 글루텔린-oryzenin(쌀), glutenin(밀), hardenin(보리)
    - 프롤라민-gliadin(밀), zein(옥수수)
    - 히스톤- 핵산과 결합, 염기성 아미노산이 많다.
    - 프로타민-어류의 정자 중에 존재
    - 알부미노이드-경단백질, collagen, elastin
  - 복합단백질
    - 인단백질-인산(P)이 결합, casein(우유), vitellin(난황)
    - 핵단백질-nucleohistone, nucleoprotamine
    - 당단백질-mucin
    - 색소단백질-hemoglobin(혈액), myoglobin, chlorophyll
    - 지단백질-인지질과 단백질 결합
  - 유도단백질
    - 1차 유도단백질-젤라틴, 프로테인, 메타프로테인, 응고단백질
    - 2차 유도단백질-프로테오스, 펩톤, 펩타이드

<그림 5-13> 단백질의 분류

5.2.1. 단순단백질(simple protein)

단순단백질은 아미노산만으로 구성된 단백질로서 특정 용매에 대한 용해성에 따라 다음과 같이 분류된다.

1. Albumin

물, 염류용액, 묽은 산, 묽은 알칼리에 잘 녹으며 가열에 의하여 응고된다.

동물성 식품은 ovalbumin(달걀 흰자위), lactalbumin(유즙), serumalbumin(혈청), myogen 등이, 식물성 식품은 leucosin(맥류), legumelin, ricin(피마자), phaseolin(강낭콩) 등이 여기에 속한다.

2. Globulin

물에 난용이며 염류용액, 묽은 산 및 묽은 알칼리에 잘 녹으며 가열에 의하여 응고한다. globulin은 각종 아미노산을 함유하고 있으며 albumin과 공존하는 경우가 많다.

동물성 식품에는 serumglobulin(혈청), myosin(근육), 식물성 식품에는 glycinin(대두)이 있다.

3. Glutelin

물, 염류용액에 난용이며 묽은 산, 묽은 알칼리에 잘 녹으며 가열에 의하여 응고되지 않는다. Glycine과 glutamic acid를 함유하고 있으나 proline은 적다. 식물성 식품 중 특히 곡류의 종자에 많다. oryzenin(쌀), glutenin(밀), hordenin(보리)이 대표적이다.

4. Prolamin

용해성은 glutelin과 비슷하며 glutelin이 알코올에 불용인데 대하여 prolamin은 70~80% alcohol에 녹는 특징이 있다. Glycine은 적으나 glutamic acid와 proline이 많다. Glutelin과 같이 특히 곡류의 종자에 많다.

Hordein(보리), gliadin(밀), zein(옥수수 : tryptophan이 부족)등이 속한다.

5. Albuminoid

경단백질(scleroprotein)이라고도 하며 물, 염류용액, 묽은 산, 묽은 알칼리에 녹지 않는다.

Keratin(피부, 모발, 깃털, 뿔, 결합조직), elastin(인대, 건), 등이 여기에 속한다. 콜라겐을 물과 함께 끓이면 쉽게 젤라틴(gelatin)으로 변한다.

6. Histone

물, 염류용액, 묽은 산, 묽은 알칼리에 잘 녹으며 암모니아에 난용, 가열에 의하여 응고되지 않는다.

arginine을 많이 함유한 염기성 단백질로 동물의 체세포 핵이나 정자핵에 DNA나 단백질과 공존한다.

7. Protamine

용해성은 histone과 비슷하며 alkaloid시약에 의하여 알칼리성에서 침전되지 않는 점이 histone과 다르다. protamine은 동물의 성숙한 정세포 중에 핵산과 결합하여 존재하는 경우가 많다.

5.2.2. 복합단백질(conjugated protein)

단순단백질에 핵산, 당질, 지방질, 색소, 금속 및 인(P)등의 비단백성 물질이 결합한 단백질이다.

1) 인단백질(phosphoprotein)

단순단백질과 인산이 결합한 것으로 동물성 식품에 많다. 대표적인 것은 우유의 casein, 난황의 vitellin 등이 있다.

2) 핵단백질(nucleoprotein)

핵단백질은 단순단백질과 핵산으로 이루어진 것이며 단백질 부분은 염기성의 histone 또는 protamine이다.

3) 당단백질(glycoprotein, mucoprotein)

단순단백질과 다당류의 복합체인데 다당류로는 mucoitin황산, chondroitin황산, mannose, galactose, glucosamine 등이 중합체이며 당부분에 아미노당을 가지는 것이 특징이다.

4) 색소단백질(chromoprotein)

색소와 단순단백질이 결합한 것으로 색소성분은 heme, flavin, chlorophyll, carotenoid 등이며, 이것들을 각각 hemoprotein, chlorophyllprotein, carotenoidprotein, flavoprotein이라 한다.

5) 금속단백질(metalloprotein)

금속(Fe, Cu, Zn 등)과 단백질로 구성 된 것이다. 철단백질로는 ferritine(간장), 동단백질로는 hemocyanin, polyphenol oxidase, ascorbate oxidase, 색소단백질인 hemoprotein(Fe), chlorophyllprotein(Mg)도 일종의 금속단백질이라고 할 수 있다.

5.2.3. 유도단백질(derived protein)

단순단백질 또는 복합단백질이 물리적 또는 화학적 요인으로 인해 변형된 단백질로서 변형 상태에 따라 제1차 유도단백질과 제2차 유도단백질로 구분한다.

1. 1차 유도단백질

물리적 또는 화학적으로 약간의 변화를 받은 것으로 성질이 원래 단백질과 다르므로 변성 단백질이라고 한다. 유즙의 casein이 응고하여 생긴 paracasein, 골 중에 있는 collagen을 물과 가열하여 얻어지는 gelatin, 혈액 중의 fibrinogen이 대표적인 예이다.

2. 2차 유도단백질

단백질이 가수분해에 의하여 생성되는 proteose, peptone, peptide을 말한다.

5.2.4. 구조와 형태에 의한 분류

단백질은 구조와 형태에 따라 섬유상 단백질(fibrous protein)과 구상 단백질(globular protein)로 분류한다.

1. 섬유상 단백질

긴 섬유모양으로 된 폴리펩타이드 사슬이 일정한 방향으로 규칙적으로 배열하면서 로프처럼 서로 휘감기어 형성된 단백질이다. collagen, elastin, keratin 등이 있다.

2. 구상 단백질

폴리펩타이드 사슬이 적당히 구부러져 전체적으로 둥근 모양을 가지는 단백질이다. albumin, globulin, hemoglobin 등이 여기에 속한다.

<그림 5-14> 구상 및 섬유상 단백질

5.2.5. 단백질의 구조

단백질의 구조는 아래 그림처럼 1차 구조, 2차 구조, 3차 구조, 4차 구조 4가지 구조로 되어 있다. 1차 구조는 단백질을 구성하는 아미노산의 배열순서이다.

2차 구조는 곁사슬 상호간의 작용에 의해 생긴 α-나선구조(α-helix), β-병풍구조(β-sheet), 불규칙 코일(random coil)로 이루어져 있다. 3차 구조는 긴 폴리펩타이드 사슬이 수소결합, S-S결합, 이온결합, 소수성 결합에 등에 의하여 휘어지고 구부러져서 구상 및 섬유상의 복잡한 공간배열을 이룬 것을 말한다. 4차 구조는 3차 구조의 단백질이 다시 뭉쳐서 하나의 생리기능을 가지는 단백질의 집합체이다.

(a) α-나선구조의 모형

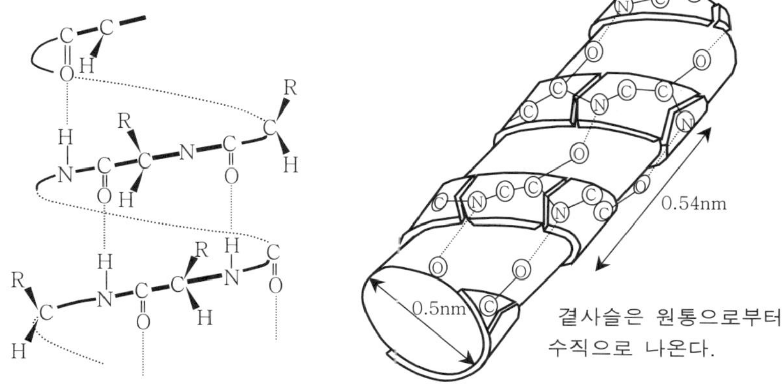

(b) β-병풍구조의 모형

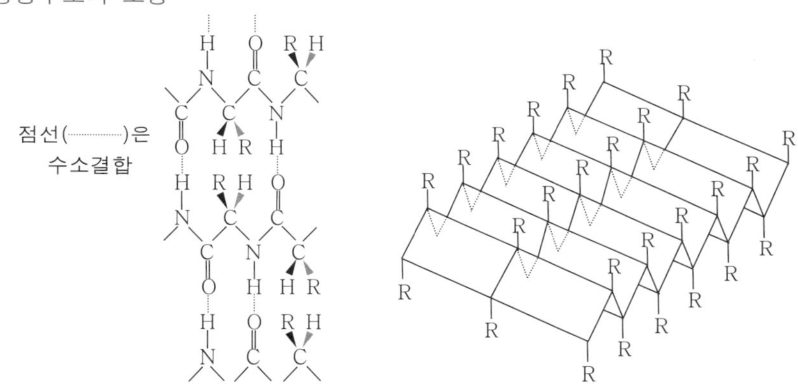

<그림 5-15> 단백질의 2차 구조

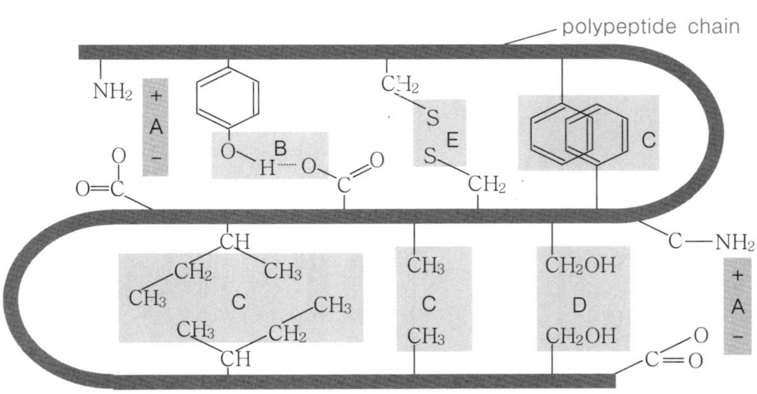

A ; 정전기적 인력　B ; 수소결합　C ; 소수성기간의 인력
D ; 쌍극자간의 인력　E ; S-S 결합

<그림 5-16> 단백질의 3차 구조

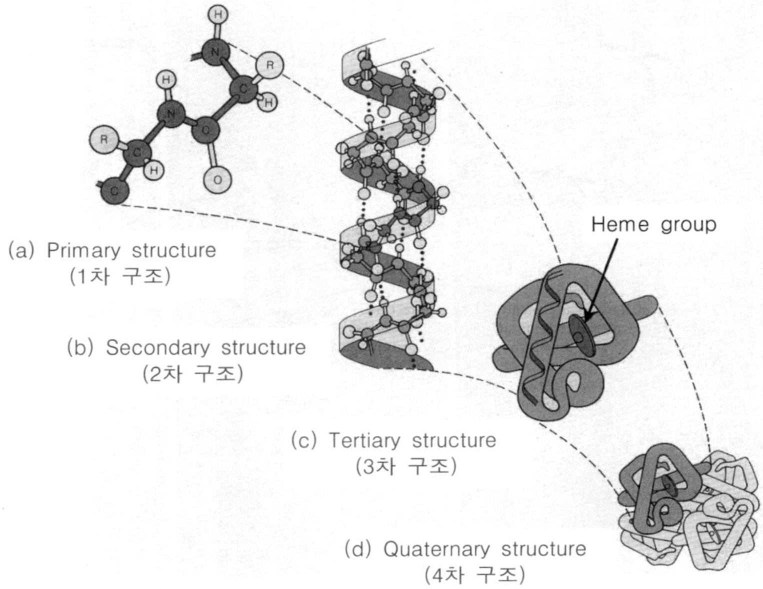

<그림 5-17> 단백질의 1차, 2차, 3차, 4차 구조

1. 펩타이드 결합(peptide bond)

한 아미노산의 카복실기(carboxyl group, -COOH)와 다음 아미노산의 아미노기(-NH_2)가 반응하여 물 한 분자를 잃고 CO-NH와 같은 아마이드(amide) 결합을 이루는 것을 말한다. 이렇게 이루어진 사슬에서 아미노기가 노출된 쪽은 아미노기 말단(N-말단)이라 하고 카복실기가 노출된 쪽은 carboxyl 말단(C-말단)이라고 한다.

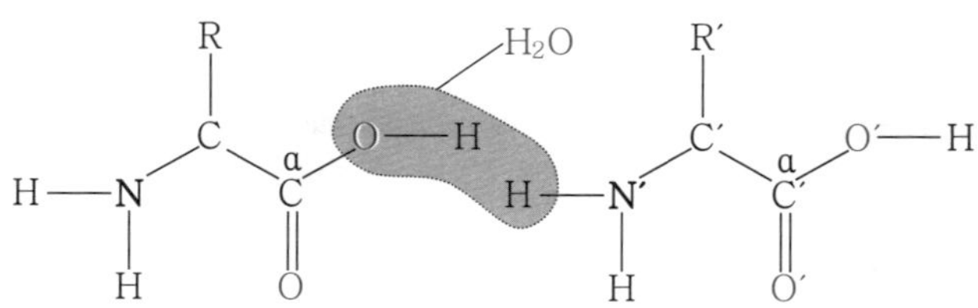

<그림 5-18> 펩타이드 결합

펩타이드는 아미노산 잔기의 수에 따라 2분자의 아미노산이 결합된 것을 다

이펩타이드, 3분자의 아미노산이 결합된 것을 트리펩타이드(tripeptide), 아미노산이 10개 이하인 것을 올리고펩타이드(cligopeptide)라고 하며 그 이상의 아미노산이 결합된 것을 폴리펩타이드(polypeptide)라고 한다.

5.2.6. 단백질의 일반적 성질

1. 분자량

단백질은 고분자 화합물로서 분자량이 수만~수백만에 이르므로 수용액에서는 반투막을 통하지 않는 교질상태로 된다. 단백질 분자는 용액 상태에서 친수성 콜로이드로서의 성질을 띠어 동식물의 세포막이나 셀로판 등의 반투막을 통과하지 못한다. 이 성질은 단백질 용액 중에 공존하는 무기염과 같은 저분자 물질을 제거하여 단백질을 정제하는데 이용된다. 이 방법을 투석(dialysis)이라 한다.

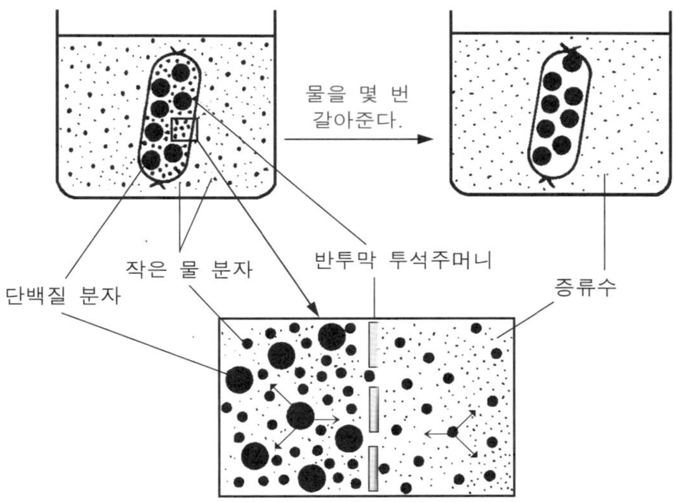

<그림 5-19> 투석(dialysis)

2. 용해성

단백질은 분자 중에 $-COOH$, $-NH_2$, $-NH-$, $=CO$ 등과 같은 친수성기를 가지고 있어 이들이 물과 수소결합을 하여 수화(hydration)됨으로써 용해된다.

등전점에서 용해도가 가장 낮고 산성이나 알칼리 쪽으로 pH가 변함에 따라 증가한다.

등전점에서는 단백질 분자의 양전하와 음전하가 상쇄되어 전하가 0이 되므로 단백질 분자 사이의 정전기적인 반발력이 가장 적어 용해도가 가장 작다. 대부분의 단백질은 묽은 중성 염류 용액에 잘 녹는데 이 현상을 염용(salting in) 효과라고 한다. 그러나 농도가 높은 중성 염류 용액에서는 오히려 용해도가 감소되어 단백질은 침전되는데 이 현상을 염석(salting out)효과라고 한다.

황산암모늄이나 황산나트륨 등이 일반적으로 사용되는 중성염인데 이것들이 물 속에서 해리되어 생성된 이온도 수화된다. 따라서 단백질 분자의 수화에 필요한 물 분자가 염 이온의 수화에 의하여 경쟁적으로 빼앗기기 때문에 단백질이 침전되는 것이다.

3. 등전점

단백질은 pH에 따라 (+), (-) 하전량이 변하는데 전체적인 전하가 0이 되는 pH를 등전점이라 한다. 각 단백질은 다른 등전점을 가지며 등전점에서 용해도가 가장 작으므로 침전된다. 이러한 조작은 단백질의 분리 정제에 이용된다.

4. 전기영동

용액 중의 단백질은 등전점보다 산성측에서는 +, 알칼리측에서는 -로 하전된다. 따라서 이들이 각각 -와 +극으로 이동되는 현상을 전기영동(electrophoresis)이라고 한다.

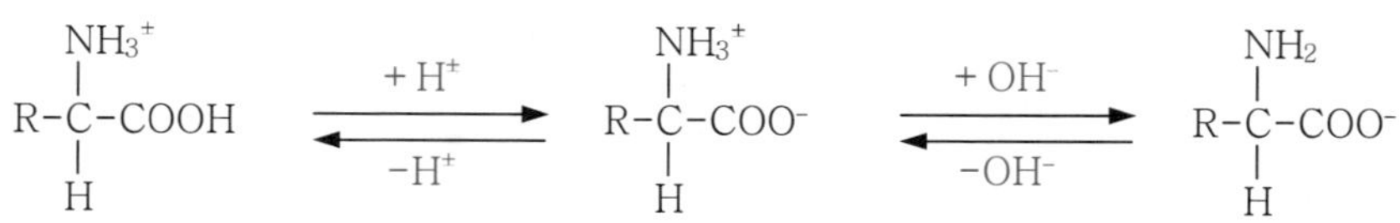

5. 변성

단백질은 가열, 자외선의 조사, 방사선, 초음파, 탈수, 동결, 진한 산, 알칼리, 유기약품, 중금속에 의하여 변성을 일으킨다.

5.2.7. 단백질의 정색 반응

1. Biuret 반응

단백질 용액에 1~2N NaOH용액을 가하여 알칼리성으로 하고 여기에 1% $CuSO_4$용액을 1~2방울 가하면 적자색을 나타낸다. 이 반응은 2개 이상의 peptide결합을 가진 화합물에서 일어나는 반응으로서 단백질뿐만 아니라 polypeptide에서도 일어난다. 요소(urea)를 가열해서 얻는 biuret가 이와 같은 반응을 하기 때문에 이상의 이름이 붙여졌다.

2. Millon 반응

단백질 용액에 Millon 시약을 가하면 백색 침전이 되고 가열하면 적색을 나타낸다. 이 반응은 단백질 분자 내에 tyrosine과 같은 phenol기를 가진 아미노산 존재에 의해서 일어난다.

3. Ninhydrin 반응

단백질 용액에 ninhydrin용액을 가한 후 중성에서 가열하면 적자색을 나타낸다.

5.3. 식품 단백질

식품 단백질은 그 출처에 따라 식물성 단백질(plant protein)과 동물성 단백질(animal protein)로 크게 분류하며, 식물성 단백질은 곡류 단백질과 두류 단백질로, 동물성 단백질은 육류 단백질, 달걀 단백질, 우유 단백질로 다시 세분한다.

5.3.1. 식물성 단백질

곡류단백질은 일반적으로 lysine 함량이 적고, 두류에는 cysteine과 methionine 등 함유황아미노산이 부족하며, 땅콩 단백질은 lysine, tryptophan, methionine 및 threonine이 부족하다. 따라서 부족한 아미노산들을 보충하기 위해 이들을 잘 혼합하여 섭취하는 것이 중요하다.

1. 곡류 단백질

1) 쌀 단백질

가장 중요한 단백질은 glutelin으로서 전체 단백질량의 46~77%에 달하며 oryzenin이라고 한다.

쌀의 단백질은 식물성 단백질 중에서는 우수한 것에 속하지만 동물성 단백질에 비교하면 lysine의 함량이 극히 낮은 것이 특징이다.

2) 밀 단백질

중요한 단백질은 prolamin에 속하는 gliadin과 glutelin에 속하는 glutenin이며 전체 단백질량의 50% 이상을 점유하고 있다. 이 두 단백질의 혼합물을 gluten이라고 하며, 이 gluten의 양과 성질은 밀가루 제품 즉 빵, 케이크, 국수, 과자류 등의 성질에 큰 영향을 미친다.

2. 대두 단백질

대두는 35%정도의 단백질을 함유하고 있어 식물성 식품으로서는 단백질 함량이 매우 크다. 대두 단백질은 methionine과 tryptophan을 제외한 모든 필수 아미노산의 좋은 급원이다. Lysine함량이 높기 때문에 곡류 단백질 강화에 적합하다.

5.3.2. 동물성 단백질

1. 육류 단백질

육류 조직은 결체 조직(connective tissues)과 근육 섬유 조직(muscle fiber tissues)으로 분류되며, 결체 조직을 형성하는 주요 단백질 성분은 collagen과 elastin이다.

Collagen 단백질은 Gly-Pro-Hypro-Gly와 같은 특이한 아미노산 배열을 하고 3중 helix를 이루며 근육과 조직, 피부, 골격, 치아 및 힘줄 등을 구성한다. elastin은 collagen과 함께 주로 인대조직, 동맥 혈관의 벽에 존재하며, 산, 알칼리 또는 trypsin과 같은 단백질 분해 효소에 의해 잘 가수분해 되지 않는 특성을 갖고 있다. elastin의 구성 아미노산들은 주로 비극성의 중성 아미노산인 glycine, leucine, valine, phenylalanine, proline 등으로서 이들이 전체 아미노산 함량의 80%정도에 달한다.

근육 섬유 조직을 구성하고 있는 단백질르서는 albumin에 속하는 myogen과 globulin에 속하는 myosin복합체가 가장 중요하다. myosin복합체는 구상단백질인 myosin, actin 및 기타 구상 단백질로 구성되어 있다.

2. 달걀 단백질

달걀 단백질은 난백(egg white) 및 난황(egg yolk)단백질로 구분되며 높은 생물가를 가지 우수 단백질 식품중의 하나이다.

난백단백질에는 ovalbumin, conalbumin, avidin 등이 있고 난황단백질은 지질 단백질의 결합형태로 존재하여 식품제조 및 가공에서 유화제로 널리 쓰인다.

3. 우유 단백질

우유 단백질은 인단백질인 casein을 약 80%를 함유하고 있으며 그 외에 β-lactoglobulin, α-lactalbumin 등을 함유하고 있다. 우유 단백질을 pH 4.6까지 산성화시킨 후 침전시키면 casein과 유청단백질로 분리할 수 있다.

5.4. 단백질의 변성(變性, denaturation)

결체조직중의 불용성 단백질인 콜라젠(collagen)은 가열하면 뜨거운 물에 녹는 젤라틴(gelatin)으로 변하고 이것을 식히면 응고한다. 이와 같이 단백질 용액에 소량의 산 또는 염을 넣어 따뜻하게 하거나, 휘젓는 등의 처리로 어떤 종류의 변화를 일으켜 화학적, 물리적, 생물학적인 성질이 천연의 것과 다른 상태로 되는 현상을 변성이라 한다.

즉 단백질의 변성은 peptide 결합이 분해되는 1차 구조의 변화가 아니라 수소결합이나 소수결합 등을 하고 있는 단백질의 2차, 3차 구조가 파괴되어 천연단백질이 가지고 있는 원래의 성질이 변화하는 것을 말한다.

5.4.1. 변성의 원인 및 기구

단백질은 열, 동결, 초음파, 기계적인 교반, 압력, 자외선, 방사선 등의 물리적인 작용과 묽은 산, 알칼리, 요소, 계면활성제, 알코올, 알칼로이드, 중금속염 등의 화학적인 작용 및 효소 작용 등에 의하여 변성된다.

생단백질에서는 비교적 약한 결합인 수소결합, -S-S-결합, ion결합 등에 의하여 polypeptide의 사슬 사이가 서로 연결되어 특정한 분자 형태가 유지 되고 있으나, 변형되면 그 형태를 유지하고 있는 결합 등이 끊어져 polypeptide 사슬이 풀어져서 혼란된 상태로 된다.

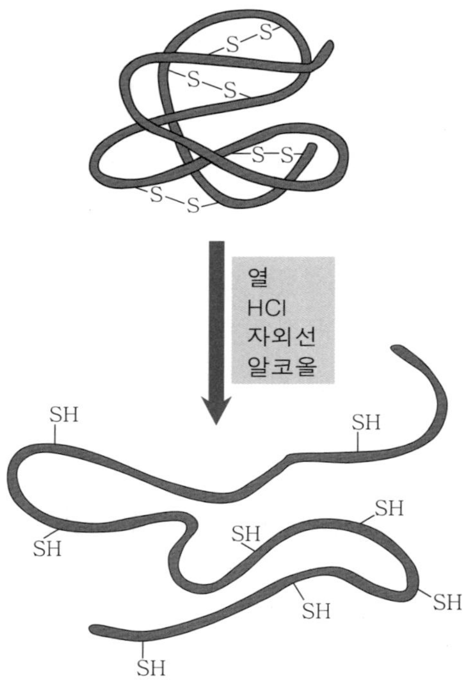

<그림 5-21> 단백질의 변성

1. 가열에 의한 변성

가용성 단백질을 가열하면 변성되어 응고하게 되는데, 육류, 난류, 어패류에서 그 예를 볼 수 있다. 그러나 그것과 반대로 불용성인 단백질이 열변성에 의하여 가용성이 되는 수가 있다. 즉, 육류를 장시간 가열하면 결합조직 중의 콜라젠이 변성되어 가용성인 젤라틴(gelatin)이 용출되는 것이다.

고기 중의 기질단백질(주로 collagen과 elastin을 함유)의 양은 동물의 종류에 따라 다르며, 가축의 고기에 기질단백질 함량이 가장 많고, 닭고기, 어육의 순이다. 그러므로 어육은 생선상태로도 치아에 의하여 잘 끊어져 그대로 식용할 수 있으나, 쇠고기나 돼지고기는 가열하여야만 식용으로 할 수 있다.

2. 산에 의한 변성

단백질 용액에 산 또는 알칼리를 가하면 단백질이 가지고 있는 고유의 전하가 변하여 변성, 응고하게 된다. 산에 의한 단백질의 응고는 조리가공에도 이용되는데, 생선회는 식초를 조금 넣으면 생선의 살이 단단해지고 우유 단백질인 카세인(casein)이 젖산 발효로 생긴 젖산에 의하여 응고하는 성질을 이용하여 요구르트를 만든다.

3. 효소에 의한 변성

젖 속의 카세인(casein)에 송아지 제4위이 있는 rennin이 작용하면 카세인이 변성되어 paracasein이 되는데, 이것이 Ca^{2+}과 결합하면 응고한다. 위 속에서의 카세인의 소화 및 치즈제조 때에 생기는 curd는 이와 같이 단백질의 변성으로 생긴 것이다.

$$\text{수용성 casein} \xrightarrow{\text{rennin}} \text{수용성 para-casein}$$

$$\text{수용성 para casein} + Ca^{2+} \xrightarrow{\text{pH 4.7}} \text{불용성 calcium para-caseinate}$$

4. 염류에 의한 변성

식품 중의 albumin, globulin은 염류에 의하여 응고된다. 두부를 만들 때 가열만으로는 콩의 glycinin이 변성되지 않았으나 $CaCl_2$, $MgCl_2$를 넣으면 Ca^{2+} 및 Mg^{2+}에 의하여 응고되는게 대표적인 예이다.

5.4.2. 변성 단백질의 성질

생세포 내의 단백질은 그 세포의 기능에 대하여 효소작용, 호르몬의 생리작용, 면역성 등의 특별한 성질을 가지고 있으나, 변성되면 그 특성을 잃게 된다.

단백질이 변성되면 일반적으로 용해도가 감소되는 반면, 점도 및 기포력은 증가되어 응고되고, 효소 단백질은 그 기능을 상실하게 된다. 그리고 천연단백질에서는 보이지 않았던 -SH, phenol기 등의 반응기가 표면에 나타나 반응성이 증가하고 효소 작용을 쉽게 받는다.

단백질이 열에 의하여 응고되면 굳은 것 같이 보여도 소화가 잘 되는데, 이는 원형을 이루고 있던 polypeptide사슬이 열에 의하여 풀어져서 겹쳐져 있던 부분도 소화효소의 작용을 받기 쉽게 되기 때문이다. 그러나 지나친 가열은 단백질의 소화를 나쁘게 한다.

5.4.3. 단백질의 가열에 따른 영양가의 변화

일반적으로 단백질은 열변성에 의하여 효소의 작용을 받기 쉬워지므로 소화흡수가 좋아지고 영양가도 높아진다. 그러나 지나친 열변성은 천연단백질보다 오히려 소화율과 영양가가 떨어진다.

단백질은 지나친 가열에 의하여 심한 변성을 받을 뿐만 아니라 아미노산의 손실을 가져오는 일이 있다. 이것이 필수 아미노산인 경우에는 영양가에 미치는 영향이 크다.

또한 지나친 가열 시에 단백질이 당과 공존하면 이들 사이에 maillard반응이 일어나서 갈변하는 동시에 아미노산의 일부가 파괴되고 소화율도 나빠진다.

5.4.4. 단백질의 자기소화(autolysis)

식품 단백질은 저장 중에 식품 자신이 가진 단백질 분해효소가 작용하여 가수분해 된다. 육류 및 어류가 신선한 것에 비하여 어느 정도 시간이 경과된 것은 자기 소화가 일어나 아미노산 등이 유리되므로 맛이 더 좋다. 이와 같이 자기 소화가 된 단백질은 미생물이 더 잘 번식되고 부패도 빠르다.

5.5. 효 소

효소(enzymes)는 생활세포에서 생성되어 촉매작용을 갖는 활성 단백질이다. 생체 내에서 포도당은 산화되어 탄산가스와 물로 되며, 또 단백질은 가수분해되어 아미노산으로 된다. 이와 같이 생체 내에서 진행되는 모든 반응을 촉진하는 촉매적 물질을 효소라고 한다. 효소는 단백질로 이루어진 고분자화합물로 식품 중에도 많이 함유되어 있으며, 생물계의 모든 생합성, 이화작용 등에 관여하고 있다.

효소의 작용을 받는 물질을 기질(substrate)이라 한다. 생활세포는 모두 효소를 함유하고 있으므로, 신선한 식품에서는 이들 효소가 활동을 계속하여 식품성분을 미묘하게 변화시키고 있음은 물론 식품의 저장, 가공, 발효, 부패가 일어나는 과정에서도 식품자체의 효소 외에 미생물의 효소가 작용하여 성분변화에 중요한 구실을 하게 한다.

효소의 본체를 화학적으로 볼 때 단순단백질로 되어있는 경우와 단순단백질과 비단백질 부분이 결합한 단백질의 경우가 있는데, 후자인 경우의 효소를 완전효소(holoenzyme)라 한다. 이 완전효소에서 단순단백질의 부분을 탈리효소(apoenz- yme)라 하고, 단백질이 아닌 다른 부분이 해리가 쉽게 될 때는 조효소(coenzyme)라 하고, 해리가 되지 않을 때는 이것을 접합단(接合團, prosthetic group)이라 한다.

5.5.1. 효소의 명칭과 분류

효소의 명명은 일반적으로 그 효소가 작용하는 물질인 기질의 이름 끝에 -ase를 붙여 부르고 있다.

예를 들면 amylase는 amylose를 가수분해하는 효소를 말하고, urease는 요소(urea)를 암모니아와 탄산으로 가수분해하는 효소를 말한다. 그러나 이들 외에 오래전부터 사용되는 관용명으로 pepsin, trypsin, chymotrypsin, catalase 등과 같이 효소 이름만으로는 기질을 알 수 없는 효소명도 있다.

① 관용적 명칭

예 : diastase…녹말을 가수분해하는 효소

ptyalin…침 속의 diastase

pepsin…단백질을 가수분해하는 효소(최적 pH 2.0부근)

② 기질 명칭의 어미를 -ase로 한 것

예 : maltase…맥아당(maltose)을 가수분해하여 glucose을 생성시키는 효소

cellulase…섬유소(cellulose)를 가수분해하여 cellobiose을 생성시키는 효소

③ 효소의 기능에 따라서 어미를 -ase로 한 것

예 : hydrolase…가수분해(hydrolysis) 반응을 촉진하는 효소

dehyrogenase…탈수소(dehydrogenation) 반응을 촉진하는 효소

oxidase…산화(oxidation) 반응을 촉진하는 효소

④ 기질이름과 기능을 결부시켜 어미에 -ase로 붙인 것

예 : carbohydrase…탄수화물(carbohydrates)의 가수분해 반응을 촉진하는 효소

ascorbic acid oxidase…ascorbic acid에 효소가 작용하여 산소의 존재 하에 산화반응을 일으키는 효소

그러나 이와 같이 임의로 붙이는 명칭으로는 많은 효소의 구별이 불가능하여 1964년 국제 생화학 연합회(IUB)의 효소 위원회에서는 각 효소를 그 작용에 따라 6개로 계통적으로 분류하였다.

<표 5-3> 효소의 분류

분류번호	분 류 명	작 용	대표적인 예
1	산화환원효소 (oxidoreductase)	산화, 환원 반응을 촉매한다.	Ascorbate oxidase
2	전이효소 (transferase)	어떤 화합물의 원자단을 옮기는 것을 촉매한다.	아미노기 전이효소 (transaminase)
3	가수분해효소 (hydrolase)	물분자를 가하여 기질의 공유결합을 가수분해시키는 효소이다.	Esterase
4	제거효소 (lyase)	가수분해에 의하지 않고 기질에서 carboxyl기, adehyde기, 물 또는 ammonia 등의 원자단을 분리하는 효소이다	Isocitrate lyase
5	이성화효소 (isomerase)	분자의 D형, L형, 입체배위(立體配位)를 바꾸는 한편 enol형을 keto형으로 바꾼다.	Glucose isomerase
6	합성효소 (ligase)	ATP와 공역(共役)하여 두 분자를 결합시키는 반응을 촉매 한다.	Citrate synthase

1. 산화 환원 효소(oxidoreductase)

이 효소는 수소 원자나 전자의 이동 및 성체 내에서 일어나는 여러 가지 산화 환원 반응을 촉매하는 효소들로서 탈수소 효소, 환원 효소, 산화 효소, catalase, peroxidase 등이 있다.

탈수소효소인 dehydrogenase는 기질 A가 가지고 있는 수소를 B에 옮겨주는 역할을 한다.

$$AH_2 + B \longrightarrow A + BH_2$$

2. 전이 효소(transferase)

이 효소는 한 기질에서 다른 기질로 기 또는 원자단을 옮기는 반응을 촉매한다. $-NH_2$, $-COOH$, $-CH_3$, RCO^-, $H_2PO_3^-$ 등이 전이된다. 이들 효소 중에서 인산 전이 효소가 중요하며 ATP 말단의 인산기를 다른 기질로 옮기는 효소를 kinase라 한다.

$$AX + B \longrightarrow A + BX$$

3. 가수분해 효소(hydrolase)

가수분해 효소는 물 분자를 가하여 기질의 공유결합을 가수분해 시키는 효소이다. esterase, glycoside hydrolase, peptide hydrolase 등이 있다.

$$R - R' + H_2O \rightleftharpoons ROH + HR^-$$

4. 제거 효소(lyase)

이들 효소는 가수분해에 의하지 않고 기질에서 carboxyl기, adehyde기, 물 또는 암모니아(ammonia) 등의 원자단을 분리하고 기질에 이중 결합을 생성하기도 하며, 반대로 이중 결합에 이들 원자단을 부가시키는 반응을 하기도 한다.

$$AB \longrightarrow A + B$$

5. 이성화 효소(isomerase)

이 효소는 분자 내에서 상호 변화, 즉 이성화 반응을 촉매하는 효소로서 분자의 D형, L형, 입체 배위(立體配位)를 바꾸는 한편 enol형을 keto형으로 바꾼다. 기질을 분해하거나 산화하지는 않는다.

6. 합성 효소(ligase)

이 효소를 합성효소(synthetase)라고도 하며 ATP 또는 이와 비슷한 tri-phosphate의 pyrophosphoric acid결합의 분해와 공역(共役)하여 두 분자를 결합시키는 반응을 촉매 한다.

$$A + B + ATP \longrightarrow AB + ADP + P(\text{인산})$$

5.5.2. 효소작용에 영향을 미치는 인자

1. 온 도

화학반응과 같이 온도가 상승함에 따라 효소의 반응속도는 증가하나 효소는 단백질이므로 어떤 온도보다 높은 온도에서는 변성으로 오히려 반응 속도가 감소되거나 활성을 잃게 된다.

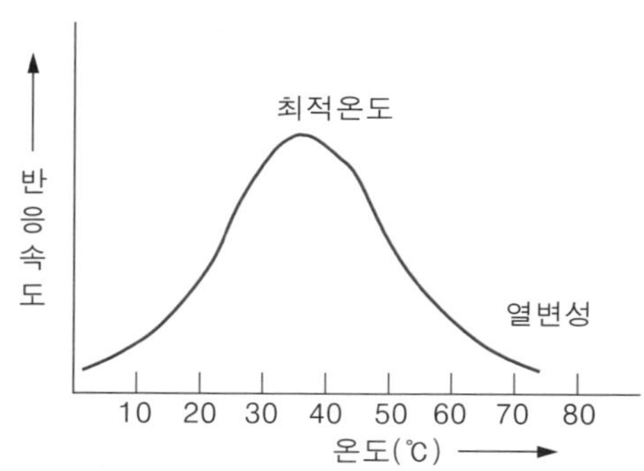

<그림 5-22> 효소활성에 있어서 온도의 영향

효소의 최고의 활성을 나타내는 온도의 범위를 최적 온도(optimum temperature)라고 하는데, 30~40℃의 것이 많다. 대부분의 효소들은 70℃ 또는

그 이상의 온도에서는 활성을 잃는다. 효소의 최적 온도는 효소의 농도, pH, 반응 시간 등에 의하여 크게 영향을 받는다. 그림 5-22는 효소의 반응속도와 온도의 관계를 나타내고 있다.

2. pH

효소는 그 본체가 단백질이므로 온도와 마찬가지로 pH에 의해서도 큰 영향을 받아 강산, 강알칼리에서는 변성하여 불활성화된다.

효소는 일정한 pH의 범위 안에서 최고의 활성도를 나타내는데, 이것을 효소의 최적 pH라 한다. 이와 같이 효소의 반응에서는 pH의 조절이 필요하므로 보통 완충액(buffer solution)이 사용된다.

그림 5-23에서 보는 바와 같이 효소의 활성과 pH와의 관계를 보면 종모양의 곡선이 된다.

또한 효소들은 그림에서 보는 바와 같이 종류에 따라 최적 pH가 다르며 또 그것은 같은 종류의 효소라도 그 급원(給源)에 따라 차이가 있다. pepsin의 최적 pH는 1~2이며, α-glucosidase는 7.0, trypsin은 7~8이다.

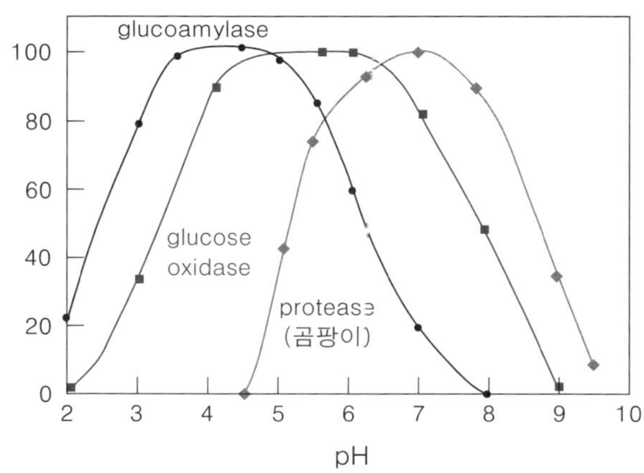

<그림 5-23> 효소 활성에 미치는 pH의 영향

3. 부활제

carboxylase, hexokinase는 Mg^{2+}이온에 의하여 부활되는데, 부활제로는 Ca, Mg, Zn, Cu, Mn 등의 금속 이온들이다.

4. 억제제

효소의 작용을 억제하는 물질을 억제제 또는 저해제라고 하는데, 효소의 억제는 억제 물질의 제거로 효소작용이 재생할 수 있는 가역적인 억제와 재생되지 않는 불가역적인 억제가 있다.

많은 효소는 기질과 비슷한 화합물에 의해서 억제되는데, 이것을 경쟁적 억제(競爭的 抑制, competitive inhibitor)라고 한다.

예를 들면 succinic dehydrogenase는 그 기질인 succinic acid보다 탄소가 1개 적은 maloic acid에 의하여 억제되는데 이것은 maloic acid가 효소 활성기에 결합하여 succinic acid의 결합을 방해하기 때문에 효소량이 줄어든 결과가 된다. 이와 같은 경쟁적 억제는 기질의 농도를 높여 주면 효소의 활성이 가역적으로 회복된다.

불가역적 억제는 비경쟁적 억제라고도 하며 이것은 단백질 침전제에 의한 억제로서 효소 단백질을 불가역적으로 침전시키는 억제이다. 불가역적 억제제로는 Ag, Hg, Pb 등의 중금속, trichloroacetic acid, tannin, 산화제, 황화물, EDTA 등이 있으며 이러한 물질들을 효소 용액에 첨가하면 효소 단백질은 변성하여 그 작용은 완전히 억제된다.

5.5.3. 식품에 관계되는 효소

식품에 관계가 깊은 것은 가수분해 효소와 산화환원 효소에 속하는 것이므로 여기서는 이 두 가지 효소 중 중요한 것에 관하여 살펴본다.

1. 가수분해효소(hydrolase)

Hydrolase는 생체 성분의 큰 분자를 적은 구성분자로 가수분해하는 효소이다. hydrolase의 본체는 단순 단백질로서 그 효소작용은 단백질 분자가 가지는 활성기(-SH 등)에 의하여 일어난다. Hydrolase에는 carbohydrolase, esterase, protease 및 amidase의 네 가지가 있다.

1) 탄수화물분해효소(carbohydrase)

Carbohydrase는 탄수화물을 가수분해하는 효소인데다 당류를 가수분해하는

polysaccharase와 당류배당체를 가수분해하는 oligosaccharase(또는 glycosidase)로 나눌 수 있다.

(1) Polysaccharase

Polysaccharase중 amylase는 전분을 dextrin, maltose, glucose로 분해하는 효소이다. amylase는 α-amylase, β-εmylase, glucoamylase 및 isoamylase의 네 가지가 있다. α-amylase는 일명 amylopsin, ptyalin 또는 diastase라고도 하며, 췌액, 침, 국자(麴子) 곰팡이에 들어 있는 것으로서 전분분자의 amylose 및 amylopectin을 내부에서 크게 끊어, 많은 dextrin과 소량의 maltose를 만든다. 따라서 α-amylase는 액화력은 강하나 당화력은 약하며 최적 pH는 5~7이다.

β-amylase는 전분의 amylose 및 amylopectin의 비환원 말단에서 maltose단위로 절단하여 분지부(分枝部)에서 정지하는 것으로서 대량의 maltose와 소량의 dextrin이 생긴다. 따라서 β-amylase는 액화력은 약하나 당화력은 강하다.

β-amylase는 엿기름, 콩 및 고구마 등의 식물계에 널리 들어 있으며 최적 pH는 5.0~7.0 내외이다. Glucoamylase는 amyloglucosidase라고도 하고, 전분분자의 비환원성 말단기에서 포도당 단위로 하나씩 끊어 액화된 전분을 거의 완전히 가수분해하는데 최적 pH는 4~5 내외이다.

이밖에 cellulase와 hemicellulase는 섬유질을 가수분해하는 효소로서 조섬유의 소화에 필요하며, polygalacturonase는 pectin을 가수분해하는 효소로서 과실 및 채소의 연화(軟化)에 관계가 있다.

(2) Oligosaccharase(glycosidase)

여러 가지가 있는데, invertase는 sucrase 또는 saccharase라고도 하는 것으로 sucrose를 glucose와 fructose로 분해한다. 설탕 저장 중에 흡습성을 띠는 것은 미생물이 가지는 invertase에 의하여 전화당(轉化糖)이 생기기 때문이다. 최적 pH는 4.5~5.0부근이다.

Maltase는 maltose를 glucose로 분해하는 효소이며 국(麴), 곡자(koji), 엿기름, 밀가루의 당화에도 maltase와 amylase가 관여되어 있다. 이 밖에 식품과 관계가 있는 oligosaccharase로서 myrosinase, naringinase 등이 알려져 있다.

2) Esterase

Ester결합을 가수분해하는 효소이다. Esterase 중 가장 대표적인 lipase는 지방을 glycerol과 지방산으로 분해한다.

쌀겨에서는 lipase가 지방에 작용하여 산가가 높아지는 것이다. Chlorophyllase는 chlorophyll을 chlorophyllide와 phytol로 분해하는 효소로서 채소를 조리할 때 푸른 잎이 고운색으로 변하는 데 관계가 있다.

3) 단백질분해효소(protease)

단백질을 가수분해하는 효소가 protease이다. Protease에는 endopeptidase (proteinase)와 exopeptidase(peptidase)가 있는데, 전자는 단백질 분자의 내부에서 peptide를 불규칙하게 절단하고, 후자는 peptide chain의 끝에서부터 아미노산을 하나씩 분해하여 유리시킨다. protease의 중요한 것을 들면 표 5-4와 같다.

<표 5-4> Protease의 종류

효 소	적 용	들어 있는 곳
Endopeptidase		
pepsin	단백질 → polypeptide + 아미노산	위액
trypsin	단백질 → polypeptide + peptone	췌액
chymotrypsin		
cathepsin	단백질 → proteose + peptone	간, 신장, 비장
papain	단백질 → polypeptide + 아미노산	papaya열매
rennin(Lab)	casein → paracasein + peptide	위액
bromelin		pineapple
Exopeptidase		
aminopeptidase carboxypeptidase	petone → proteose / 아미노산 + dipeptide / peptide	동물의 장, 곰팡이, 세균
dipeptidase	dipeptide → 아미노산	동물의 장, 곰팡이, 세균

Rennin은 젖 중의 단백질인 casein을 분해하여 paracasein으로서 응고시키므로 치즈의 제조에 이용되며, papain과 bromelin은 쇠고기의 연화제(meat tenderizer)로서 이용되고 있다.

Protease는 식품의 저장, 가공, 발효 및 부패에서 활발하게 작용하게 되는데, 일반적으로 여러 가지 protease가 서로 협동하여 반응이 일어난다.

4) Amidase

산아미드 결합을 가수분해하는 효소가 amidase이다. 오래된 고기류가 암모니아 냄새를 내는 것은 미생물의 amidase의 작용에 기인하는 것으로서 식품의 부패와 관계가 깊다.

<표 5-5> Amidase의 종류

효 소	작 용	들어있는 곳
urease	요소 → CO_2 + NH_3	콩, 미생물
arginase	arginine → ornithine − 요소	동물의 간, 미생물
asparaginase	asparagine → aspartic acid + NH_3	동물의 간, 미생물
glutaminase	glutamine → glutamic acid + NH_3	동물의 신장, 미생물

2. 산화환원효소(oxidoreductase)

이 효소 생체성분을 산화적으로 분해하는 효소로서 호흡효소라고도 한다. 이 효소의 본체는 복합단백질로서 이 효소작용은 단백질에 결합되어 있는 접합단(接合團)의 산화환원으로 일어난다. 산화환원효소는 산화효소와 탈수소효소의 두 가지로 나눌 수 있다.

1) 산화효소(oxidase)

Oxidase는 산소를 수소 수용체(acceptor)로 하여 생체성분을 산화(탈수소반응)시키는 것이다. 이것에는 철(鐵) porphyrin을 접합단으로 가진 철효소와 동(銅) 화합물을 접합단으로 가진 동효소의 두 가지가 있다.

(1) 철효소(鐵酵素)

철효소로는 catalase와 peroxidase가 대표적이다. 어느 것이나 생체속의 과산화수소를 분해하는 것으로서 동식물조직에 널리 분포되어 있다. 이 효소의 활성도를 측정하면 곡물의 신선도를 어느 정도 알 수 있는데 이것은 곡물이 오래 될수록 이 효소의 활성이 줄어들기 때문이다.

$$2H_2O_2 \xrightarrow{\text{catalase}} 2H_2O + O_2$$

$$H_2O_2 + \text{환원성 유기물질} \xrightarrow{\text{peroxidase}} H_2O + \text{산화형 유기물}$$

(phenol류 ascorbic acid 등)

(2) 동효소(銅酵素)

이것은 polyphenol oxidase와 ascorbic acid oxidase가 대표적이다. polyphenol oxidase는 polyphenolase라고도 하는데, 이것은 *o*-diphenol의 구조를 가지는 여러가지 polyphenol에 작용하는 효소인 까닭이다.

그리고 이 효소는 monophenol을 *o*-diphenol로 산화시킨 후 다시 산화시키는 성질이 있으므로 tyrosinase라고 하기도하나 같은 효소이다. 근래에 와서는 이들을 polyphenol oxidase라 하는 경우가 많다. 이 효소에는 사과 및 배의 절단면, 또는 차잎의 갈변 등에 관여하는 효소이다.

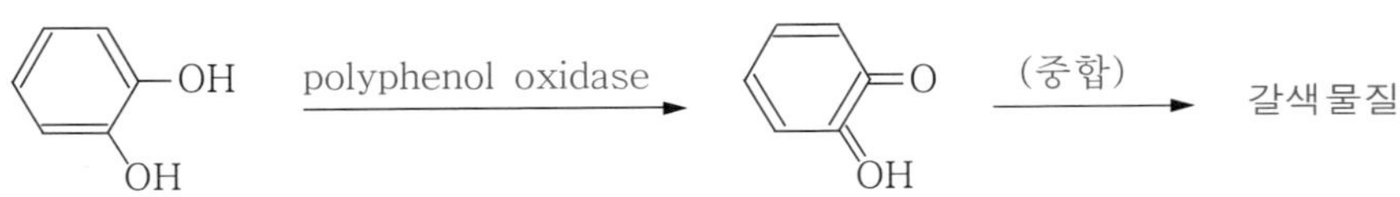

o-diphenol *o*-quinone

Ascorbate oxidase는 비타민 C를 산화하는 효소로서 ascorbic acid oxidase라 하기도 한다.

$$\text{ascorbic acid} \xrightarrow{\text{ascorbate oxidase}} \text{dehydroascorbic acid}$$

2) 탈수소효소(dehydrogenase)

이 효소는 산소 이외의 것을 수소 수용체로 하여 생체 성분을 산화(탈수소반응)하는 것으로서 생체 내의 산화, 환원반응에서 중요한 구실을 한다.

탈수소 효소에는 pyridine효소와 flavine효소가 있는데 전자에는 단백질 부분에서 쉽게 유리되는 조효소로서 pyridine nucleotide인 NAD나 NADP를 갖는 효소이고, 후자는 조효소로서 flavin nucleotide인 FMN나 FAD를 가지는 효소이다.

Dehydrogenase의 예를 들면 표 5-6과 같다.

신선한 식품 조직중에는 각종의 효소가 함유되어 있으며 또 미생물에는 특정의 효소를 다량으로 생산하는 것이 있다. 따라서 신선한 식품을 그대로 방치하거나 식품에 미생물이 오염된 경우에는 여러 가지 변화가 일어난다. 이들의 변화에는 식품의 품질을 저하시키는 것이 있는가 하면 식품 가공에 중요한 역할을 하는 것도 있다.

<표 5-6> Dehydrogenase의 종류

효소	조효소	작용	있는 곳
Pyridine효소			
alcohol dehydrogenase	NAD	ethanol + NAD ⇌ acetaldehyde + $NADH_2$	미생물
lactic acid dehydrogenase	NAD	lactate + NAD ⇌ pyruvate + $NADH_2$	근육,미생물
Flavin효소			
old yellow enzyme	FMN	$NADH_2$ + FMN ⇌ NAD^+ + $FMNH_2$	생체조직
new yellow enzyme	FAD	$NADH_2$ + FAD ⇌ NAD^+ + $FADH_2$	생체조직
xanthin oxidase	FAD	xanthin + FAD ⇌ uric acid + $FADH_2$	우 유

5.5.4. 식품가공에 효소의 이용

어떤 효소들은 식품 공업에 있어서 가공 수단으로 이용된다. 예를 들면, rennin은 치즈 제조에 이용되고, pectin분해효소는 과실주스의 청정제로 이용된다. 또 간장이나 된장 제조에 있어서 미생물이 생산한 protease, amylase 등이 간접적으로 이용된다. 식품 공업에 이용되는 효소들은 고등 동물이나 식물에서도 얻어지지만 대부분이 미생물로부터 얻어진다. 식품 가공에 이용되는 효소와 그 용도를 열거하면 표 5-7과 같다.

<표 5-7> 식품가공에 이용되는 효소

효소	식품	작용
Amylase	빵, 과자	효모 발효성 당의 증가
	맥주	전분 → 발효성 당, 전분의 혼탁제거
	곡류	전분 → 덱스트린, 당, 수분 흡수증대
	초콜릿, 코코아	유동성을 위한 전분의 액화

<표 5-7> 계 속

효 소	식 품	작 용
Amylase	사 탕 류	당의 회수
	과일주스	발포성 증진을 위한 전분의 제거
	젤 리	발포성 증진을 위한 전분의 제거
	pectin	사과즙을 짜고 난 찌꺼기에서 pectin제조 도움
	시럽, 당류	전분 → 저분자 dextrin(콘시럽)
	채 소 류	완두의 연화처럼 전분의 가수분해
Cellulase	맥 주	세포벽 성분인 복합탄수화물의 가수분해
	커 피	원두 건조 시 섬유소의 가수분해
	과 실 류	배의 촉감 개선, 살구, 토마토의 박피촉진
Dextran-sucrase	당 시 럽	시럽의 증점
	아이스크림	증점제로서 dextran 첨가
Invertase	인 조 꿀	sucrose → glucose + fructose
	캔 디	초콜릿을 입힌 연질크림캔디 제조
Lactase	아이스크림	껄끄름한 촉감을 주는 lactose의 결정화 방지
	사 료	lactose → galactose + glucose
	우 유	동결우유에서 lactose를 제거하여 우유단백질 안정화
Tannase	맥 주	polyphenol성 화합물의 제거
Pentosannase	도정, 제분	밀가루에서 전분의 회수
Naringinase	감 귤 류	naringin가수분해로 쓴맛 제거
Pectic enzymes(유용)	초콜릿, 코코아	코코아 발효 시 가수분해 작용
	커 피	원두 발효 시 점성의 종피 가수분해 연화
	과 실 류	
	과실주스류	착즙수율 증진, 혼탁방지, 농축조작 개선
	올 리 브	유지추출
	포도주류	청징
Pectic enzymes(변패)	감귤주스	주스에서 pectin질의 파괴 분리
	과 실 류	과도한 연화작용
Proteases(유용)	빵, 과자류	반죽의 연화작용, 혼합시간 단축, 신장도 증가, 가공, texture, 체적개선, β-amylase 방출
	맥 주	발효 중 영양소, 향미 생성, 여과 청징 촉진, 냉각혼탁 방지
	곡 류	단백질 변성으로 건조속도 단축, 취급용이 하게 함. 된장·두부 제조
	치 즈	casein응고, 숙성 중 특유의 향 생성
	초콜릿, 코코아	발효 중 원두에 작용
	달걀 가공품	건조특성 개선

<표 5-7> 계 속

효　　소	식　품	작　　　용
Proteases(유용)	사　　료 육 어 류 우　　유 단백질 가수분해물 포 도 주	폐기물→사료 연화, 뼈, 찌꺼기에서 단백질 회수, 기름의 유리 두유제조 간장, 특수식품 육즙, 건조스프, 가공육 등의 조미 청징
Proteases(변패)	달　　걀 게　　류 밀 가 류	신선 및 건조 전란의 선도 유지기간 단축 빨리 불활성화하지 않으면 과도한 연화 활성이 너무 강하면 용적, texture에 영향
Lipase(유용)	치　　즈 유　　지 우　　유	숙성, 일반적인 향미 특성 lipids → glycerol + 지방산 우유초콜릿에 사용되는 약간 숙성된 향미 생성
Lipase(변패)	곡　　류 우유·유제품 유　　지	과도한 갈변 가수분해적 변패 가수분해적 변패
Phosphatase	유 아 식 맥　　주 우　　유	유용한 인산염의 증가 인산염 화합물의 가수분해 저온살균효과의 검정
Nuclase	향미증진제	nucleotide와 nucleoside류의 생산
Peroxidases(유용)	채 소 류 포도당 정량	데치기 효과의 검정 glucose oxidase와 혼용
Peroxidases(변패)	채 소 류 과 실 류	불쾌취 갈변반응촉진
Catalase	우　　유 각종제품	냉살균 시 H_2O_2파괴 포도당이나 산소를 제거하여 갈변 또는 산화를 억제함. glucose oxidase와 함께 사용.
Glucose oxidase	각종식품	맥주, 치즈, 탄산음료, 건조달걀, 과실주스, 육류, 어류, 분유, 포도 주중 산소나 포도당을 제거하여 산화, 또는 갈변방지, catalase와 함께 사용
Polyphenol oxidase(유용) (변패)	포도당 정량 차, 커피, 담배 과실, 채소류	포도당 정량, peroxidase와 병용 성숙, 발효, 숙성 중 갈변 갈변, 불쾌취 발생, vitamin 손실
Lipoxygenase	채 소 류	필수지방산과 vitamin A의 파괴, 불쾌취 생성
Ascorbic acid oxidase	채소류, 과실류	vitamin C 파괴
Thiaminase	육류, 어류	thiamine 파괴

6장 | 무기질

6.1. 무기질의 분류와 기능
6.2. 무기질과 수질
6.3. 식품 조리 가공 중의 무기질 변화

6.1. 무기질의 분류와 기능

6.1.1. 미량원소와 다량원소

식품을 550℃~600℃에서 태우면 기체로 연소되는 것이 유기물로서 탄수화물, 단백질, 지질, 수분이 이에 속하며, 재(ash)로 남는 부분이 바로 식품이 함유한 무기질(mineral)이다. 이 무기질은 약 20여종이 있으며, 인체 내에서 체중의 2~4%밖에는 차지하지 않으나, 생리적 기능조절과 성장발육에는 필수불가결한 영양소이다. 그러므로 미량인 이 무기질이 매일 뇨, 분변, 땀 중에 배출되기에 식품으로서 충분한 양을 섭취해야 할 것이다.

식품 중에서 미량 영양소인 무기질을 1일 필요량에 따라 다량무기질과 미량무기질로 나눈다. 하루에 100mg 이상을 필요로 하는 다량무기질에는 칼슘(Ca), 인(P), 칼륨(K), 황(S), 나트륨(Na), 염소(Cl), 마그네슘(Mg)이 있다. 하루에 10mg 이하를 필요로 하는 미량무기질에는 철(Fe), 망간(Mn), 구리(Cu), 요오드(I), 코발트(Co), 아연(Zn), 몰리브덴(Mo), 불소(F), 브롬(Br), 셀레늄(Se), 알루미늄(Al)등이 있다. 또한 유해한 원소로서는 비소(As), 카드뮴(Cd) 수은(Hg), 납(Pb)등이 있으며, 이 들 원소는 특수한 오염경로로 식품에 함유된다.

6.1.2. 산 생성원소와 알칼리 생성원소

식품을 연소시킨 후 남은 재를 물에 녹일 경우, Na, K, Ca, Mg과 같이 Na^+, K^+, Ca^{2+}, Mg^{2+} 등의 양이온을 생성하는 것과 Cl, S, P과 같이 Cl^-, SO_4^{2-}, PO_4^{3-} 등 음이온을 생성하는 원소가 있다. 전자는 알칼리성을 나타내고, 후자는 산성을 나타낸다고 할 수 있다.

식품 100g의 회분을 중화하는 데 필요한 0.1N의 HCl 또는 0.1N의 NaOH의 ㎖수를 그 식품의 산도(acidity) 와 알칼리도(alkalinity)라고 한다. 다음은 주요한 식품의 알칼리도 및 산도를 표 6-1에 나타냈다.

사람의 체액은 pH 7.2~7.4의 약 알칼리성으로 유지해야 한다. 이 무기질이 체액의 pH 조절을 담당하기에, 산성 식품과 알칼리성 식품을 균형 있게 섭취하는 습관이 필요하다.

과일 중에서 신맛을 내는 사과, 밀감 등은 산성식품으로 오해되어지나, 이때의 신맛, 즉 산미는 유기산에 의한 것으로 이는 체내에서 산화되어 이산화탄소(CO_2)와 물(H_2O)로 분해되며, 함유무기질이 알칼리성 생성원소이기에 알칼리성 식품에 속한다.

<표 6-1> 주요 식품의 알칼리도와 산도

알칼리성 식품			산성 식품		
식 품 명		알칼리도	식 품 명		산 도
해조류	다시마	40	곡 류	백 미	4.3
	미 역	16		현 미	9~14
채소류	시금치	15.6		보 리	10
	호 박	1		밀가루	3.4
	양배추	4.9		옥수수	5
	당 근	10	어패류	참 치	15.3
	무	10		오징어, 문어	10~20
과일류	귤	3.6		도 미	8.6
	감	2.7		대 합	7.5
	사 과	3		굴	10
	오렌지	5	육류	닭고기	10.4
서 류	감 자	5.4		돼지고기	6.2
	고구마	4.3		쇠고기	12~13
알 류	난 백	3.2	난·유류	난 황	19.2
유 즙	인 유	3		치 즈	4.3
	우 유	0.3		버 터	4
두 류	대 두	10.2	두류	완두콩	2.5
	팥	7.3		땅 콩	3.0

6.1.3. 식품 중의 무기질

1. 칼슘(calcium, Ca)

인체를 구성하는 무기질 중에서 가장 많은 함량으로 체중의 2~3% 정도로 그 중 99%는 뼈와 치아에 인산염($Ca_3(PO_4)_2$)과 탄산염($CaCO_3$) 형태로 존재한다. 나머지 1%는 혈액 중에 Ca^{2+}의 이온의 형태로 근육 중에는 단백질과 결합된 형태로 분포되어 있다.

<표 6-2> 식품 중의 Ca함량(mg/100g)

식물성 식품	함 량	동물성 식품	함 량
녹미채(톳)	1,400	멸 치	22,000
곤 포 류	890	보리새우	1,800
얼린두부	590	탈지분유	1,200
김	500	전지분유	890
한 천	400	우 유	100

생리적 기능은 체액의 삼투압 및 pH를 조절하고, 혈액의 응고 촉진, 근육의 수축이완작용, 신경 흥분을 억제하는 등의 중요한 생리작용에 관여 한다. Ca은 산성에서는 가용성이지만 알칼리성에서는 불용성이기 때문에 유당, 젖산, 단백질, 아미노산 등 장내의 pH를 산성으로 만들게 하는 물질이 있으면 흡수가 좋아지지만, 인산, 옥살산(oxalic acid), 파이트산(phytic acid), 식이섬유, 지방 등은 반대로 방해한다. 따라서 곡류나 콩류의 파이트산, 과일과 채소 속의 옥살산은 칼슘과 불용성 염을 형성하여 칼슘의 흡수를 방해한다.

Ca의 하루 권장량은 어른이 0.7g 인데 비하여 섭취량은 70%가 채 되지 않는다. 그러므로 Ca섭취에 주의해야 하고, 식품가공에서 Ca의 강화가 많이 요청된다.

2. 인(phosphorus, P)

인체의 인은 약 80~85%가 칼슘, 마그네슘과 결합하여 골격과 치아의 구성성분이 되고, 그 외에는 근육, 신경, 장기 등에 함유되어 있다.

인은 핵단백질·인지질·조효소의 구성성분이 되어 지방대사, 에너지대사 등에 관여하며, 체액의 삼투압 및 pH를 조절한다. 일반 식품에 널리 분포되어 있으므로 정상적인 식사를 할 경우 인의 섭취량은 부족하지 않다. 비타민 D는 인의 흡수를 촉진하고 마그네슘, 철, 칼슘 등은 인의 흡수를 방해한다.

3. 나트륨(sodium, Na) 및 칼륨(potassium, K)

나트륨은 인체 내에서 세포 외액에, 칼륨은 세포 내액에 이온형태로 존재하여, 함께 체액의 삼투압 및 pH를 조절하고, 근육의 수축과 이완, 신경자극 전달에도 작용한다. 소금(NaCl)의 과잉섭취는 질병 유발의 우려가 크다. 칼륨은 일반식품에 널리 분포되어 있으므로 부족되는 경우는 거의 없으나, 동물성 식품보다 식물성 식품에 많이 함유되어 있다.

4. 염소(chlorine, Cl)

염소 체내에는 혈액, 체액에 많고 Cl^-로서 존재한다. 즉 세포 외액에서는 NaCl로, 세포 내액에서는 KCl로서 체액의 삼투압 및 pH를 조절하고, 소화액의 구성성분이 된다.

5. 마그네슘(magnesium, Mg)

인체 내에 약 25g 정도 함유되어 있으며, 그 중에 약 70%가 인산염($Mg(PO_4)_2$)으로 뼈 중에 존재하고, 나머지는 이온으로 근육과 혈액에 존재한다. 그러므로 골격과 치아의 구성성분이 되고, 체액의 삼투압 및 pH를 조절하고, 근육과 신경의 흥분억제, 당질대사에 관여한다. 마그네슘은 엽록소의 구성성분이므로 녹엽채소를 많이 먹는 사람들에게는 부족한 경우가 거의 없다.

6. 황(sulfur, S)

황은 함황아미노산, 담즙산, 비타민 B_{12} 및 단백질의 구성성분이며 유황은 인체에 약 100~125g 함유되어 있으며, 모든 세포에 존재한다. 그러므로 황이 부족 되면 단백질 구성에 영향을 미치게 되며, 특히 털·손톱·발톱과 같이 황을 다량 필요로 하는 부분의 발육이 늦어진다. 또한 황은 SH 형태로 대사에도 중요한 역할을 하며 SH의 산화반응은 혈액응고와도 관련이 있다.

7. 철(iron, Fe)

인체에는 철분이 약 4~5g 함유되어 있는데, 그 중 60~70%는 적혈구의 헤모글로빈에, 3~5%는 근육의 마이오글로빈(myoglobin)에 들어 있다. 나머지는 철함유 호흡효소 및 철단백질을 형성한다.

식품 중의 철은 여러 가지 형으로 존재하며, 각각 흡수율이 다르다. 일반적으로 유기태의 철(Fe)은 소화흡수가 어려우며, Fe^{2+}는 Fe^{3+}보다 흡수가 잘 된다. 식품 중의 인산염이나 피트산은 철과 불용성 화합물을 만들기 때문에 철의 흡수를 방해한다. 철의 필요량은 성인남성의 경우, 하루 성인이 10mg 정도이지만 10대 청소년이나 임산부의 경우는 더 많은 양이 필요하다.

<표 6-3> 다량원소의 결핍증과 급원식품

무기질	결핍증	급원식품
칼슘 (calcium, Ca)	골격과 치아의 발육부진, 골연화증, 구루병, 혈액응고 불량, 내출혈	멸치, 우유, 치즈, 콩, 해조류, 달걀노른자
인 (phosphorus, P)	골격과 치아의 발육부진, 골연화증, 성장부진, 구루병	멸치, 우유, 달걀노른자, 새우, 채소류, 육류
나트륨 (sodium, Na)	식욕부진, 소화불량, 과잉증(삼투압 상승으로 인한 부종)	식탁염, 우유, 육류, 당근
염소 (chloride, Cl)	위액의 염소 저하, 식욕부진, 소화불량	식탁염
마그네슘 (magnesium, Mg)	신경계 자극 감수성 촉진, 혈관확장, 경련, 과잉증(칼슘의 배설 촉진, 골연화증)	곡류, 두류, 감자, 육류
칼륨 (potassium, K)	근육이완, 발육부진, 체액의 이동 구토, 설사	곡류, 채소류, 과일류
황 (sulfur, S)	손톱과 발톱의 발육부진, 모발의 발육부진, 체단백질의 질적 저하	육류, 어류, 우유, 달걀, 콩, 함황채소

8. 요오드(iodine, I)

사람은 요오드를 갑상선에 대부분 함유하고 있다. 요오드는 갑상선 호르몬인 싸이록신(thyroxine)에 들어 있기 때문에 부족하면 갑산선종을 일으켜 기능이 저하된다.

9. 구리(copper, Cu)

인체 내에 구리함량은 100~150mg이고, 간, 뇌, 혈액 등에 함유하고 있다.

적혈구의 생성과정에 작용하므로 구리가 부족할 경우, 헤모글로빈(hemoglobin)의 합성이 저하되므로 철과 같이 빈혈증을 예방하며, 여러 산화효소의 구성성분으로 작용한다.

<표 6-4> 미량원소의 결핍증과 급원식품

무기질	결핍증	급원식품
철 (iron, Fe)	저혈색소성 빈혈, 피로, 유아 발육부진, 손·발톱의 편평	간, 달걀노른자, 육류, 녹황색채소
요오드 (iodine, I)	갑상선종	해조류, 무, 당근
아연 (zinc, Zn)	발육장해, 탈모증상, 빈혈	곡류, 두류, 채소류
구리 (copper, Cu)	저혈색소성 빈혈	간, 해조류, 채소류, 달걀
불소 (fluoride, F)	과잉증(반상치, 비타민B_{12}의 결핍증), 결핍증(심근장해)	해조류, 음료수
망간 (manganese, Mn)	생식작용불능, 성장장해	곡류, 채소류, 두류, 코코아
코발트 (cobalt, Co)	비타민B_{12}의 결핍, 악성빈혈	채소류, 곡류, 동물의 간장

10. 불소(fluorine, F)와 아연(zinc, Zn)

불소는 치아와의 관계가 중요하게 생각되고 있다. 음용하는 물에 적당량을 함유하면 충치예방효과가 있으나, 과량일 경우는 범랑질이 상하는 반상치현상이 나타난다. 아연은 탈산탈수소효소, 인슐린 등의 구성성분이다. 여러 식품에 함유되어 있다.

11. 코발트(cobalt, Co)와 망간(manganese, Mn)

코발트는 악성빈혈 예방인자인 비타민 B_{12}의 구성성분으로, 소화관내에서 미생물에 의해 비타민 B_{12}는 생합성 된다. 망간은 미량이지만 혈액이나 장기 등에 들어 있으므로 동물체내의 효소작용을 활성화하는 역할과 조혈 및 생식작용에 필요하다.

6.2. 무기질과 수질

자연의 물에는 여러 가지 무기질이 용해되어 있고, 오염된 물은 여러 가지 유기물, 세균, 암모니아, 수은 등과 그 밖의 유해 무기염류 등을 함유하고 있다. 인간이 오염된 물을 섭취하면 건강상 많은 피해를 볼 수 있다. 따라서 수질의 보존은 인간에게 무엇보다도 가장 중요하며 기본이라 할 수 있다.

칼슘, 마그네슘과 같은 다가 금속을 많이 함유한 물은 식품 중의 전분, 단백질, 펙틴, 지질, 유기산등과 결합하여 조직을 경화시키고 풍미를 저하시킴으로써 식품의 품질을 떨어뜨리는 원인이 되기도 한다.

철과 마그네슘은 녹차나 그 밖의 식품에 냄새를 나쁘게 하고 비타민 C를 분해하며 염소는 식품의 색깔과 향을 저하시킨다. 칼슘, 마그네슘의 함유 정도는 수질 평가의 척도가 된다. 100㎖의 물에 산화칼슘 1mg 또는 산화마그네슘 1.4mg을 함유하는 것을 경도 1도(1H)로 하고, 10H이하는 연수(단물) 20H를 경수(센물)라 한다. 경수의 연화방법은 여과, 끓이기, 이온교환수지 처리법 등이 있다.

6.3. 식품 조리 가공 중의 무기질 변화

식품 중에 있는 무기질의 화학적 변화는 pH변화에 의한 염류와 이온의 가역반응, 효소에 의한 유기태와 무기태의 가역 반응이 약간 일어날 뿐이며, 본질적인 화학변화는 거의 일어나지 않는다. 또한 채소를 가열 조리하면 세포 안팎의 삼투압의 차이에 의하여 무기질 및 수분의 유출이 일어난다. 유출의 정도는 온도가 높을수록 빠르다.

세포 속의 삼투압이 높을 때 세포 속의 무기질은 세포 밖으로 유출되고, 세포 밖의 수분은 세포 내외의 삼투압과 같아지려고 한다. 그래서 세포는 흡수팽윤하게 되고, 세포 외액에 무기질이 많아진다.

한편, 소금 등의 무기질에 의하여 끓는 점이 상승하거나 빙점이 내려간다. 이는 용액의 무기질 농도에 비례하고, 조미료의 종류에 따라서 세포막을 통과하는 속도가 다르다. 물, 간장, 설탕의 순서로 분자량이 적을수록 빨리 통과한다. 만일 채소에 설탕의 단맛을 들여 가공 조리하려면 우선 설탕에 재운 다음 간장을 넣는 것이 좋다.

7장 | 비타민(Vitamin)

비타민은 몸의 활동을 정상적으로 유지하는데 필요한 유기성분으로, 체내에서는 합성되지 않거나 합성되어도 충분하지 않아 식품의 형태로 섭취해야만 하는 중요한 미량원소이다. 비타민은 지용성 비타민과 수용성 비타민으로 나누어진다.

7.1. 비타민의 작용

영양소중 당질과 지질, 단백질 등은 에너지원과 생체의 중요한 구성성분이 되기 때문에 비교적 대량이 필요하지만, 비타민은 미량으로 생체내의 대사에 관계하며, 각종의 효소의 보효소로서 또는 대사조절인자로서 작용한다.

그 때문에 비타민이 부족하면 특유의 결핍증을 일으킨다. 또한 그 자체는 비타민이 아니지만, 체내에서 변화하여 비타민의 효력을 나타내는 물질로 프로비타민(provitamin)이 있다.

<표 7-1> 주요한 비타민 작용과 결핍증(지용성 비타민)

비타민 (화학명)	생리작용	1일 소요량 (18~29세)	결핍증
비타민 A (레티놀)	시력유지(암소), 피부점막의 보호	남 : 600μgRE 여 : 540μgRE (RE : 레틴올 당량)	야맹증, 각막건조증, 각막연화증, 피부점막 상피의 각질화
비타민 D (칼시페롤)	칼슘의 흡수, 뼈, 치아 형성	남여 : 2.5μg	구루병, 뼈연골증
비타민E (토코페롤)	항산화작용, 과산화방지	남 : 10mg α-TE 여 : 8mg α-TE (α-TE : α-토코페롤당량)	(실험동물에서 불임증)
비타민 K (필로퀴논)	혈액응고, 칼슘결합 단백질의 생성	남 : 65μg 여 : 55μg	혈액응고지연, 간장해, 유아의 하혈과 내출혈

<표 7-2> 주요한 비타민 작용과 결핍증 (수용성 비타민)

비타민(화학명)	생리작용	1일 소요량 (18~29세)	결핍증
비타민 B_1 (싸이아민)	당질의 산화분해	남 : 1.1mg 여 : 0.8mg	각기병, 다발성신경염, 식욕감퇴, 소화불량. 피로, 권태감
비타민 B_2 (라이보플라빈)	당질, 지질, 단백질의 대사(주로 산화)	남 : 1.8mg 여 : 1.0mg	성장정지, 구각염, 설염(舌炎), 안막염
나이아신	당질, 지질, 단백질의 대사(주로 산화)	남 : 17mgNE 여 : 13mgNE (NE : 니아신당량)	펠라그라(pellagra)
비타민 B_6 (피리독신 등)	아미노산대사에 관여	남 1.6mg 여 1.8mg	피부염, 설염, 성장저하
비타민 B_{12}	적혈구생성에 관여	남여 : 2.4μg	악성빈혈
엽산	핵산합성, 아미노산대사, 단백질합성에 관여	남녀 : 140μg	악성빈혈*(거적아구성 빈혈)
판토텐산	CoA성분으로 초산, 호박산, 지방산의 활성화	남여 : 5mg	식욕부진, 말초신경장해, 현기증
바이오틴	카복실기의 고정 및 전이에 관여	남여 : 30μg	피부염, 식욕감퇴
비타민 C (아스코브산)	항산화작용, 콜라젠합성, 싸이아민대사	남여 : 100mg	괴혈병

* 거적아구성(巨赤芽球性)빈혈 ; 미숙한 대형 적혈구가 생겨 정상 적혈구가 적은 빈혈

7.2. 비타민의 성질과 식생활

지용성 비타민은 비타민 A, D, E, K의 4종류가 있고, 유지에 녹지만, 물에는 녹지 않아 간장과 지방조직 등에 침착하기 쉽다. 그 때문에 지용성 비타민을 과량 섭취하면 체내에 축적되어 과잉증을 일으킨다(비타민 A, D, E 등). 한편 수용성 비타민은 대량 섭취하여도 필요량 이상은 소변으로 배설되지만 때로는 과잉증이 되는 경우도 있다.

비타민 중에는 장내세균에 의해 합성되어 필요량을 충족시키는 경우도 있다.

(비타민 B_2, B_6, B_{12}, K, 판토텐산, 엽산, 비오틴 등). 그러나 항생물질을 복용하면 장내세균의 번식이 억제되어 결핍되기 쉽다.

7.3. 지용성 비타민

7.3.1. 비타민 A(레틴올, retinol)

비타민 A는 레틴올과 동일한 생리작용을 갖는 화합물의 총칭이며, 주요한 것으로는 비타민 A_1(retinol), 비타민 A_2(3-dehydroretinol), 레틴알(retinal), 레티노산(retinoic acid)이 있다.

비타민 A_2는 생리활성이 낮고 담수어 등 그 분포가 한정되어 있어, 일반적으로 비타민 A이라고 하면 A_1에 속하는 레틴올을 의미한다.

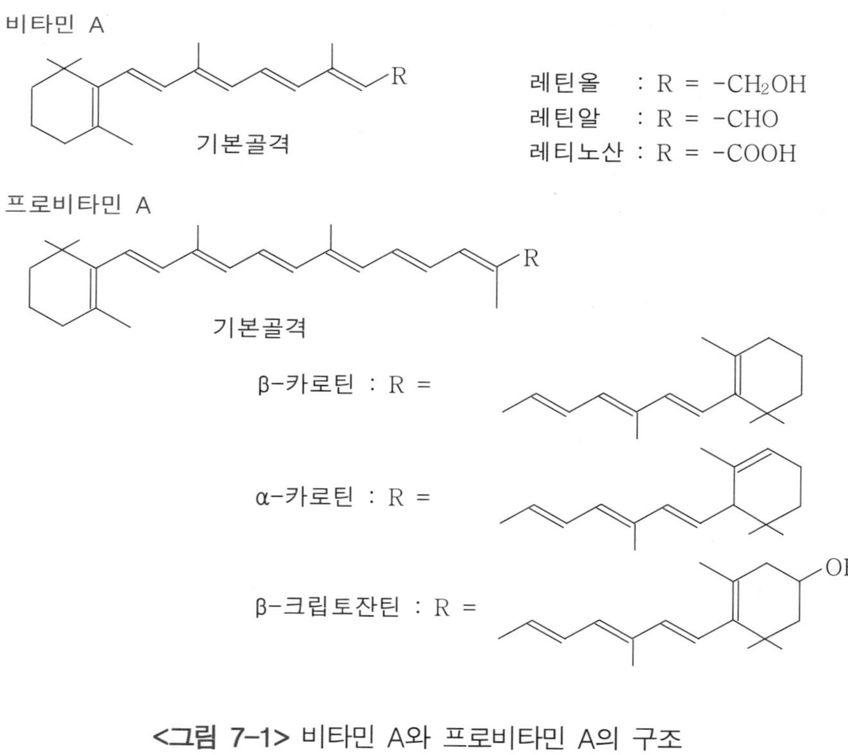

<그림 7-1> 비타민 A와 프로비타민 A의 구조

체내에서 레틴올로 전환되는 것을 프로비타민 A라고 하며, 프로비타민 A로서는 α-카로틴, β-카로틴, 크립토잔틴과 같은 카로테노이드류가 있다(8장 식품의 색소 참조).

비타민 A는 시각색소(로돕신, rhodopsin)의 형성, 성장촉진작용, 피부, 각막의 각질화방지 등의 생리작용을 갖는다. 안구 망막에는 로돕신(rhodopsin, 시홍)이라고 불리는 광에 반응하는 물질이 있다.

비타민 A는 로돕신의 구성성분이며, 비타민 A가 결핍하면 암순응반응이 늦어져 야맹증을 일으킨다. 또 피부와 점막상피의 각질화 등이 일어난다. 세균에 대한 저항력도 감소하여 병원균에 의한 감염도 쉬워진다.

비타민 A의 효력은 국제단위(IU)로 나타내며, 1IU = 레틴올 0.3μg = β-카로틴 0.6μg 이다. 식품성분표에는 레틴올함량(μg), 카로틴함량(μg) 및 그들을 환산한 비타민 A효력(IU)의 3가지 수치로 표시되고 있다.

1일 소요량은 남자에서 2,000IU, 여자에 1,800IU이다.

안정성 : 구조 중에 많은 공액이중결합을 갖고 있어 공기 중에서 빠르게 산화되며, 특히 빛과 열의 존재할 때 더 불안정하다. 식품중의 유지가 산화되면 비타민 A도 급속히 산화된다. 비타민 E와 같은 항산화제가 공존하면 안정성은 증가한다.

버터나 마가린에 항산화제를 첨가하는 것은 비타민 A의 손실을 막기 위함이다. 그러나 비타민 A는 비교적 열에는 안정하여 보통 가열조리중의 손실은 거의 없다. 이것은 조리시간이 짧고, 조리식픔 중에 천연항산화제가 존재하거나, 공기와의 접촉이 적기 때문이다. 그러나 산소가 존재하는 장시간의 가열은 비타민 A의 파괴를 촉진한다.

7.3.2. 비타민 D(칼시페롤, calciferol)

항구루병인자로서 발견된 비타민 D는 비타민 D_2(ergocalciferol)와 D_3(cholecalciferol)의 2종류가 있고, 이들의 생리활성은 거의 동일하다. 또 프로비타민 D로는 프로비타민 D_2(ergosterol)와 프로비타민 D_3(7-dihydrocholesterol)이 있다. 프로비타민 D_2는 버섯 등의 식물성 식품에, 프로비타민 D_3는 어류, 계란 등의 동물성식품, 사람의 피부에 함유되어 있다.

프로비타민 D_2에 자외선을 조사하면 비타민 D_2로 변환한다. 또, 피부에 있는 프로비타민 D_3는 햇빛중의 자외선에 의해 비타민 D_3로 변환되어 체내에 흡수된다. 비타민 D는 칼슘과 인산의 흡수를 촉진하여 뼈와 치아 형성을 돕는다. 그 때문에 비타민 D가 결핍되면 칼슘의 흡수와 뼈의 형성이 억제되고, 유아기에는 구루병, 성인에게는 골연화증 등의 뼈 질환을 일으킨다. 일조가 적은 환경에 있는 사람이나 자외선 차단성 화장품을 사용하는 사람, 피부에서의 비타민 D 변환능력이 저하된 고령자는 비타민 D가 풍부한 식품을 섭취해야 한다. 비타민 D의 효력은 국제단위(IU)로 나타내며, 1일 소요량은 성인의 경우 100IU이다.

안정성 : 열, 산화에 안정하다. 조리, 가공에 대해 비교적 안정하다.

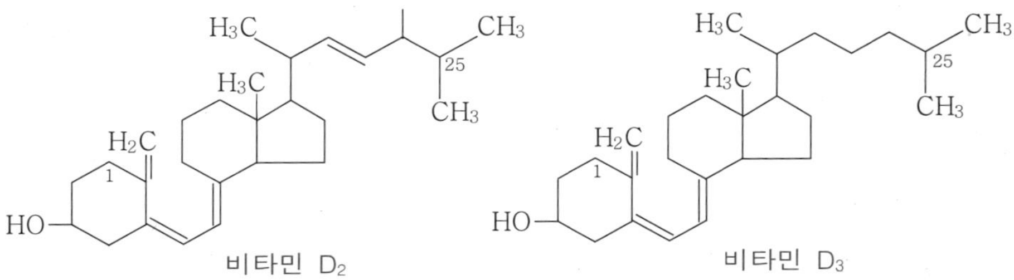

<그림 7-2> 비타민 D의 구조

7.3.3. 비타민 E(토코페롤, tocopherol)

비타민 E는 토코페롤이라고도 하며, 쥐의 항불임성 인자로서 발견된 비타민이지만 가장 중요한 생리작용은 항산화작용이다. 비타민 E는 불포화지방산의 산화로 생성되는 래디칼에 수소를 주어 안정화시키며, 유지의 자동산화를 억제하는 항산화제이다.

생체 내에서 주로 불포화지방산의 과산화 억제, 세포막 지질과 혈장 리포단백질을 정상으로 유지하는 작용을 갖는다. 산화에 의한 세포막의 파괴는 당뇨병, 동맥경화 등의 성인병과 노화의 원인이 된다. 이 때문에 토코페롤은 지질과산화물 등의 원인이 되어 발병하는 동맥경화증, 백내장, 암 등을 예방한다.

식품에 함유되어 있는 토코페롤은 α-, β-, γ-, δ-토코페롤의 4종류이다. 이 중에서 α-토코페롤의 생리활성이 가장 강하며, 식품항산화제로서 허가되어 버터, 마가린, 샐러드유 등에 사용된다. 또 체내에서 항산화작용을 나타내는 비타민으로는 비타민 E 이외에 비타민 A와 C가 있다.

안정성 : 열에는 안정하지만 산화제나 과산화물의 존재, 자외선조사, 알칼리 성조건하에서 산화되기 쉽다.

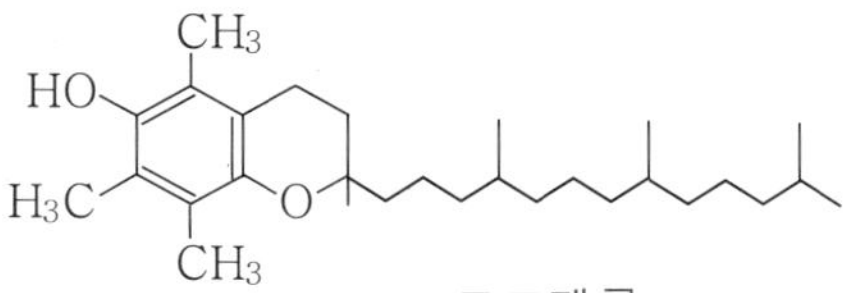

α-토코페롤

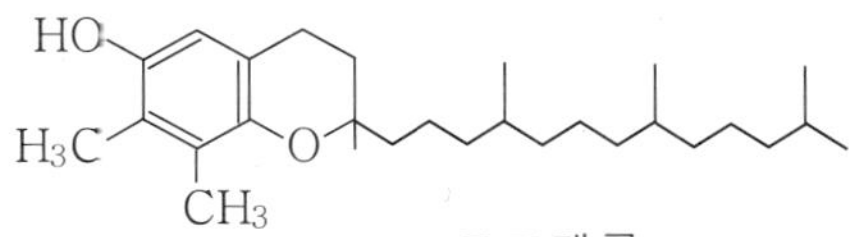

γ-토코페롤

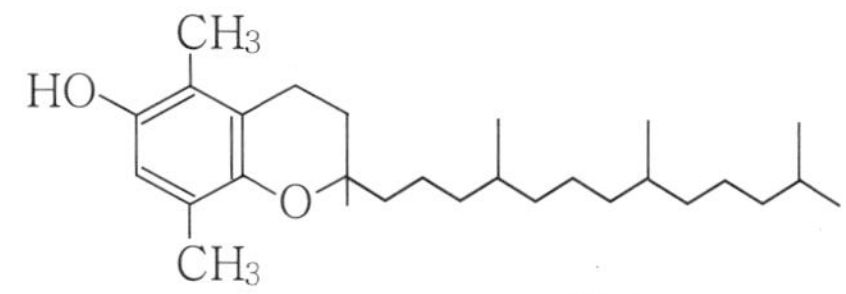

β-토코페롤

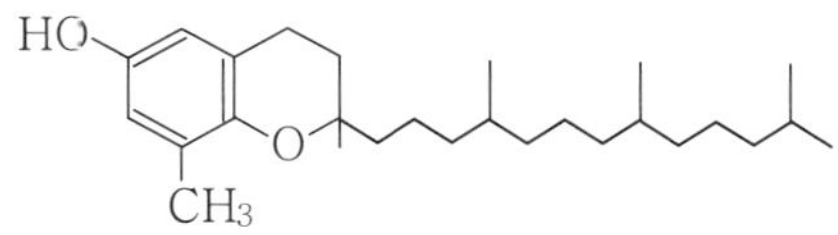

δ-토코페롤

<그림 7-3> 비타민 E의 구조

7.3.4. 비타민 K(필로퀴논, phylloquinone)

혈액의 응고(독일어 Koagulation)에 관계하는 비타민으로 항출혈성 비타민이라고도 한다. 비타민 K는 고등식물 유래의 필로퀴논(phylloquinone, 비타민 K_1)과 미생물유래의 메나퀴논(menaquinone, 비타민 K_2)의 2종이 있다.

혈액응고의 반응은 복잡하여 12인자가 관계하지만 그들 인자 중 프로트롬빈(prothrombin)과 그 외의 몇 가지는 비타민 K 의존성을 갖고 있어 활성화에 비타민 K가 필요하다.

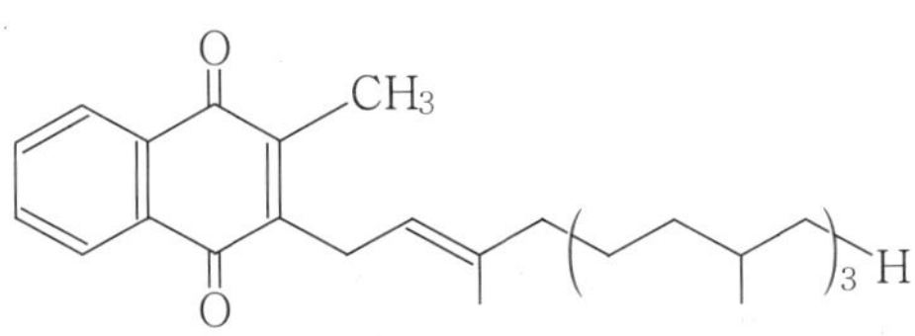

필로퀴논(phylloquinone, 비타민 K_1)

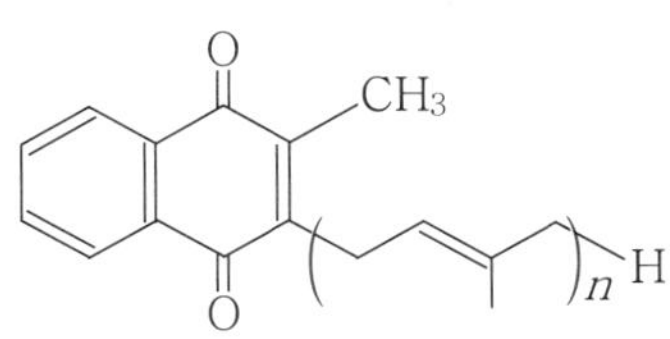

메나퀴논(menaquinone, 비타민 K_2)

<그림 7-4> 비타민 K의 구조(식품에 함유된 비타민 K_2는 n=4의 메나퀴논-4가 많지만 청국장에는 n=7의 메나퀴논-7이 많다.)

혈액응고 이외에 칼슘대사에도 관여하여 뼈 형성을 촉진하는 작용을 갖는다. 성인에게는 장내세균이 생산하기 때문에 결핍증은 없으나, 모유 영유아에게는 결핍되는 경우가 있고, 소화관출혈을 일으키므로 비타민 K의 보급이 필요하다.

안정성 : 열, 공기산화, 묽은 산에는 안정하지만 빛, 알칼리에 불안정하다.

7.4. 수용성 비타민

수용성 비타민은 물에 녹기 쉬운 비타민으로 9종이 있다. 수용성 비타민 중에서 B_1, B_2, 나이신, B_6, B_{12}, 엽산, 판토텐산, 바이오틴의 8종은 비타민 B군이라고 부른다. 비타민 B군의 비타민은 모두 보효소로서 작용하는 것이 분명하나 결핍증에 대해서는 불분명한 점이 많다. 비타민 B군 이 외의 수용성 비타민으로는 비타민 C가 있다.

7.4.1. 비타민 B_1(싸이아민, thiamin)

식품에 존재하는 비타민 B_1은 주로 싸이아민에 인산이 에스터결합된 형태로, 단백질과 결합하거나 전분에 흡착하여 존재하는 경우가 많다(그림 7-5).

에스터형의 비타민 B_1은 소화관내에서 싸이아민으로 분해되어 흡수되지만, 체내에서는 다시 2분자의 인산과 결합하여 피로인산싸이아민(thiamin pyrophosphate, TPP)이 되어 당질 대사에 필요한 효소의 보효소로서 작용한다.

당질대사는 에너지 생산기구이며, 중추신경과 말초신경의 활동을 정상적으로 유지하는 작용이 있다. 당질의 섭취가 많을 때에는 부족하지 않도록 주의할 필요가 있다. 비타민 B_1은 곡류의 배아와 외피에 많기 때문에 정백도가 증가하면 그 함량은 감소한다.

안정성 : 수용성이기 때문에 물에 침지, 데치기, 찌기 등의 조리작업에 의해 손실되기 쉽다(표 7-3, 표 7-4). 열과 산성용액, 산소에는 비교적 안정하지만, 알칼리성 용액 중에서 불안정하다. 특히, 알칼리 용액에 광선을 쬐여 산화되면 형광물질인 싸이오크롬(thiochrome)을 생성한다(그림 7-6).

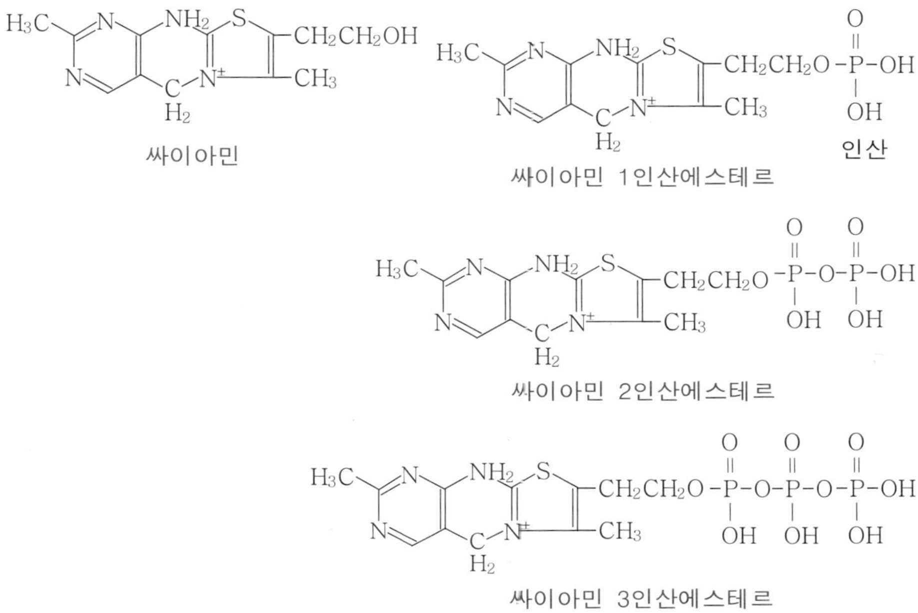

<그림 7-5> 비타민 B_1과 그의 인산에스터의 구조

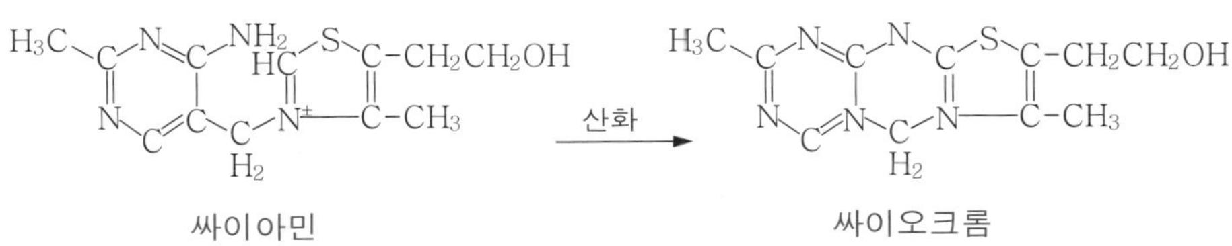

<그림 7-6> 비타민 B_1의 산화

비타민 B_1 정량법으로 알칼리성 bromcyan 산화에 의해 생성된 싸이오크롬의 형광강도를 측정하는 방법도 있다. 조개류 담수어의 내장, 고사리, 고비 등의 식물에는 비타민 B_1을 분해하는 효소 싸이아미네이스(thiaminase)가 존재하지만, 가열처리하면 효소가 불활성화되기 때문에 보통의 식생활에서는 영향이 없다. 전분과 당질이 많은 인스턴트식품이나 가공식품에 편중된 식생활에서 비타민 B_1의 부족 되기 쉽기 때문에 주의할 필요가 있다.

<표 7-3> 조리방법에 따른 비타민 B_1의 잔존율

식 품	절단방법(5시간 방치)	비타민 B_1 잔존율(%)
고구마	굵게 썰기 2.0cm 채 썰 기 0.3cm	92.4 84.8
무	굵게 썰기 2.0cm 채 썰 기 0.3cm	89.7 73.3

<표 7-4> 조리에 따른 비타민 B_1의 잔존율

식 품	비타민 B_1의 잔존율(%)				
	기름에 볶기	기름에 튀기기	찌기	끓이기	굽기
고구마	93	92	88	85	81
감 자	91	87	88	86	79
호 박	–	90	89	81	80
연 근	–	91	–	79	–
시금치	79	–	78	72	–
양 파	81	86	93	80	–
청태완두콩	90	89	88	86	–

7.4.2. 비타민 B_2(라이보플라빈, riboflavin)

비타민 B_2에는 라이보플라빈, 라이보플라빈에 1개의 인산이 결합된 FMN (flavin mononucleotide), 라이보플리빈과 아데닌에 각각 1개의 인산이 결합된 FAD(flavin adenine dinucleotide)가 있다. 식품에는 FAD가 많이 함유되어 있다.

FMN과 FAD는 체내 흡수될 때 라이보플라빈으로 분해하지만, 체내에서 다시 FMN과 FAD로 전환된다. FMN과 FAD는 여러 산화환원효소의 보효소로 작용하여 당질, 지질, 단백질대사에 관여한다.

안정성 : 열에는 안정하지만 광선이나 알칼리에 의해 분해되기 쉽다.

중성에서 산성영역에서 광선을 쬐이면 루미크롬(lumichrome)으로, 알칼리성에서는 루미플라빈(lumiflavin)으로 변화하여 비타민 B_2의 생리활성을 잃는다 (그림 7-8).

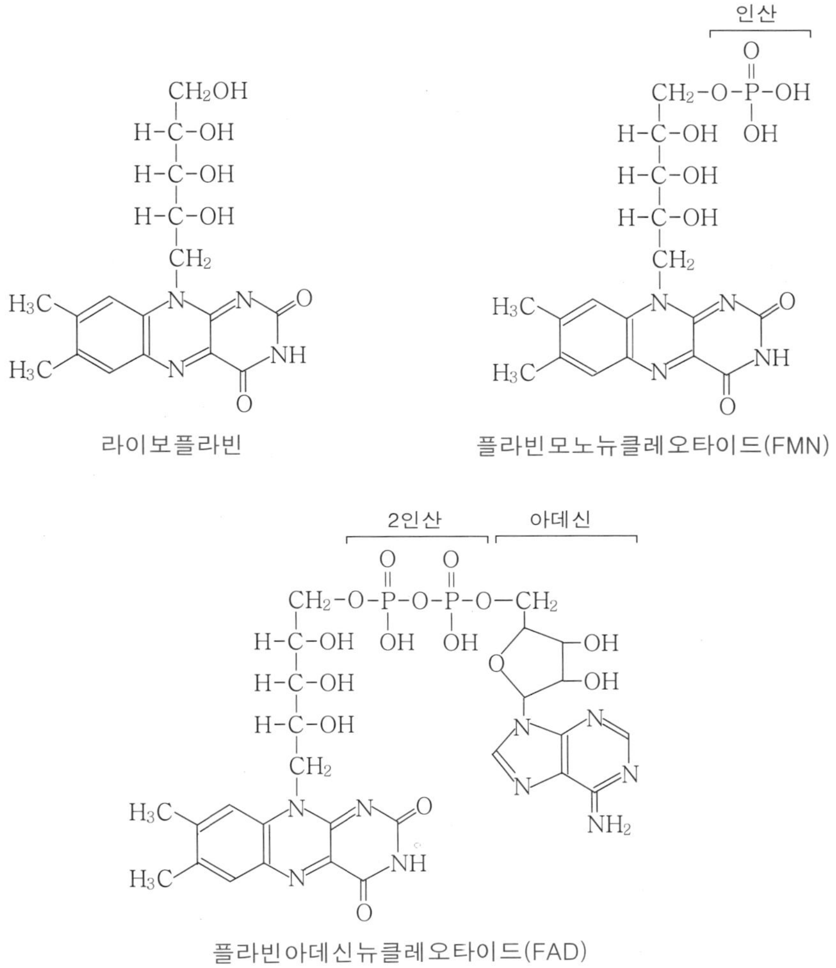

<그림 7-7> 비타민 B_2(라이보플라빈, FMN, FAD)의 구조

우유를 2시간 햇빛에 쬐이면 우유 중의 비타민 B_2의 절반 이상이 광분해한다. 그러나 항산화제인 비타민 C가 공존하면 비타민 B_2의 분해가 억제되며 동시에 비타민 C 자체는 분해된다. 이것은 비타민 B_2가 감광체(photosensitizer)로 작용하기 때문이다.

즉, 식품중의 비타민 B_2는 광선을 쬐이면 그 감광체 작용에 의해 산소를 여기시켜 활성산소를 생성한다.

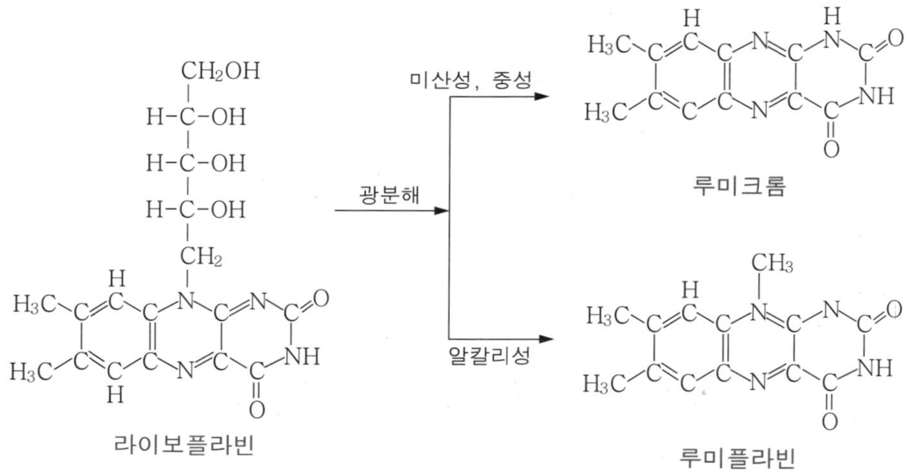

<그림 7-8> 비타민 B_2의 분해

7.4.3. 나이아신(niacin)

나이아신은 니코틴산(nicotinic acid)과 니코틴산 아마이드(nicotinic acid amide)의 총칭이다. 생체 내에서는 NAD 및 NAD에 인산이 결합한 NADP로 변환되어 여러 산화환원효소의 보효소로 작용한다. 나이아신은 생체 내에서 트립토판으로부터 합성되지만 충분한 양이 아니므로 식품으로부터 섭취해야 한다.

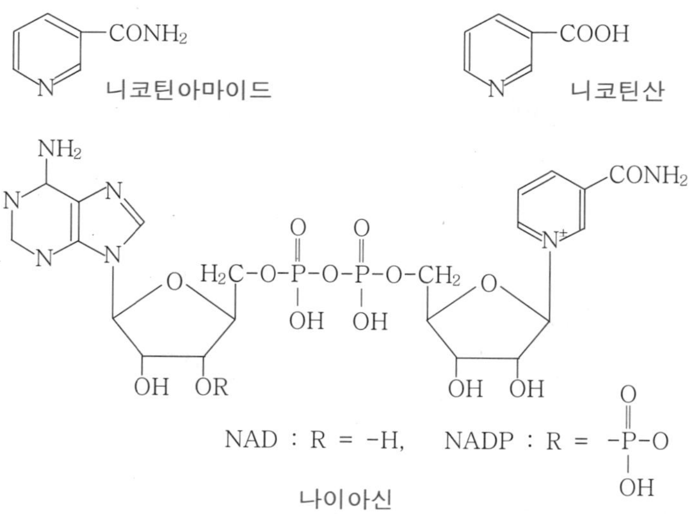

<그림 7-9> 나이아신과 NAD(P)의 구조

식물성 식품에는 니코틴산과 NAD가 함유되어 있고, 신선한 식품에는 NAD가 많다(그림 7-9). 식품중의 NAD는 소장에서 니코틴아마이드로 분해되어 흡수되고 체내에서 다시 NAD로 합성된다. 체내에서는 필수아미노산의 트립토판으로부터 1/60의 전환율로 합성된다. 1일 소요량은 성인남자가 17mg, 여자가 13mg이다.

안정성 : 열, 산, 알칼리, 빛, 산화에 안정하지만 수용성이기 때문에 물에 침지, 데치기, 찌기 등의 조리작업에 의한 손실을 주의해야 한다.

7.4.4. 비타민 B_6

비타민 B_6는 피리독신(pyridoxine), 피리독살(pyridoxal), 피리독사민(pyridoxamine) 이들의 인산에스터 화합물들의 총칭이다. 이들 6종의 비타민 B_6는 생체 내에서 효소작용에 따라 상호 전환된다. 동물성식품에는 피리독살과 피리독살인산이, 식물성식품에는 피리독신과 피리독신인산이 많다.

인산에스터는 소화관 내에서 인산부분이 가수분해되어 흡수되지만, 체내에서 다시 활성형의 피리독살인산(pyridoxal phosphate)으로 전환된다. 생체 내에서는 피리독살인산의 형태로 트랜스아미네이스(transaminase), 데카복실레이스(decarboxylase)의 보효소로서 아미노산의 대사와 신경전달물질의 생성에 작용한다.

비타민 B_6는 식품 중에 널리 분포되어 있고 사람의 장내세균에 의해 합성되므로 결핍증은 거의 일어나지 않지만, 단백질섭취량이 매우 많을 때에는 주의가 필요하다.

안정성 : 산성용액에 안정하지만 빛에 분해되기 쉽다.

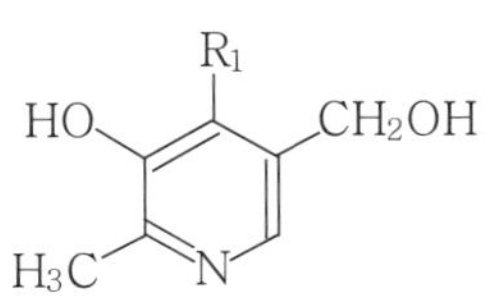

피리독신 : R_1 = $-CH_2OH$
피리독살 : R_1 = $-CHO$
피리독사민 : R_1 = $-CH_2NH_2$

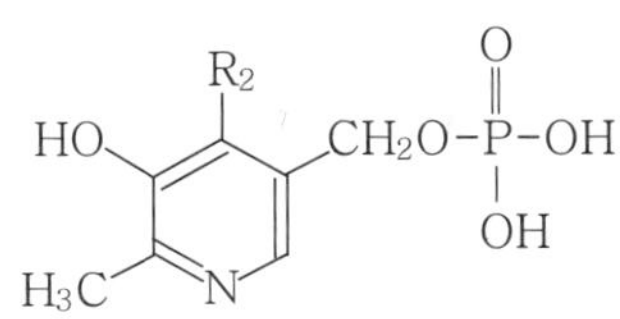

피리독신인산 : R_2 = $-CH_2OH$
피리독살인산 : R_2 = $-CHO$
피리독사민인산 : R_2 = $-CH_2NH_2$

<그림 7-10> 비타민 B_6의 구조

7.4.5. 비타민 B_{12}

복잡한 구조를 갖는 화합물군으로 코린환 중심에 1개의 코발트원자가 배위결합한 기본구조를 갖는다.

비타민 B_{12}는 보효소의 성분으로서 수소와 메틸기이동을 동반하는 효소반응에 관여한다. 보통의 식생활에서는 결핍되는 일은 거의 없지만, 소화관을 절단 제거한 사람, 위축성 위염의 고령자 등에서는 결핍되는 일도 있다.

안정성 : 열에 강하지만 알칼리성 용액에서 가열하면 분해한다.

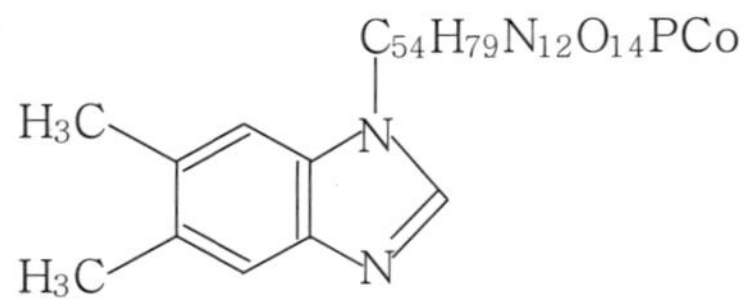

<그림 7-11> 비타민 B_{12}의 구조

7.4.6. 엽산(folic acid)

식품에 함유되어 있는 엽산은 5, 6, 7, 8-테트라하이드로엽산(tetrahydrofolic acid)과 그 유도체이다(그림 7-12).

엽산은 체내에서 흡수되면 보효소형의 엽산이 되어 핵산염기, 아미노산, 단백질 등의 생합성에 관여하는 보효소로 작용한다. 장내세균에 의해 합성된다.

안정성 : 빛, 열, 공기산화에 대해 불안정하여 쉽게 분해된다.

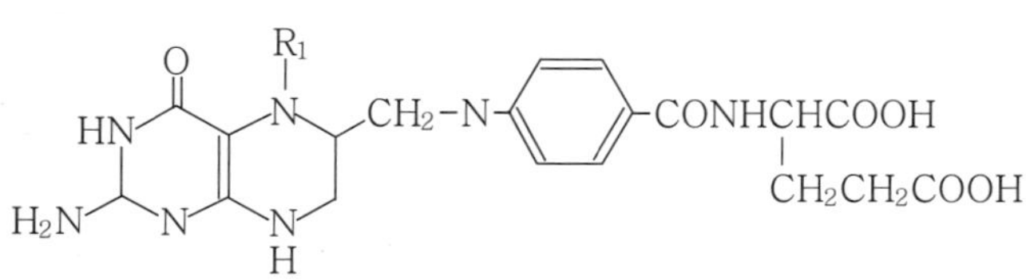

5, 6, 7, 8-테트라하이드로엽산 : R_1 = -H, R_2 = -H

유도체는 R_1과 R_2에, -H, -CHO, $-CH_3$, -CH=NH 등이 결합한다.

<그림 7-12> 엽산의 구조

7.4.7. 판토텐산(pantothenic acid)

식품중의 판토텐산은 아세틸화를 행하는 보효소 A(coenzyme A)의 구성성분으로 지질, 당질, 단백질 대사에 관여하는 효소의 보효소로 작용한다. 즉, 판토텐산은 체내에서 β-mercaptoethyl amine과 결합하여 판토테인이되며, 판토테인은 ATP와 결합하여 CoA(coenzyme)를 형성한다.

장내세균에 의해 합성되고, 또 식품에 널리 분포되어 있어 대부분 결핍증은 보이지 않는다.

안정성 : 산, 알칼리, 열에 쉽게 분해되나, 중성부근에서는 안정하다.

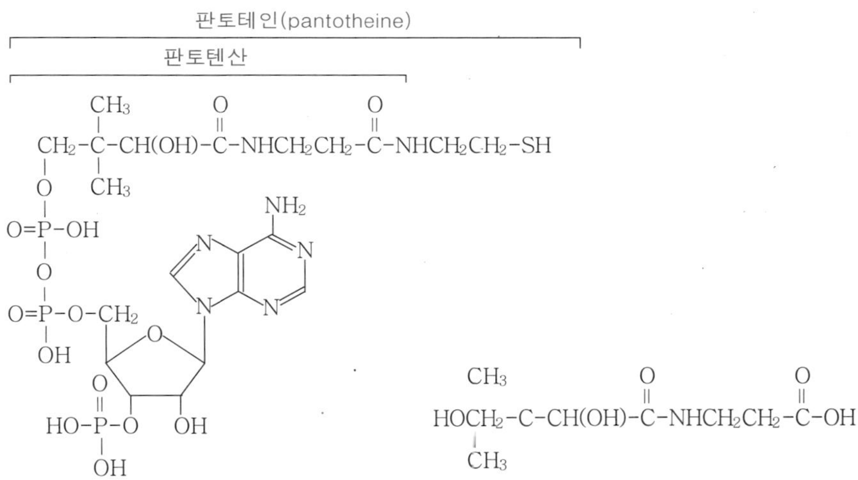

보효소 A　　　　판토텐산

<그림 7-13> 판토텐산과 보효소 A의 구조

7.4.8. 바이오틴(biotin)

식품 중의 바이오틴은 단백질 중의 라이신에 결합된 것이 많다. 이 결합형 바이오틴은 소화관내에서 유리바이오틴이 되어 흡수되고, 체내에서 다시 단백질과 결합하여 당, 지방산 합성, 아미노산 대사에 관여하는 보효소로 작용한다. 장내세균에 의해 합성, 공급되므로 보통의 식생활을 하면 결핍되는 일은 없다.

안정성 : 열, 빛, 알칼리에 대해 안정하다.

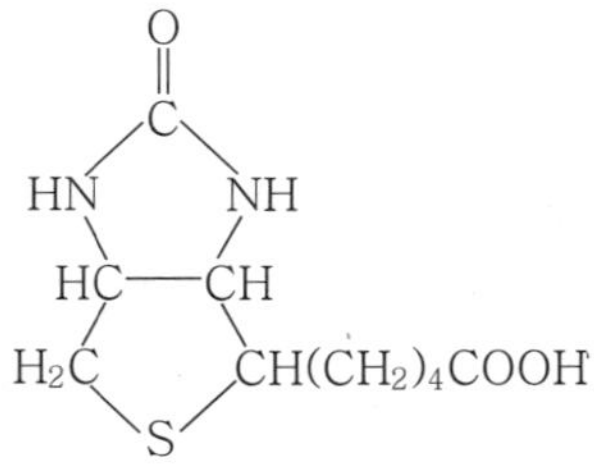

<그림 7-14> 바이오틴의 구조

7.4.9. 비타민 C(아스코브산, ascorbic acid)

수용성 비타민 중 비타민 B군에 속하지 않는 것이 비타민 C이다. 비타민 C는 환원형(아스코브산)과 산화형(데하이드로아스코브산)의 2종류가 있다(그림 7-13). 항괴혈병 인자로서 발견된 비타민 C는 콜라젠 생성, 카테콜아민의 생합성, 타이로신 대사에 관여한다.

콜라젠은 결합조직과 혈관 벽에 다량 존재하기 때문에 비타민 C가 부족하면 결합조직이 약해지고 잇몸이 붓고 출혈되기 쉬우며, 또 세균에 감염되기 쉬워진다. 이외에 발암성물질인 나이트로사민(nitrosamine)의 생성억제, 체내 해독작용, 백내장 예방 효과 등이 있다. 또 아스코브산은 3가 철을 환원하여 철의 흡수를 돕는 작용을 한다. 아스코브산은 강한 환원성이 있어 유지나 비타민 A 등의 산화방지제로서 이용되고 있다. 그 외에 육색의 고정, 갈변방지 등에 이용된다.

아스코브산
(환원형 비타민 C)

데하이드로아스코브산
(산화형 비타민 C)

<그림 7-15> 비타민 C의 구조

안정성 : 열, 빛, 알칼리성에서 쉽게 산화되고, 조리 중의 손실이 크다. 또 양배추, 당근, 오이, 가지, 호박 등의 채소에는 아스코브산 산화효소(ascorbinase)가 함유되어 있고, 아스코브산을 산화하여 데하이드로아스코브산을 생성한다. 이 효소는 조직이 파괴되어 공기 중의 산소에 접촉하면 활성화되기 때문에 채소 주스 등에 당근을 가하면 비타민 C가 손실된다.

오이나 당근과 혼합하고 싶을 때에는 채소에 뜨거운 물을 뿌리거나, 산이나 레몬즙을 뿌려 산성으로 하여 효소를 실활시키면 된다. 또 채소의 조리에는 일반적으로 삶기보다는 볶는 경우가 비타민 C의 손실이 적다(표 7-6). 1일 소요량은 성인이 100mg 이지만, 조리 상의 손실을 고려하면 충분한 양을 섭취할 필요가 있다.

<표 7-5> 조리에 의한 비타민의 잔존율

비타민	비타민 잔존율(%)	
	감자(40분간 찜)	시금치(3분간 데침)
카로틴	-	90
비타민 B_1	96	70
비타민 B_2	96	80
비타민 C	74	48

<표 7-6> 채소의 조리와 총 비타민 C의 잔존율

식 품	총 비타민C의 잔존율(%)			식 품	총 비타민C의 잔존율(%)		
	삶 음 (10분)	삶 음 (5분)	볶 음 (5분)		삶 음 (10분)	삶 음 (5분)	볶 음 (5분)
고구마	91	-	93	양배추	-	45	75
감 자	85	-	83	양 파	-	55	77
무	64	-	90	엽채류	-	40	75
연 근	77	-	72	가 지	-	50	77
우 엉	30	-	73	호 박	-	91	84

7.5. 비타민이 풍부한 식품

비타민은 식품의 종류에 따라 함유량이 다르기 때문에 각종 식품을 조합하여 섭취하는 것이 중요하다. 비타민 A를 많이 함유한 동물성식품에는 간장, 장어, 난황, 버터에 많다. 식물성 식품에는 파슬리, 당근, 쑥갓 등 녹황색채소에 카로틴이 많다(표 7-7).

<표 7-7> 비타민 A를 많이 함유한 식품

식 품	함유량(IU/100g)	식 품	함유량(IU/100g)
닭 간장	47,000	당 근	4,100
돼지 간장	43,000	쑥 갓	1,900
소 간장	40,000	버 터	1,900
장어(내장)	15,000	난 황	1,800
마가린	6,000	시금치	1,700
장 어	4,700	메추리알	1,500
파슬리	4,200	가공치즈	1,200

비타민 D는 버섯류나 어류에 많이 함유되어 있다(표 7-8). 버섯류에는 어고스테롤(ergosterol)로서 연어, 청어, 고등어, 꽁치 등의 어류에는 7-다이하이드로콜레스테롤(7-dihydrocholesterol)로서 함유되어 있다.

<표 7-8> 비타민 D를 많이 함유한 식품

식 품	함유량(IU/100g)	식 품	함유량(IU/100g)
목이버섯(건조)	16,000	까나리	600
아귀(간)	4,400	장 어	560
연 어	1,300	고등어, 꽁치	440
청 어	1,100	정어리	390
표고버섯(건조)	840	방 어	340

비타민 E는 식물성식품, 특히 소맥 배아유, 미강유, 해바라기씨유, 면실유, 옥수수기름 등의 식물성유에 많다. 동물성식품에도 널리 분포되어 있지만 함량은 적다. 불포화지방산이 많은 식사에서는 산화방지라는 관점에서 비타민 E를 충분히 섭취하는 것이 좋다.

비타민 K는 양배추, 시금치, 순무, 쑥갓 등에 함유되어 있지만 장내세균에 의해 합성되기 때문에 보통의 식생활에서 결핍되는 일은 거의 없다. 비타민 B_1은 효모, 배아, 정제되지 않은 곡류, 두류 등에 많다(표 7-9). 돼지고기는 동물성식품 중에서도 특히 우수한 공급원이다. 또한 비타민 B_1은 쌀겨에도 많기 때문에 현미는 비타민 B_1 섭취에 유효한 방법이다.

<표 7-9> 비타민 B_1을 많이 함유한 식품

식 품	함유량(mg/100g)	식 품	함유량(mg/100g)
강화미	125	땅 콩	0.85
쌀 겨	2.5	대 두	0.83
건조효모	2.3	장어구이	0.75
소맥맥아	2.1	로스 햄	0.60
돼지고기(등심)	1.34	잠두콩	0.50
돼지고기(넙적다리)	1.13	팥	0.45
김	1.15	간장(닭)	0.38
참 깨	0.95	장어내장	0.30
돼지고기(안심)	0.86		

비타민 B_2는 다량은 아니지만 광범위하게 동물성식품에 분포하고 있다. 특히 효모, 간장에 많으며, 그 외에 정어리, 고등어, 달걀, 치즈 등에도 비교적 많다(표 7-10).

<표 7-10> 비타민 B_2를 많이 함유한 식품

식 품	함유량(mg/100g)	식 품	함유량(mg/100g)
칠성장어	6.00	메추리알	0.72
강 화 미	5.00	말린정어리	0.55
건조효모	4.70	고등어	0.54
간장(소)	3.00	계 란	0.48
간장(닭)	1.80	가공치즈	0.38
표고버섯(건조)	1.70		

나이아신은 효모, 건조표고버섯, 땅콩, 간장, 육류, 어류에 많다(표 7-11). 트립토판으로부터 합성되기 때문에 트립토판의 섭취량이 많으면 결핍증은 일어나지 않는다.

비타민 B_6는 바지락조개, 함박조개, 굴, 대합 등의 조개류와 아귀 간, 가다랑어 등에 풍부하지만 비타민 K와 같이 장내세균에 의해서도 합성된다. 비타민 C

는 파슬리, 브로콜리 등의 채소류, 신선한 딸기, 키위, 감, 레몬, 감귤류 등의 과실류에 많다.

<표 7-11> 나이아신이 많은 식품

식 품	함유량(mg/100g)	식 품	함유량(mg/100g)
건조효모	35.0	뱅어포	8.5
표고버섯(건조)	18.0	소맥 맥아	7.0
땅 콩	17.0	돼지고기	6.2
말린 정어리	16.5	볶은 참깨	5.3
간장(돼지)	14.0	소고기	4.9
간장(소)	13.5	가자미	4.7
닭 가슴살	12.0	아몬드	3.5
고등어	9.7	대두, 팥	2.2
삼 치	9.5		

비타민 C는 다른 비타민에 비해 조리에 의한 손실이 크지만 서류의 비타민 C는 가열조리해도 비교적 안정하다(표 7-12).

<표 7-12> 비타민 C 효력이 높은 식품

식 품	함유량(mg/100g)	식 품	함유량(mg/100g)
구아바	270	카리후라워	65
파슬리	200	네블오렌지	60
브로콜리	160	청대완두	55
레 몬	90	연 근	55
피 망	80	양배추	44
딸 기	80	자 몽	40
키 위	80	밀 감	40
순 무	75	고구마	30
감	70	부 추	25
시금치	65	감 자	23

8장 | 식품의 색

식품의 색은 식품의 신선도나 상품가치를 판단하는 중요한 요인이며, 식욕에도 관계한다. 식품의 색이 퇴색하거나 변색정도에 의해 품질의 저하 정도를 알 수 있다. 또 가공, 저장식품의 색이 암갈색을 나타내는 경우에는 색소의 파괴 이외에 여러 식품성분의 변화를 간접적으로 추정할 수 있다. 또한 식품의 색은 요리의 채색을 증가시키고, 식욕을 증진시키는 중요한 성분이다.

사람이 색으로 인식할 수 있는 가시광선의 범위는 380~760nm 이다. 가시광선을 식품에 쪼이면 색소성분이 가시광선의 일정파장을 선택적으로 흡수한다. 우리는 흡수되지 않은 나머지 파장 광선을 식품의 색으로서 감지한다. β-카로틴은 400~500nm 부근의 파장을 흡수하기 때문에 우리는 등황색으로 인식하게 된다. 일반적으로 색소는 연속적인 발색단(공액이중결합 등)을 갖고 있고, 그 발색단의 길이가 길수록 장파장의 가시광선을 흡수한다. 산소와 질소 같은 독립전자대를 갖는 헤테로원자를 함유한 관능기(보조색단, 補助色團)가 결합하면 빛의 흡수는 더 긴 파장 쪽으로 이동한다.

8.1. 식품 색소의 분류

색소성분은 천연색소와 합성색소로 크게 나누어지고 또한 천연색소는 식물성색소와 동물성색소로 나누어진다. 여기에서는 천연색소에 관하여 설명하기로 한다. 식품 중에 함유되어 있는 주요 색소성분은 다음과 같다(표 8-1).

<표 8-1> 식품 중에 함유되어 있는 주요 성분과 그의 기원

색 소 성 분	색 조	기원 식품군
포피린계 색소		
클로로필	황녹~청녹	녹색채소류, 해조류, 향신료류
헴색소	적색	어류, 육류의 근육(마이오글로빈), 혈액(헤모글로빈)
카로테노이드계 색소	황등~적	곡류, 서류(고구마), 두류, 종실류, 채소류, 해조류, 향신료류, 어패류, 계란
플라보노이드계 색소		
플라보노이드	황색	곡류, 두류, 채소류, 과실류, 향신료류
안토시아닌	적등~청자	곡류, 서류, 두류, 채소류, 과실류

<표 8-1> 계 속

색소성분	색 조	기원 식품군
갈변색소		
폴리페놀 산화생성물	갈색	식물성식품 중, 폴리페놀옥시데이스의 작용, 비효소적산화에 의해 생성
멜라노이딘	갈색	아미노-카보닐반응에 의해 생성
캐러멜	갈색	당의 가열에 의해 생성

8.2. 식물성 색소

채소, 과실, 해조류 등 식물성식품 중에 존재하는 색소를 화학구조로 분류하면 클로로필, 카로테노이드와 플라보노이드, 안토시아닌 등으로 나눌 수 있다. 클로로필과 카로테노이드는 지용성색소이며 플라보노이드와 안토시아닌은 수용성 색소이다.

8.2.1. 클로로필(chlorophyll)

클로로필은 녹황색채소, 미성숙된 과일, 해조류에 함유되어 있는 지용성 색소로 엽록소라고도 한다. 건조된 녹엽의 약 1%를 차지하며, 보통 단백질과 결합하여 존재하며, 광합성을 한다. 단백질과의 결합은 가열변성에 의해 쉽게 절단된다.

클로로필에는 클로로필 a, b, c, d가 있다. 보통 녹조, 고등식물에서는 클로로필 a와 클로로필 b가 약 3 : 1에서 2 : 1의 비율로 존재한다.

클로로필 a는 청록색을, 클로로필 b는 황녹색을 나타내지만, 보통 식물체에서는 카로테노이드와 공존하여 전체적으로 녹색을 나타낸다. 클로로필 c와 d는 일부 해조류에서 발견된다. 다시마와 미역 등의 갈조류에는 클로로필 a와 c가 , 홍조류에는 a와 d가 존재한다.

1. 클로로필의 구조

클로로필의 기본골격은 포피린(porphyrin)환이며, 그 중심에 마그네슘(Mg^{2+})이 존재한다. 클로로필 a, b의 차이는 포피린의 외곽에 붙어있는 치환기에 따라 일어나며, 기본적인 화학적 성질에는 차이가 없다.

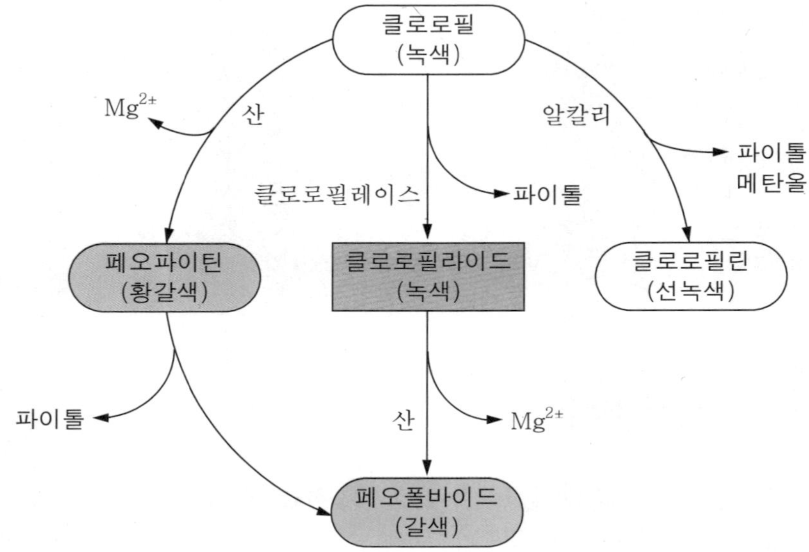

<그림 8-1> 클로로필의 구조

2. 클로로필의 변색과 색

클로로필은 산에 불안정하여 쉽게 마그네슘이 수소와 치환하여 황갈색의 페오파이틴이 되고, 계속 파이톨(phytol)이 가수분해 되어 페오폴바이드(갈색)를 생성한다. 채소 중의 클로로필은 단백질과 결합되어 있어 산에 비교적 안정하지만, 가열에 의해 단백질이 변성되면 불안정하게 되어 쉽게 변색된다.

	R1	R3	R2	R4	
클로로필 a(청록색)	$CH{=}CH_2$	CH_2CH_3	CH_3	$CH_2CH_2COOC_{20}H_{39}$	
클로로필 b(황록색)	$CH{=}CH_2$	CH_2CH_3	CHO	$CH_2CH_2COOC_{20}H_{39}$	
클로로필 c_1	$CH{=}CH_2$	CH_2CH_3	CH_3	$CH{=}CHCOOH$	C_7~C_8: 이중결합
클로로필 c_2	$CH{=}CH_2$	$CH{=}CH_2$	CH_3	$CH{=}CHCOOH$	C_7~C_8: 이중결합
클로로필 d(청록색)	CHO	CH_2CH_3	CH_3	$CH_2CH_2COOC_{20}H_{39}$	

<그림 8-2> 클로로필의 변화와 색

한편 약알칼리성에서는 안정하여 마그네슘의 수소치환은 일어나지 않고, 녹색이 그대로 유지된다. 알칼리성 용액 중에서 가열하면 에스터가수분해에 의해 메탄올, 파이톨이 떨어지면서 짙은 녹색의 수용성 클로로필린을 형성한다.

식품조직이 파괴되면 클로로필레이스(chlorophylase)의 작용에 의해 파이톨이 떨어져 클로로필라이드(녹색)을 형성한다. 계속하여 산성조건에서는 마그네슘이 떨어져 페오폴바이드(pheophorbide)가 되기 때문에 녹색채소를 가공할 때는 브렌칭하여 효소를 불활성화하여 퇴색을 막을 필요가 있다.

3. 동클로로필

클로로필 구조 중의 마그네슘을 구리 또는 철로 치환시키면 안정된 화합물이 되어 녹색을 유지한다. 동클로로필은 지용성색소이며, 이것을 알칼리처리하면 수용성의 동클로로필 나트륨염이 된다.

동클로로필은 클로로필에 비해 산과 빛에 안정한 색소로 완두콩 통조림을 비롯하여 채소, 과실류의 저장품, 다시마, 껌 등의 착색료로 이용되고 있다. 또 냄새제거효과가 있어 입 냄새 방지로 치약 등에도 사용되고 있다.

8.2.2. 카로테노이드(carotenoid)

1.카로테노이드의 구조

카로테노이드는 황, 오렌지, 적색의 지용성 색소로 동식물에 널리 존재한다.

8개의 아이소프렌(isoprene) 단위로 구성되는 탄소 수 40개의 테트라터펜(tetraterpene)구조를 기본골격으로 하며, 분자 중에 많은 트랜스형의 공액이중결합을 갖고 있다. 이것이 황등색이나 적색을 나타내는 원인이 된다.

이중결합의 수가 많을수록 더 붉은 색을 나타낸다(예: 라이코펜은 β-카로틴보다 더 붉다). 반대로 공액형 이중결합의 숫자가 감소하면 노란색이 증가한다(예 β-카로틴은 α-카로틴 보다 옅은 오렌지색이다). 또한 카로테노이드는 클로로필과 공존하는 경우가 많기 때문에 시금치 등의 녹색채소는 카로틴을 함유하더라도 녹색으로 보인다.

과실이 숙성하면 클로로필이 분해되면서 카로테노이드의 황등색이 나타난다. 이 현상은 토마토와 감귤이 숙성으로 녹색에서 황색 또는 적색으로 변화되거나, 식물 잎의 홍엽 등에서도 알 수 있다. 녹색이 짙은 채소에는 β-카로틴이 많고, 그 함량은 녹색과 높은 상관관계를 갖고 있어 녹색의 농도는 β-카로틴의 함량을 아는 지표가 될 수 있다.

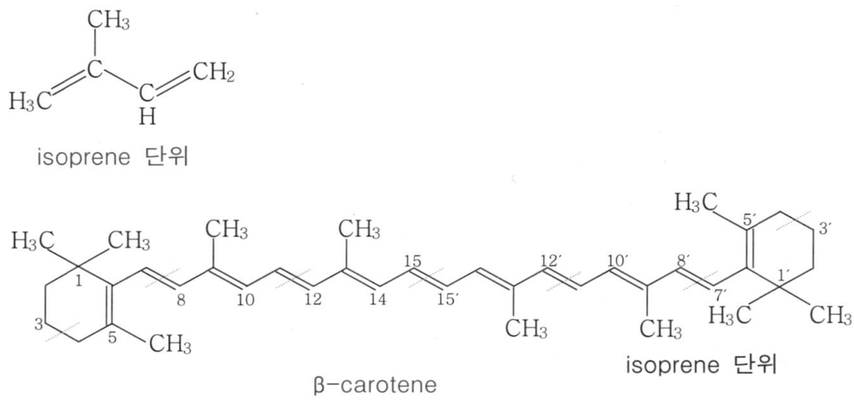

<그림 8-3> 카로테노이드의 구조

2. 카로테노이드의 분류

카로테노이드는 탄화수소로만 구성된 카로틴류(carotenes)와 수산기나 카보닐기를 갖는 잔소필류(xanthophylls)로 크게 분류된다. 카로틴류는 물, 에탄올에 잘 녹지 않지만 석유에테르에 잘 녹으며, 잔소필류는 반대로 석유에터에는 녹지 않지만 에탄올에는 녹는 용해성을 갖는다.

카로틴류 중 β-요논구조(β-ionone)를 갖는 α-, β-, γ-카로틴과 잔소필류의 크립토잔틴(cryptoxanthin)은 체내에서 비타민 A 효력이 있고, 프로비타민 A라고 부른다. 이들 중에서 가장 중요한 것은 β-카로틴으로 레틴올(retinol)이 2분자 결합한 구조를 갖고 있다. β-카로틴을 섭취하면 소장점막에서 2분자의 레틴올로 전환, 흡수된다. 그러나 β-카로틴은 장관에서의 흡수가 좋지 않아 체내의 비타민 A 효과는 1/3이 된다(단 모유의 경우는 예외적으로 흡수되기 쉽다). 녹황색채소라고 하면 원칙적으로 가식부 100g 중에 카로틴 600μg 이상을 함유한 것을 말한다. 토마토나 수박의 적색 색소인 라이코펜은 비타민 A의 효력은 없다.

카로테노이드는 산, 알칼리에 안정하나, 산소와 빛에 의하여 산화되어 퇴색된다. 그러나 식품 중에서는 단백질이나 당질에 의해 보호되어 있기 때문에 보통의 조리 과정에서는 다소 변색은 있으나, 클로로필만큼 심하게 변화되지는 않는다.

식품의 냉동, 건조저장 중의 카로테노이드의 변색 방지를 위해서는 산화효소를 불활성화를 위한 브렌칭이 필요하다. 또 공기 존재 하에서 빛을 쪼이면 퇴색되기 때문에 빛을 피하고 진공포장, 항산화제 첨가 등으로 산소의 영향을 막어야 한다.

<표 8-2> 대표적인 식물성 카로테로이드

	명칭	색	구 조	소 재
카로틴	α-카로틴	황등색	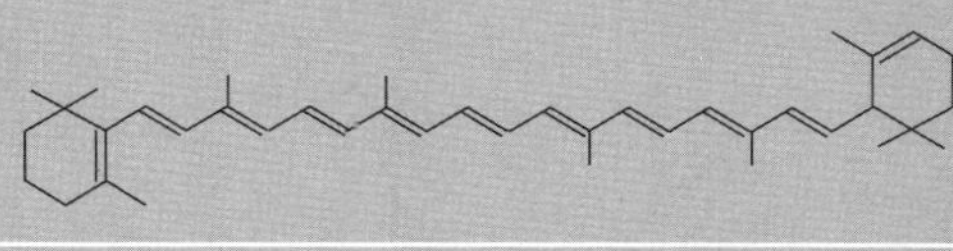	당근, 오렌지, 녹색채소
	β-카로틴	황등색	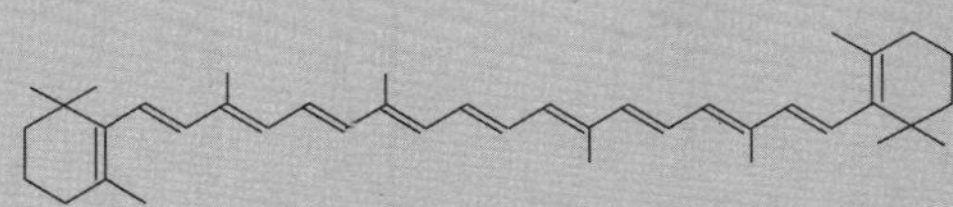	당근, 고구마, 호박, 난황, 오렌지, 녹색채소
	γ-카로틴	황등색	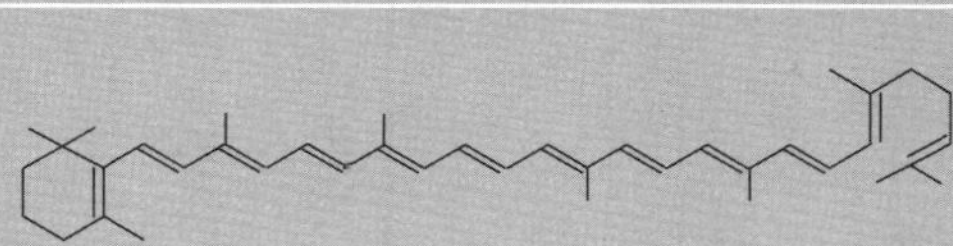	살구
잔소필	라이코펜	적색	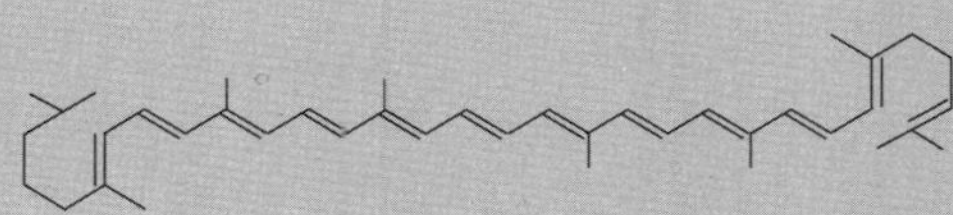	토마토, 수박, 감
	루테인	황등색	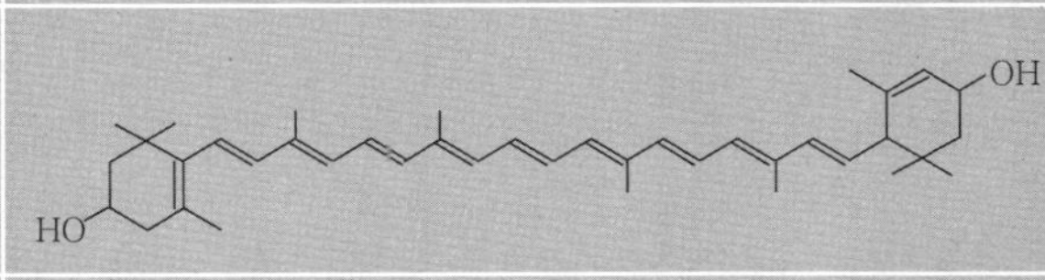	녹색채소, 난황, 옥수수, 오렌지, 호박
	크립토잔틴	황등색	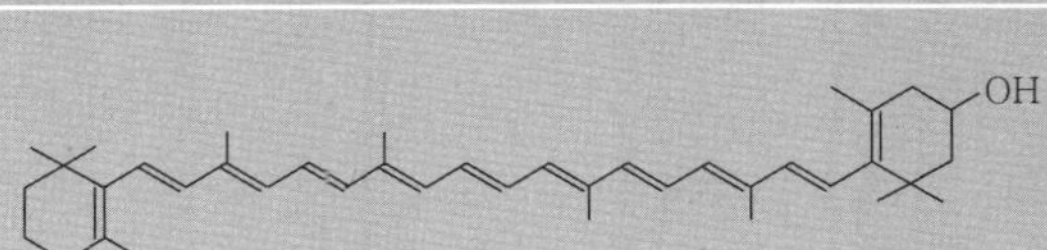	감, 옥수수, 오렌지, 귤
	비오라잔틴	황등색	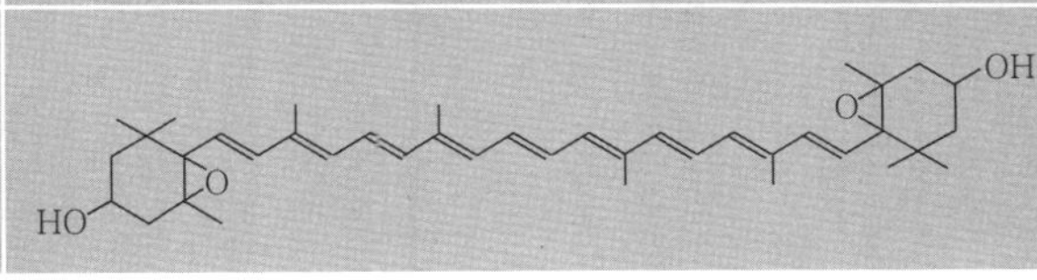	자두, 고추, 녹색채소, 감귤류

(표 8-2 계속)

<표 8-2> 계 속

	명칭	색	구 조	소 재
잔소필	제아잔틴	황등색	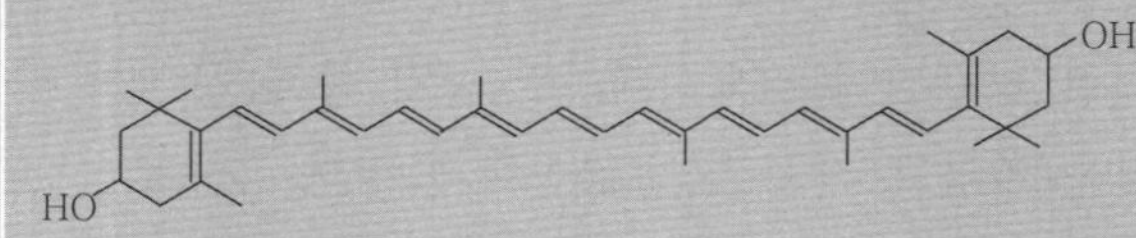	옥수수, 오렌지
	캡사이신	적색	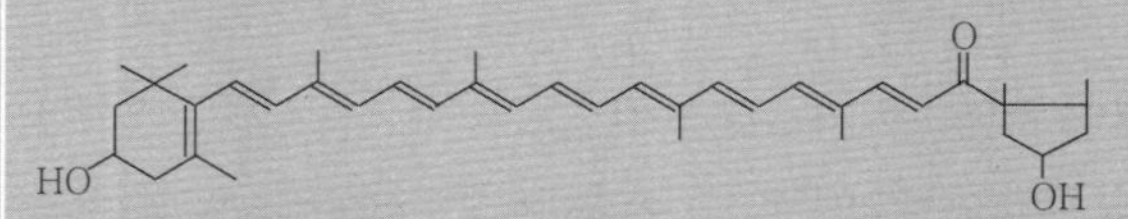	고추, 피망
	β-아포-8′-카로테날	적등색	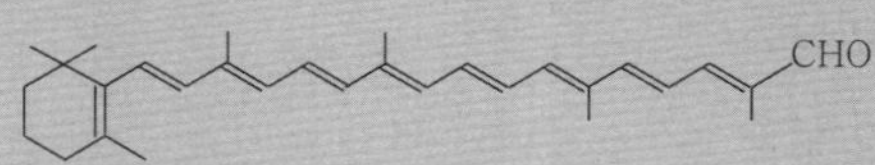	오렌지
	크로세틴	황등색	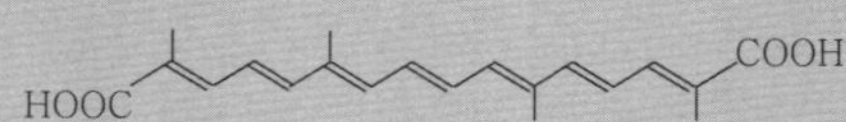	사프란, 치자나무
	프로잔틴	황등색	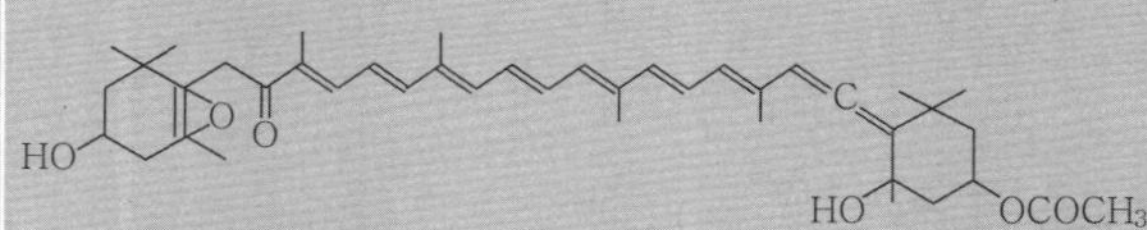	다시마, 미역
	빅신	적색	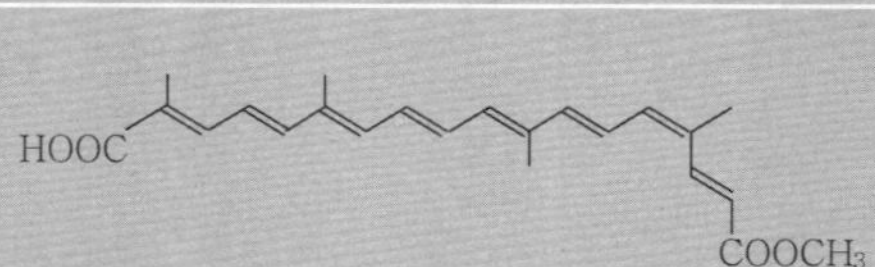	아나토과실

채소를 삶을 때의 카로틴 감소율은 10~25% 정도이다. 그러나 기름에 볶으면 표면이 기름으로 둘러싸여 산화를 방지하고, 또 지용성 비타민이기 때문에 유지와 함께 섭취하면 흡수도 쉬워진다(표 8-3).

식용색소로서 천연물에서 추출한 카로테노이드를 이용한다. 베니키노 종자의 적색색소 빅신(bixin)과 노빅신(norbixin)은 버터, 마가린, 치즈 등의 유지식품에 이용되며, 이들 색소의 K 염 또는 Na 염은 수용성 색소로서 햄, 소시지, 된장 등에 사용하고 있다.

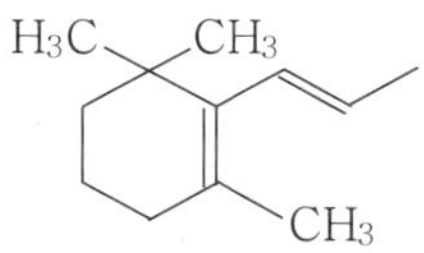

β-요논(β-ionone)의 구조

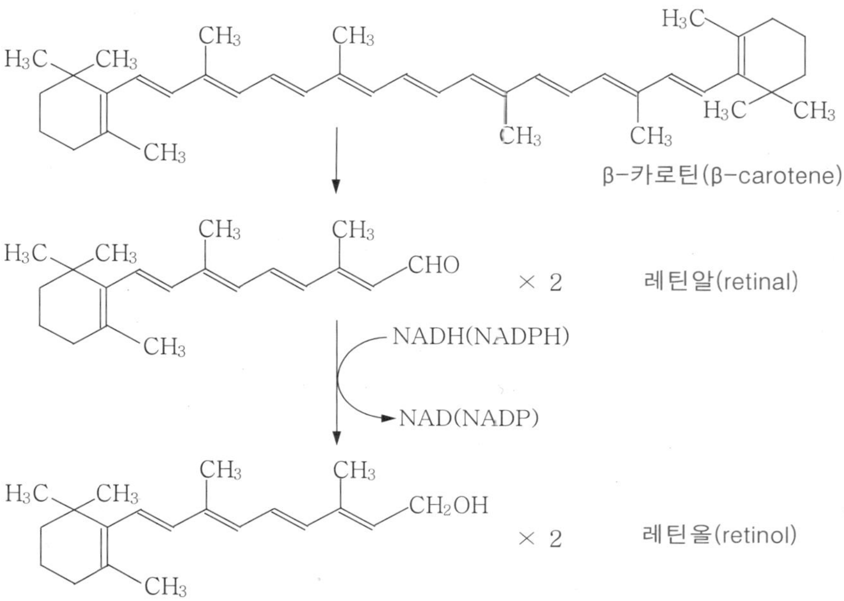

<그림 8-4> β-카로틴으로부터의 비타민 A(레틴올)의 생합성

<표 8-3> 조리에 의한 카로틴의 감소율(%)

식 품	조리법	처리시간(분)	카로틴감소율(%)
시금치	삶 기	3	10
	삶 기	10	25
	찌 기	5	5
	기름에 볶기	5	5
쑥 갓	삶 기	5	23
당 근	삶 기	10	0.3

8.2.3. 플라보노이드(flavonoid)

과일, 꽃 등에 널리 존재하는 무색 또는 염황색의 수용성 색소이며, 대부분 당과 결합한 배당체로 존재한다. 미산성에서 무색, 알칼리성에서 황색으로 변화하기 쉽다. 플라보노이드는 플라반(C_6-C_3-C_6, flavane)을 기본골격으로 4개의 산화형태에 따라 플라바논(flavanone), 플라본(flavone), 플라반올(flavan-ol), 플라바논올(flavanonol), 플라본올(flavonol)로 분류된다. 가장 중요한 것은 플라본과 플라본올이며, 이들은 모두 2위치와 3위치의 탄소사이에 이중결합을 갖는다.

플라본의 대표적인 것으로는 감귤의 헤스페리딘, 양파껍질의 퀘르세틴, 메밀과 차의 루틴 등이 있다. 양끝의 벤젠환을 각각 A환, B환이라 부르며, 중간의 γ-파이론(γ-pyrone)을 C환이라고 부른다. 보통 A환의 5, 7위치에 수산기가 결합한 것이 많다. 또 B환의 3위치 또는 7위치에 수산기가 결합한 것이 많아 폴리페놀화합물에 포함된다.

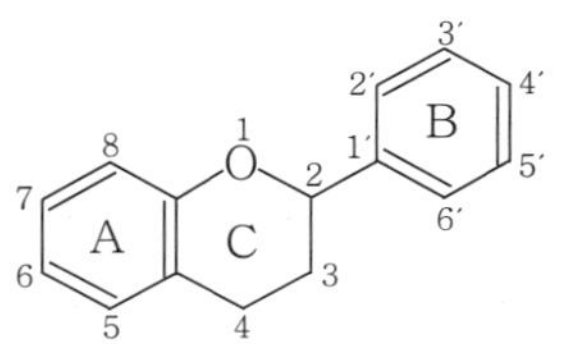

플라반(무색)

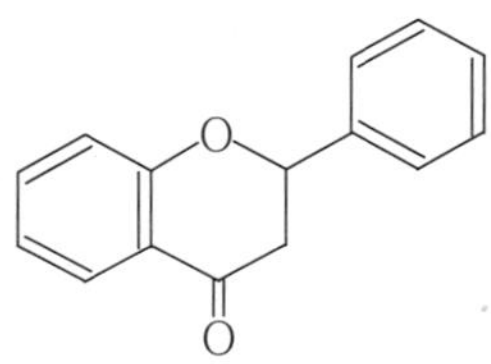

플라반올(무색)

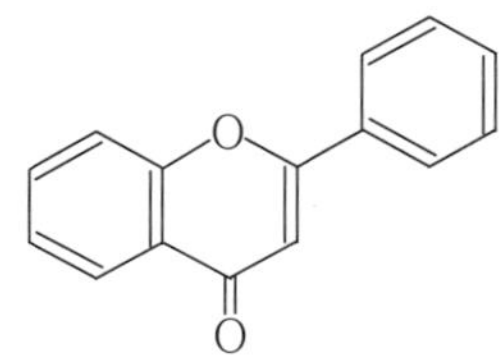

플라본(담황~황)

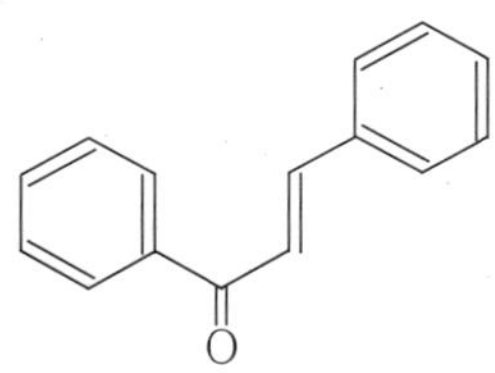

칼콘(황색)

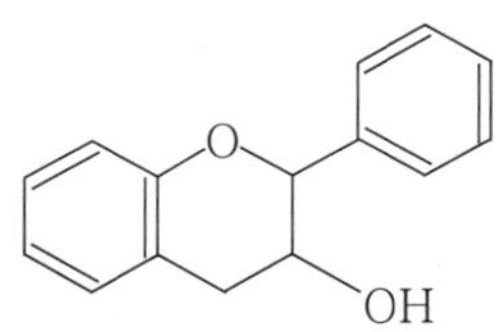

플라반올(무색)

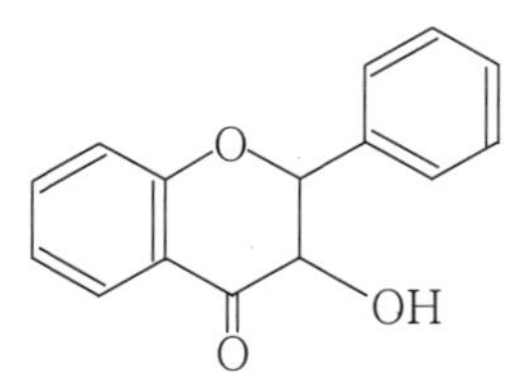

플라바논올(무색)

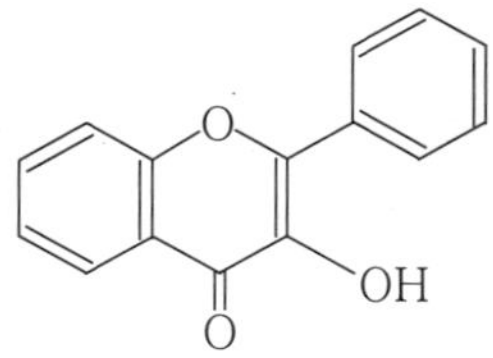

플라본올(담황~황)

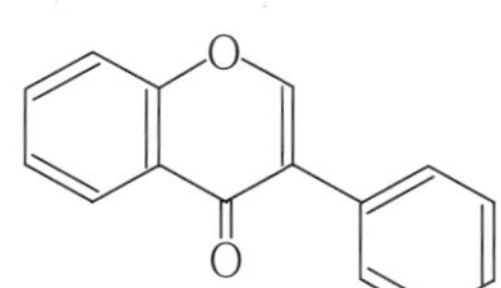

아이소플라본
(무색, 대두 및 콩 제품에 많다.)

<그림 8-5> 대표적인 플라보노이드의 기본골격

기본골격	플라보노이드의 구조, 색, 소재	
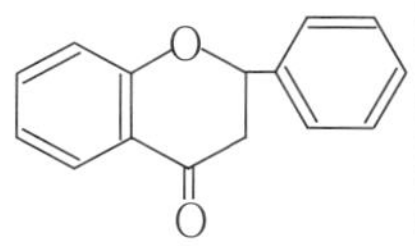 플라바논 (flavanone)	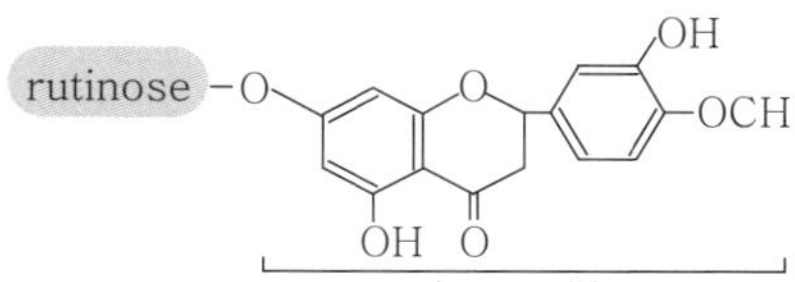 hesperitin hesperidin(무색) [감귤류]	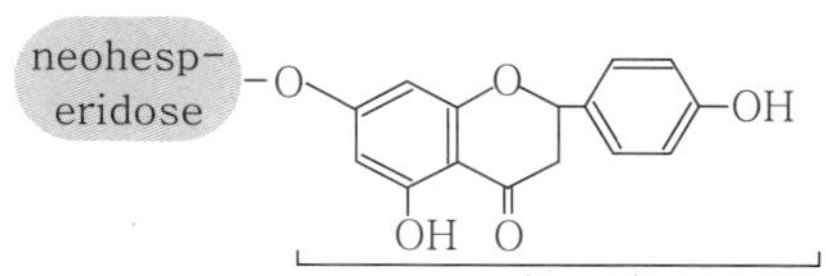 naringenin naringin(무색) [감귤류]
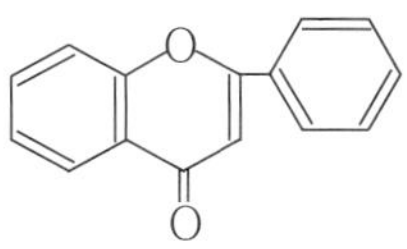 플라본 (flavone)	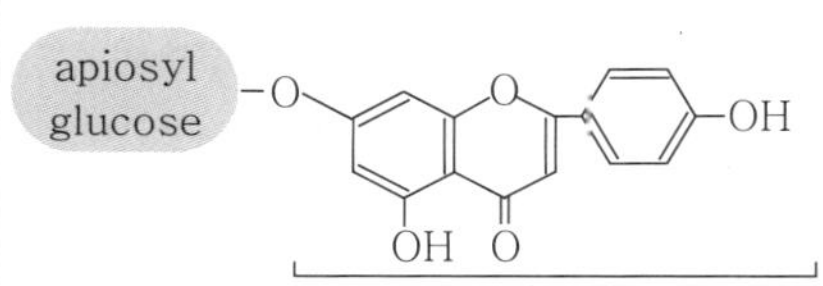 apigenin apiin(담황색) [파슬리 등]	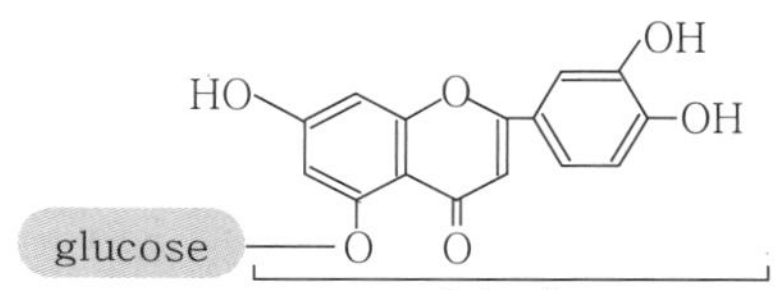 luteolin galuteolin(황색) [쇠뜨기 등]
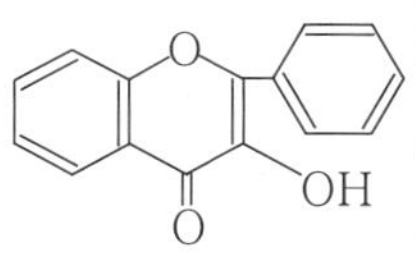 플라본올 (flavonol)	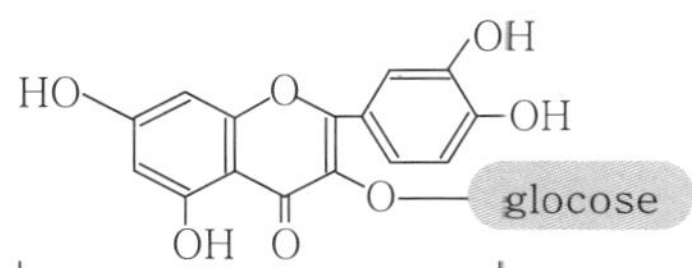 quercetin rutin(담황색) [메밀 등]	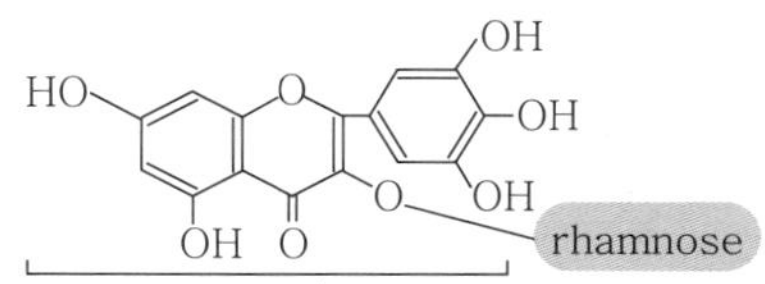 mycetin myricitrin(황색) [소귀나무 등]
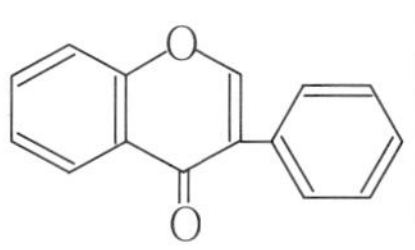 아이소플라본 (iosflavone)	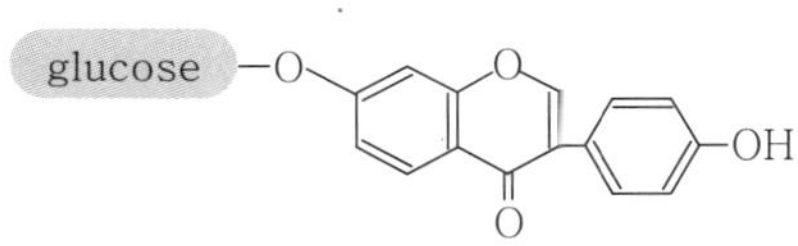 daidzein daidzin(담황색) [대두 등]	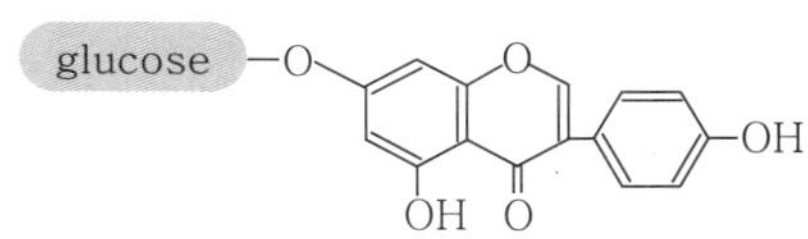 genistein genistin(무색) [대두 등]

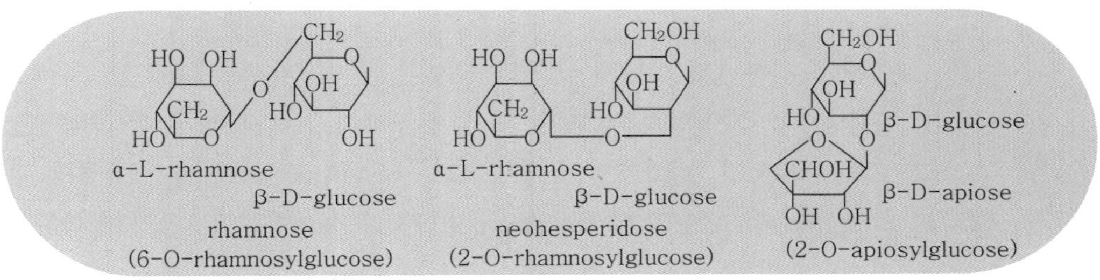

<그림 8-6> 식품 중에 함유되어 있는 주요 플라보노이드

플라보노이드는 대부분 당과 결합한 배당체의 형태로 존재한다. 플라본은 C_7 위치의 수산기에, 플라본올은 탄소 3위치의 수산기에 당이 결합하여 배당체로 존재한다. 당 부분으로서는 포도당 갈락토오스, 람노오스(rhamnose) 등의 단당류와 루티노오스(rutinose), 아피오실글루코오스(apiosylglucose) 등의 이당류가 있다.

아글리콘은 황색을 나타내지만 배당체가 되면 무색이 되는 경우가 많다. C_2~C_3 이중결합의 플라본, 플라본올의 대부분은 340mm 보다 장파장에서 흡수극대를 보이는 담황색~황색을 나타낸다. 한편 C_2~C_3이 포화되어 있는 플라반올, 플라바논올 및 아이소플라본은 가시광선 영역에 흡수되지 않는 무색이다.

플라보노이드는 배당체의 경우 산에는 안정하나 알칼리에 쉽게 가수분해 된다. 강한 알칼리에 의해서는 그 구조가 변화하여 칼콘(calcone)을 형성하며, 짙은 황색을 나타낸다.

예를 들어 밀가루에 탄산수소나트륨을 넣어 빵을 만들 때 황색이 짙어지거나, 삶은 감자, 양파, 양배추 등의 색이 노랗게 변하는 것은 이 때문이다. 한편 구리, 철 등의 금속과 결합하여 흑갈색의 복합체를 형성하기도 한다.

8.2.4. 안토시아닌(anthocyanin)

안토시아닌은 포도, 가지의 자색, 딸기의 적색을 나타내는 수용성 색소로 배당체로 존재하며, 아글리콘부분은 안토시아니딘(anthocyanidin)의 기본골격을 갖는다. 안토시아닌은 안토사이니딘(anthocyanidin)의 1위치 산소가 옥소늄(oxonium)구조를 갖고 있는 것이 특징이다.

안토시아니딘에는 6개의 기본구조가 있으며, 그 색은 B환의 수산기의 수가 많을수록 자색이, 메톡시기(methoxyl group)의 수가 많을수록 적색이 짙어진다.

천연에는 시아닌계 배당체가 가장 많으며, 흑미, 자색옥수수, 팥, 자색고구마, 자색양배추, 자색양파, 차조기, 딸기, 블루베리 등에서 많이 발견된다. 당의 부분으로는 포도당, 갈락토오스, 람노오스, 아라비노오스 등의 단당류와 루티노오스(rutinose), 소포로오스(sophorose) 등의 이당류이다. 당의 결합위치는 아글리콘의 3위치의 수산기가 가장 많고, 5위치, 7위치의 수산기에도 결합한다. 당 부분에 하이드록시계피산, 하이드록시벤조산 등 방향족 유기산과 초산,

말론산 등 지방족 유기산이 1분자 이상 에스터 결합한 아실화안토시아닌도 있다. 당부분의 6번의 수산기가 에스터 결합하는 경우가 많다.

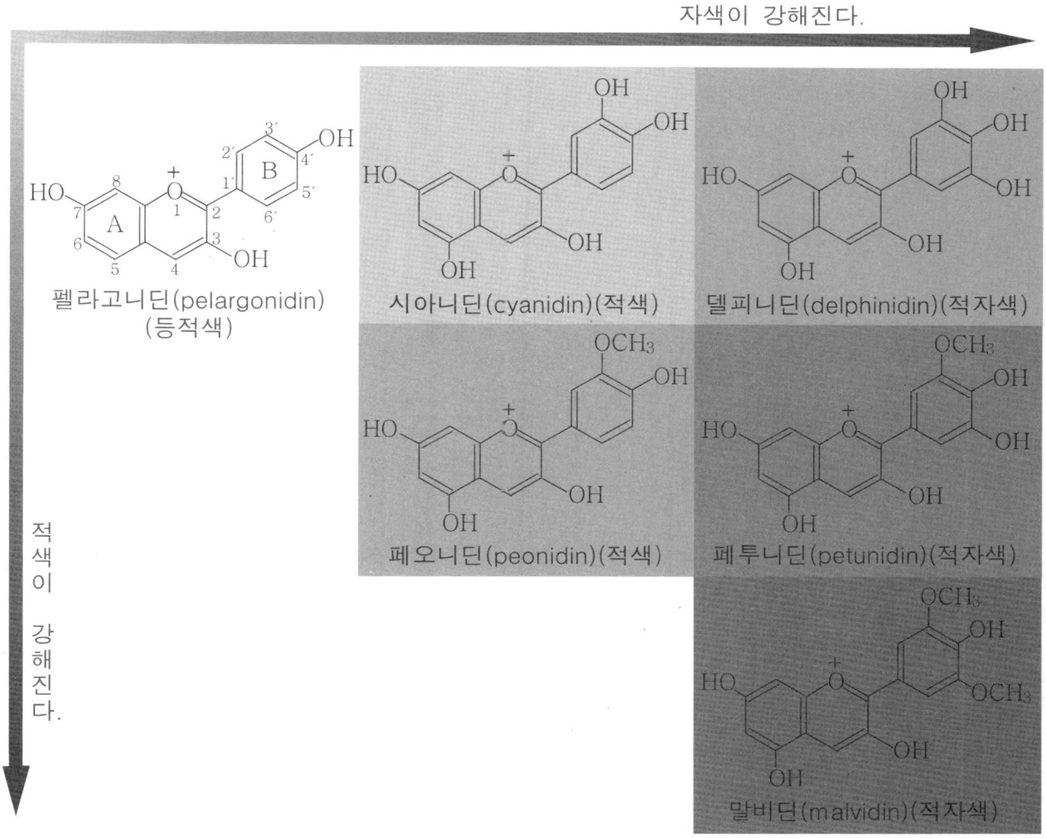

<그림 8-7> 안토시아닌의 기본구조(a)와 아실화안토시아닌의 예(b)

1. 안토시아닌의 안정성

1) pH

안토시아닌은 pH에 따라 색이 변한다. 안토시아닌은 분자 내에 공액이중결합을 갖고 있기 때문에, 산소원자가 +로 전하되어 공명구조로 변화되고 이로 인하여 pH에 따라 색이 변하게 된다.

pH 2~3의 산성영역에서는 적색을 나타내며 안정하다. pH 4 이상에서 중성영역에서는 탈수소로 불안정한 anhydro base가 된다. 또 경쟁적으로 2위의 수화가 일어나 무색의 pseudo base로 변화한다. 예를 들어 자색 차조기의 색소인 시아닌(cyanin)은 산성에서는 적색, 중성에서는 자색, 알칼리성에서는 청색을 나타낸다.

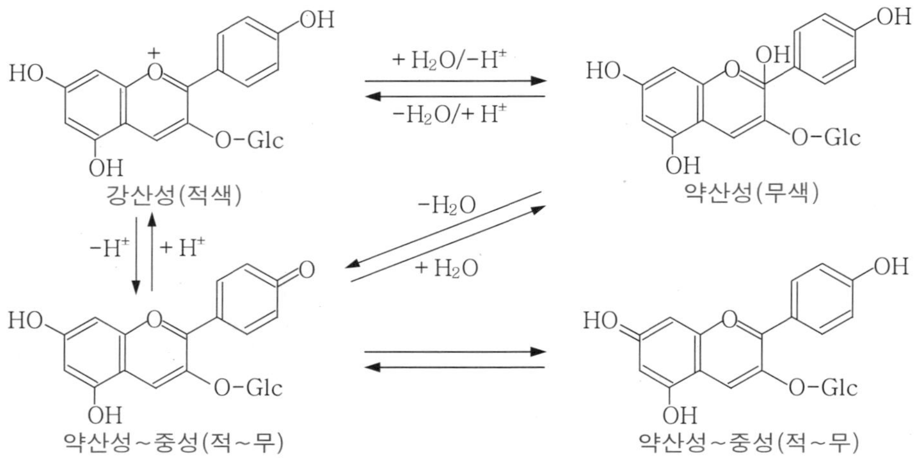

<그림 8-8> 안토시아닌의 pH에 따른 색과 구조의 변화

2) 금속

안토시아닌은 철, 주석, 알루미늄 등의 금속과 킬레이트를 형성한다. 안토시아닌의 B환에 수산기가 2개 이상 있으면 금속이온과 결합하여 착화합물을 형성한다. 일반적으로 금속원소의 종류와 결합하는 수산기의 위치에 따라 색이 다르지만, 킬레이트형에서는 흑갈색의 복합체를 형성한다. 예를 들면 적색 과일이나 채소를 통조림 할 때 내부에 에나멜을 입힌 깡통을 사용하는 것은 이 때문이다. 예외적으로 색을 안정화하여 더 선명하게 하는 경우도 있다. 가지를 절이거나 검정콩을 삶을 때 녹슨 철 못을 넣는 것은 철 이온에 의해 색을 유지하기 위해서이다.

3) 방향족 유기산 및 플라보노이드

안토시아닌은 방향족 유기산과의 아실화에 의해 열과 빛에 대하여 안정성이 증가한다. 안토시아닌딘과 방향족 유기산분자는 서로 소수결합에 의해 샌드위치형태의 회합을 하고, 그 바깥쪽을 친수성인 당 분자가 감싼다(분자 내 회합). 이 때문에 안토시아니딘의 수화반응이 억제된다.

아글리콘	안소니아닌의 구조, 색, 소재	
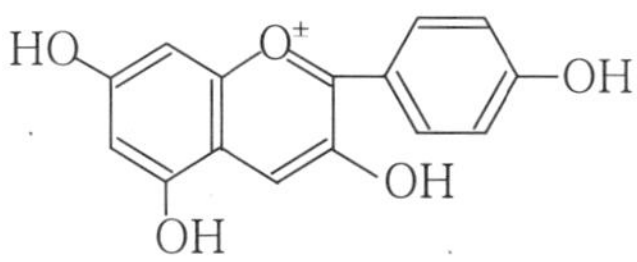 펠라고니딘(pelargonidin)	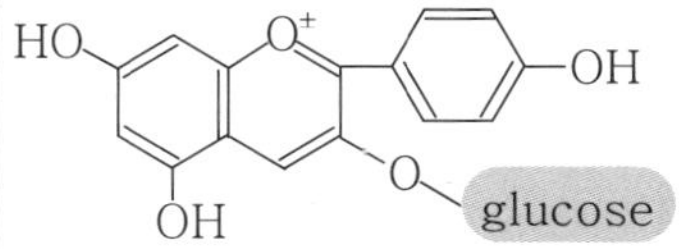 Callistephin(등적색) [딸기 등]	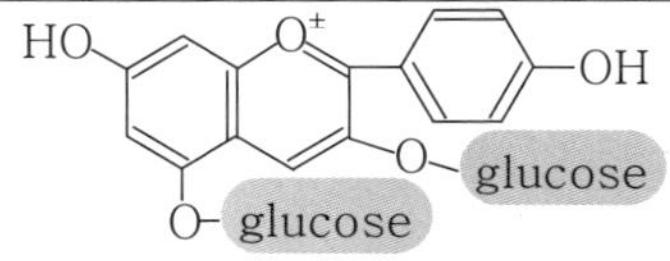 Pelargonin(주적색) [석류 등]
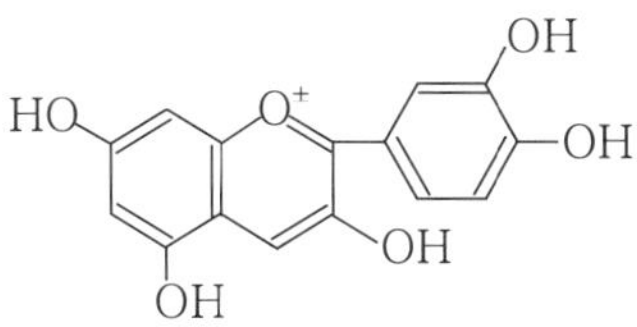 시아니딘(cyanidin)	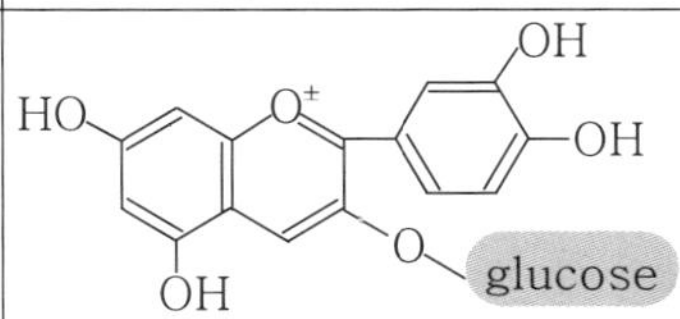 Chrysanthemin(암적색) [검은콩 껍질, 팥, 복숭아 등]	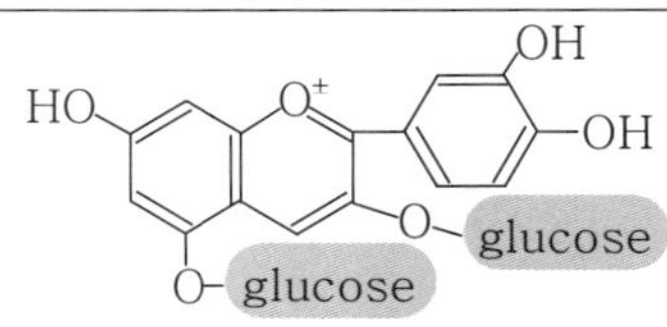 Cyanin(적갈색) [빨간순무, 무화과]
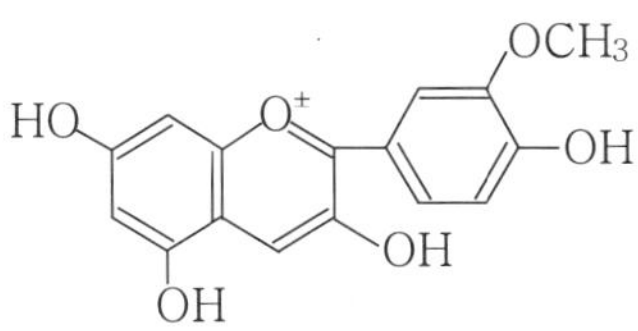 페오니딘(peonidin)	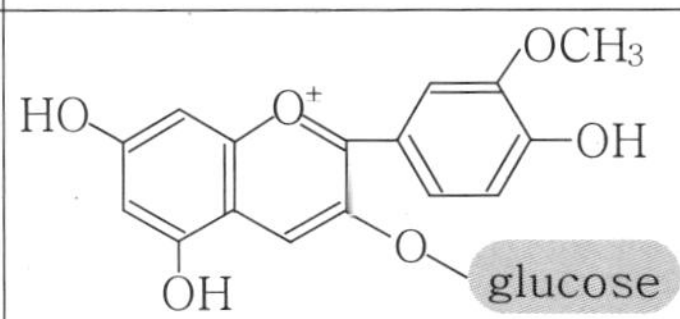 페오니딘-3-배당체(적자색) [토마토 등]	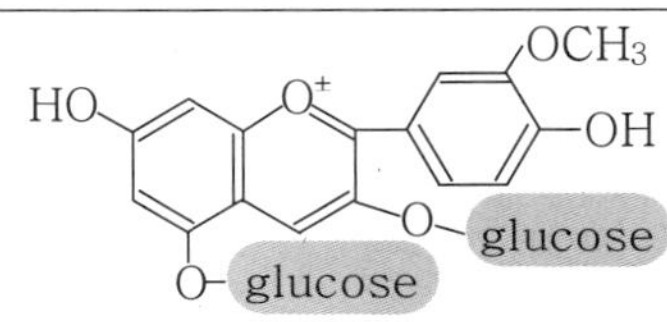 Peonin(짙은 자색) [핑크체리 등]
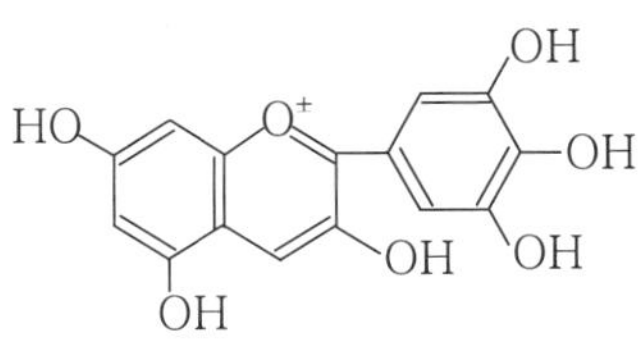 델피니딘(delphinidin)	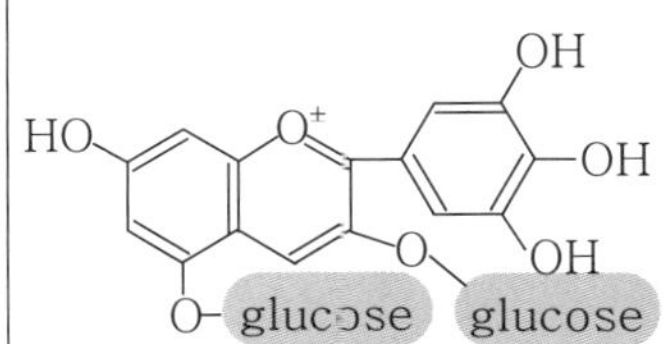 Delphin(자적색) [포도 등]	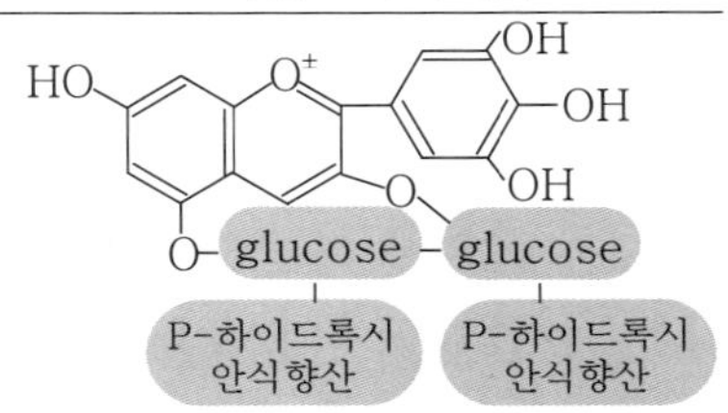 Delphinin(짙은 적갈색) [포도 등]
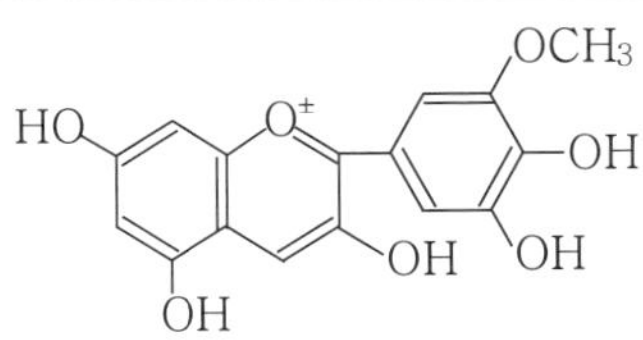 페투니딘(petunidin)	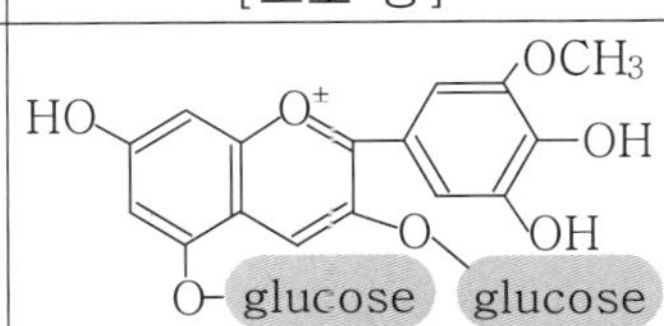 Petunin(자적색) [블루벨리 등]	
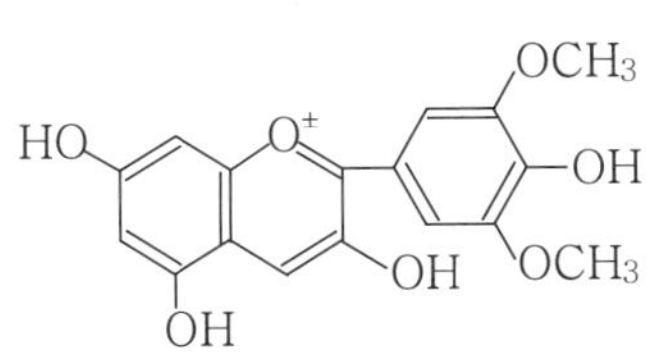 말비딘(malvidin)	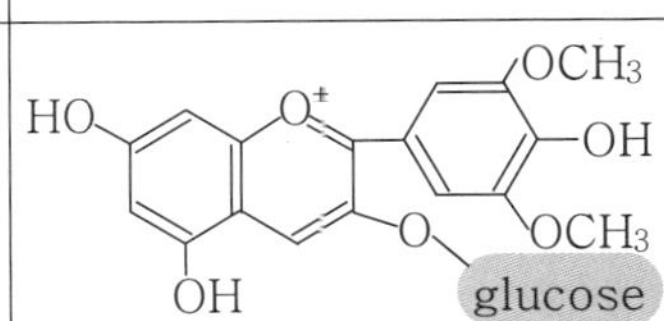 Enin(짙은 홍색) [포도 등]	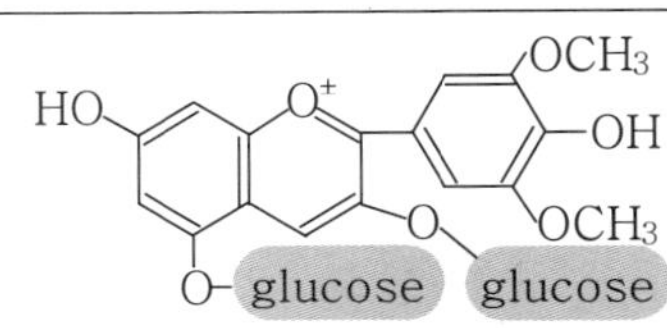 Malvin(적갈색) [포도 등]

<그림 8-9> 대표적인 안토시아닌

꽃에는 여러 당과 방향족 유기산이 결합된 큰 분자의 안토시아닌(분자량 1500 이상)으로 구성되어 있어 매우 안정하다. 또한 식물체 중에 존재하는 플라보노이드와의 소수결합이나 금속과의 킬레이트 결합도 안토시아닌을 안정화한다. 약산성임에도 불구하고 식물체 중에서 안토시아닌이 안정하고 아름다운 색조를 나타내는 것은 이 때문이다.

8.2.5. 타닌

타닌은 차, 홍차, 커피, 생강 등의 떫은맛에 관계하는 것으로 우엉, 연근 등에 많다. 타닌은 원래 무색이나 산화에 의해 갈색, 흑색, 붉은색을 나타낸다. 홍차의 적색은 찻잎 중의 카테킨류가 발효 중에 폴리페놀옥시데이스에 의한 산화로 테아플라빈 등의 타닌을 생성한 것이다. 또한 타닌은 떫은맛과 쓴맛을 갖고 있어 식품의 맛에도 영향을 미친다. 타닌도 안토시아닌과 마찬가지로 여러 가지 금속이온과 염을 형성하며 그 색깔은 회색, 갈색, 흑청색, 청녹색 등을 띠게 된다.

차나 커피를 경수(硬水)로 끓이면 갈색 또는 적갈색침전을 형성하는데, 이는 타닌과 경수(硬水)속의 금속이온과 불용성염을 형성하기 때문이다. 또한 타닌을 함유한 과일이나 채소의 통조림은 깡통에서 녹아나온 철성분에 의해 회색의 염을 만들고 통조림 내부에 소량의 산소가 포함되어 있는 경우 흑청색, 청녹색의 염을 만들어 변색된다.

8.2.6. 그 외의 색소

1) 커큐민(curcumin)

카레에 배합되고 있는 터메릭(Turmeric, 강황, 울금이라고도 함)의 지용성 황색색소이다. 분말로 그 색소는 황~적색이다. 다이케톤 화합물로 열에 안정하며, 단무지, 카레의 착색제로 이용된다.

2) 베타닌(betanin)

베타닌은 홍당무(red beet)의 뿌리 조직에 있는 색소로 안토시아닌과 비슷한 특성을 갖고 있으나, 질소를 함유하고 있다.

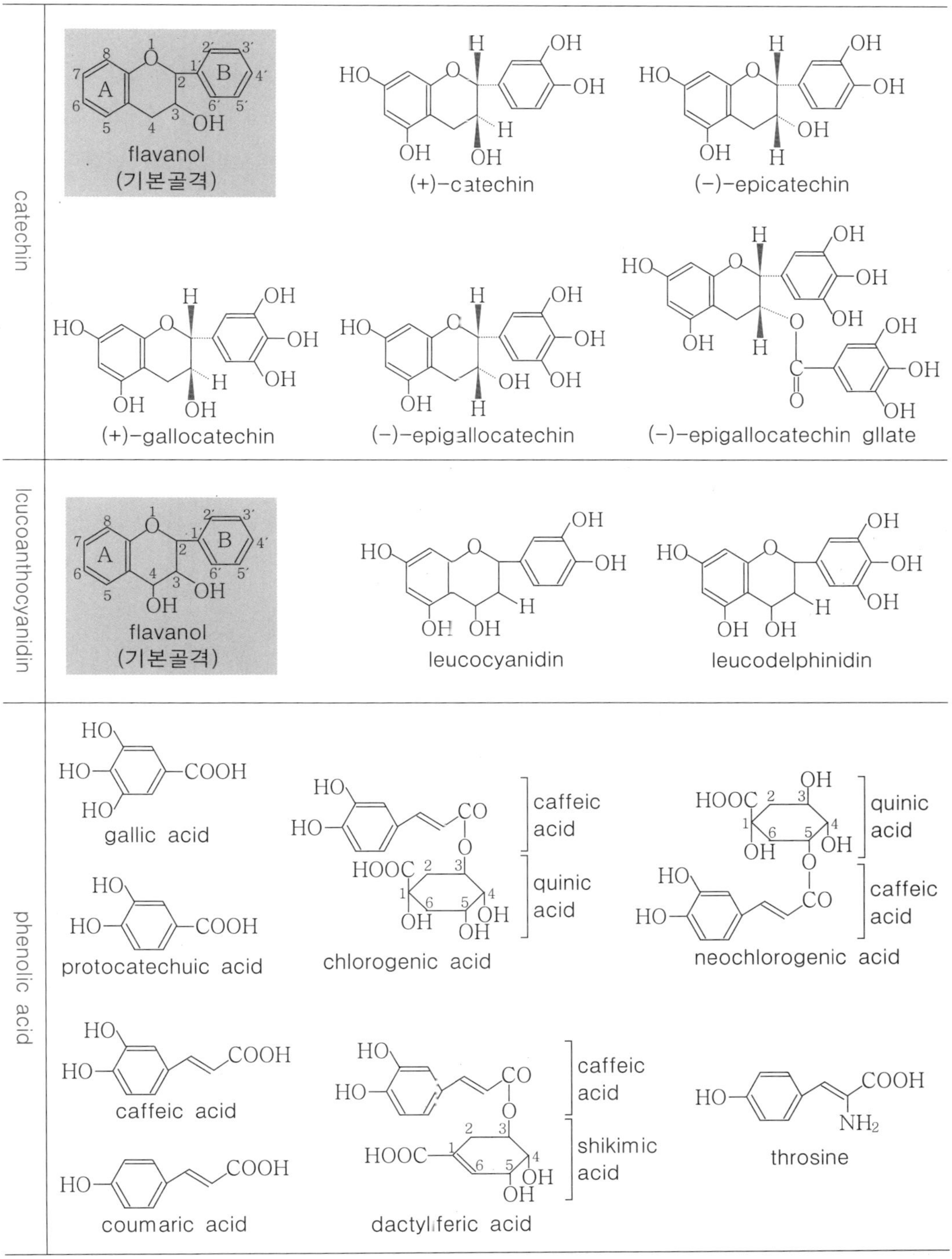

<그림 8-10> 대표적인 타닌

홍당무색소는 베타닌 이외에 이성체인 아이소베타닌 및 그들의 아글리콘인 베타니딘과 아이소베타니딘을 함유한다. 가장 중요한 붉은 색소는 베타닌이다. pH에 의한 색조변화는 적으나 열이나 빛에 대하여 불안정하기 때문에 장시간 가열하지 않는 식품의 착색에 이용된다. pH 4~7에 대체로 안정하다. pH 4 이하에서는 붉은색이 보라색으로, pH 10 이상에서는 노란색으로 변한다. 물에 잘 용해된다.

3) 키논계 색소

코치닐 색소(cochineal)와 락카인산(laccaic acid)은 곤충에서 추출한 적색 색소로 식품에 사용되고 있다. 특히 열이나 빛에 안정하여 과자류나 음료 등의 착색료로 이용되고 있다. pH에 의한 색이 변화하여 산성식품에서는 오렌지색, 중성에서는 적색을 나타낸다.

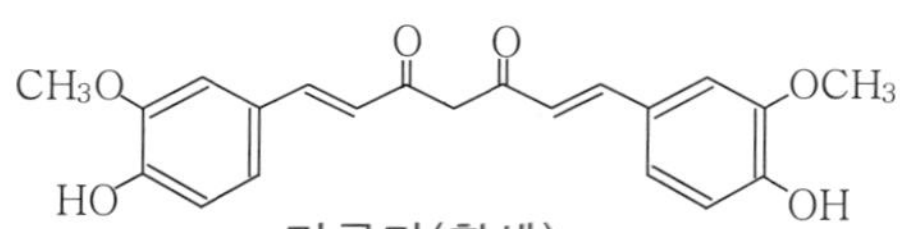

커큐민(황색)

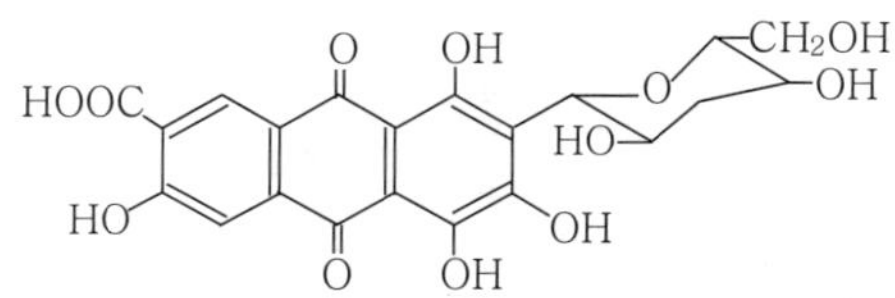

카르민산(등~적색)

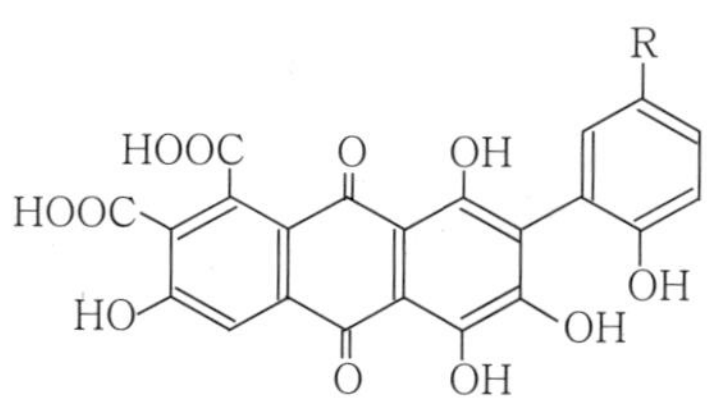

락카인산(등~적색)

A(R=$CH_2CH_2NHCOCH_3$)
B(R=CH_2CH_2OH)
C(R=$CH_2CHCOOH$)
NH2

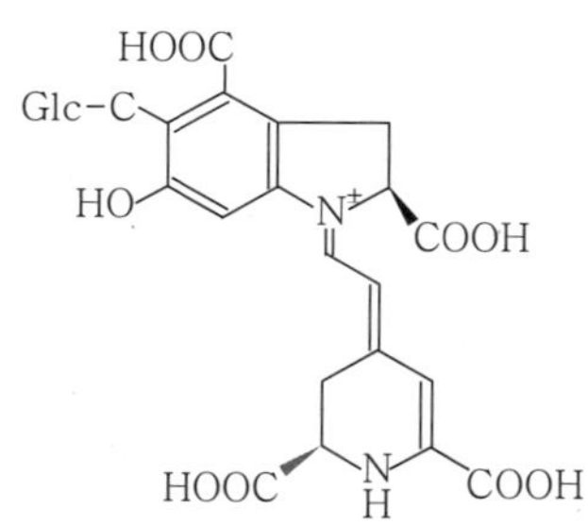

베타닌(적색)

<그림 8-11> 각종 천연색소 성분

8.3. 동물성 색소

8.3.1. 마이오글로빈(myoglobin)

식육이나 참치의 적색, 생선의 색은 근육 단백질인 마이오글로빈과 혈색소 단백질인 헤모글로빈에서 유래한다.

1. 마이오글로빈의 구조와 성질

마이오글로빈은 글로빈(globin)으로 알려진 단백질 부분과 헴(heme)으로 알려진 비단백질 부분으로 구성되어 있다. 마이오글로빈은 1분자의 단백질에 1분자의 헴이 결합한 구조로 분자량은 약 17,000, 철의 함량은 0.34% 이다.

헤모글로빈은 4개의 subunit로 구성되어 있는 분자량 68,000 정도의 단백질이며, 1개의 subunit(글로빈)에 1분자의 헴이 함유되어 있다. 식육중의 색소는 대부분 마이오글로빈이며 헤모글로빈은 전체색소의 10% 정도이다.

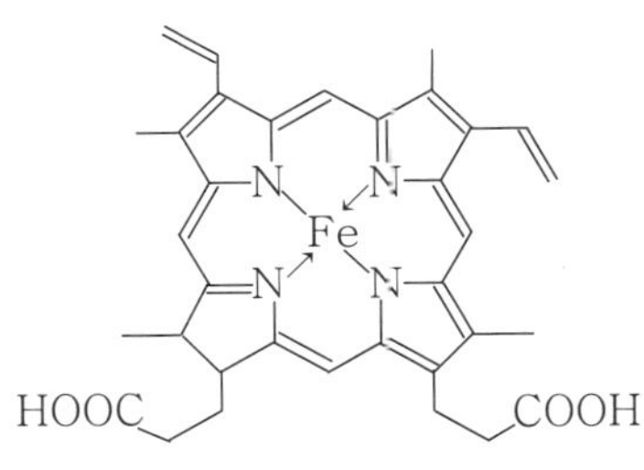

<그림 8-12> 헴의 구조

2. 마이오글로빈의 변화와 육의 색소

마이오글로빈에 산소가 결합하면 선홍색의 옥시마이오글로빈(oxymyoglobin)이 생성된다. 신선한 생육은 암적색이지만 잠시 공기 중에 방치하면 선명한 적색이 되는 것은 이 때문이다. 계속 장시간 공기에 접하면 Fe^{2+}가 Fe^{3+}로 산화되어 메트마이오글로빈(metmyoglobin)이 되어 갈색으로 변한다.

육류를 가열하면 메트마이오글로빈이 되고, 단백질도 열변성되어 갈색의 메트마이오글로모젠(metmyochromogen)이 된다.

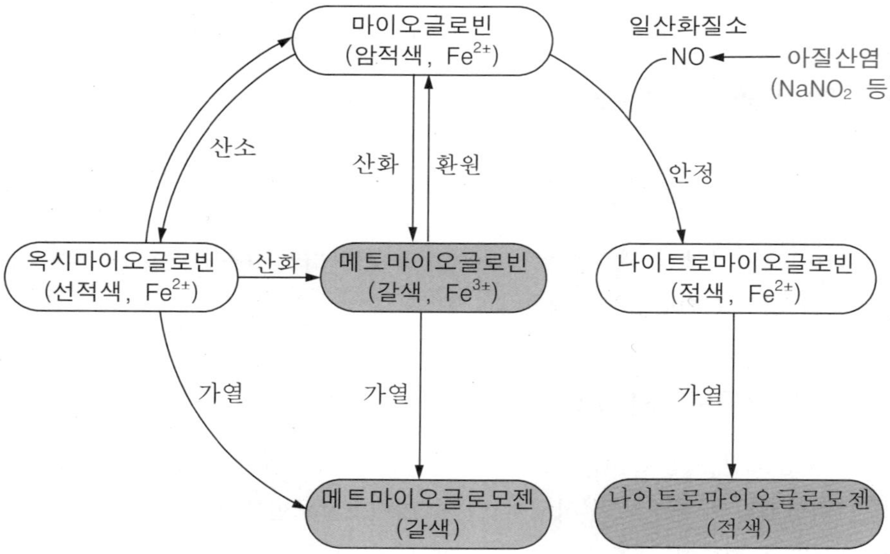

<그림 8-13> 마이오글로빈의 변화와 육류의 색

3. 아질산염의 반응

마이오글로빈에 아질산염을 작용시키면 아질산염이 환원되어 생성한 일산화질소가 마이오글로빈과 결합하여 안정한 선홍색의 산화질소마이오글로빈(nitroso- myoglobin, NO-Mb)을 생성한다. 산화질소 마이오글로빈은 가열해도 변색되지 않는 산화질소마이오글로모젠(nitrosomyochromogen)을 형성하여 육색을 고정한다. 이 현상을 육색의 고정이라고 하며, 햄, 소시지 등의 식육가공식품의 제조공정에 이용되고 있다.

1) 발색제

식육의 발색제로서 사용되는 것은 질산칼륨(KNO_3), 질산나트륨($NaNO_3$) 등의 질산염이며, 발색에 직접 관계하는 것은 아질산염이다. 질산염은 육류에 존재하는 미생물의 작용으로 아질산염으로 환원되어 발색작용을 나타낸다.

$$\underset{\text{질산칼륨}}{KNO_3} \xrightarrow{\text{미생물의 환원작용}} \underset{\text{아질산칼륨}}{KNO_2} + H_2O$$

<그림 8-14> 질산염과의 환원반응

2) 발색기구

식육에 대한 아질산염의 작용은 크게 2가지이다.

① 신선육의 육색소 마이오글로빈(Mb)과 그의 산소결합형 마이오글로빈(O_2Mb)중의 철은 2가(Fe^{2+})이온이다. 식육에 첨가된 아질산염은 강력한 산화제이기 때문에 마이오글로빈과 산소결합형 마이오글로빈의 철 이온을 산화하여 3가이온이 된 갈색의 메트마이오글로빈(MMb)로 변한다. 그러나 생성된 메트마이오글로빈은 육자체가 갖는 환원작용과 첨가한 아스코브산의 환원작용으로 원래의 마이오글로빈으로 돌아간다. 이 반응은 가역적 반응이다.

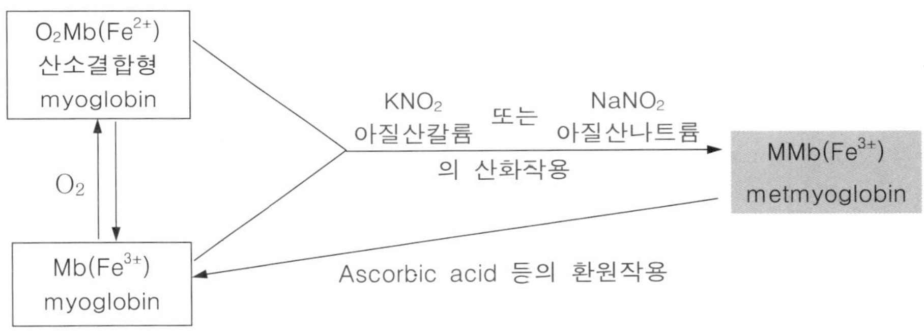

<그림 8-15> 마이오글로빈 철이온의 산화·환원

② 식육중의 아질산염은 발색촉진제인 아스코브산 또는 그의 염, 육류중의 젖산 등으로 아질산이 된다. 아질산은 불안정한 화합물로 곧 일산화질소(NO)와 이산화질소(NO_2)로 분해한다. 생성된 일산화질소(NO)는 환원형 마이오글로빈과 쉽게 결합하여 선홍색의 산화질소마이오글로빈(NOMb)가 된다.

$$\underset{\text{아질산칼륨}}{2KNO_2} \xrightarrow[\text{ascorbic acid}]{\text{젖산}} \underset{\text{아질산}}{2HNO_2} \longrightarrow \underset{\text{일산화질소}}{NO} + \underset{\text{이산화질소}}{NO_2} + H_2O$$

<그림 8-16> 아질산염의 일산화질소로의 변화

생성된 산화질소마이오글로빈은 안정하여 단백질의 열변성에도 철이온(Fe^{2+})과 일산화질소의 결합이 끊어져 마이오글로빈이나 다른 화합물로 변화

하지 않는다. 이 때문에 햄, 소시지는 열을 가해도 선홍색을 잃지 않는다. 단 햄, 소시지 등은 돼지고기로 만들어지고, 돼지고기의 마이오글로빈의 함량(0.1~0.3%)은 쇠고기, 말고기(0.5~1.0%)에 비해 적기 때문에 나드로화되어도 선홍색이 아닌 복숭아색으로 보인다.

혈색소인 헤모글로빈도 똑같은 안정한 산화질소헤모글로빈을 생성하여 선홍색을 나타낸다.

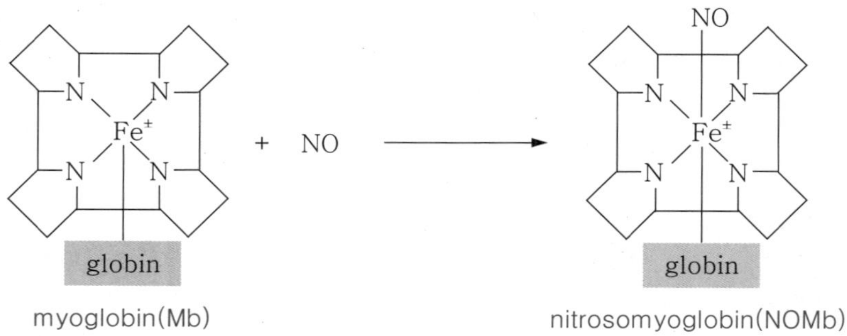

<그림 8-17> 산화질소마이오글로빈의 생성

4. 가공육의 변색

햄, 소시지 등을 절단하여 1시간 정도 빛에 노출시키면 갈색으로 변색하는 경우가 있고, 장시간 방치하면 녹색이나 회녹색으로 된다. 산화질소마이오글로빈은 열에 안정하지만 빛에는 불안정하여, 빛에 노출되면 갈색의 메트마이오글로빈이 된다. 단 밀봉된 제품의 경우 암소에서 냉장보관하면 산화질소마이오글로빈으로 돌아가는 일도 있다.

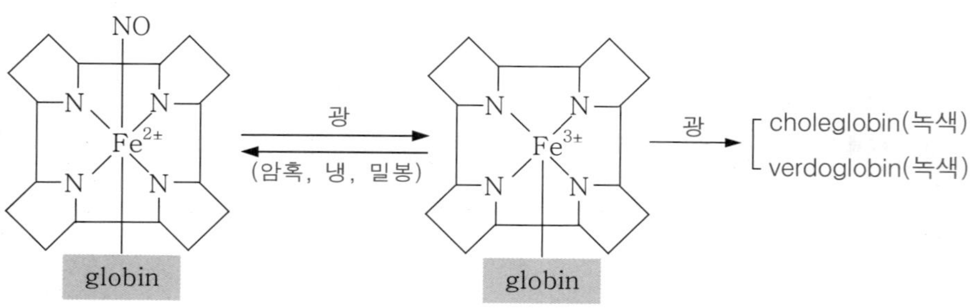

<그림 8-18> 가공육의 변색

5. 나이트로사민(nitrosamin)의 형성

화합물육제품 가공에 있어서 발색제로 이용되는 아질산나트륨은 육류 중의 아민류(특히 제2급 아민)와 반응하여 N-나이트로사민이라는 발암물질을 생성한다. 간장과 폐에 발암을 나타내는 나이트로사민은 육제품에 축적될 가능성이 있다. 또한 육제품 이외에 채소류에 함유되어 있는 질산염(주로 합성비료 유래) 는 미생물이나 구강 내 세균에 의해 환원되어 아질산으로 전환된다. 이 아질산은 생체 내(특히 위에서)에서 동시에 섭취한 식품중의 아민류와 반응하여 나이트로사민을 생성한다.

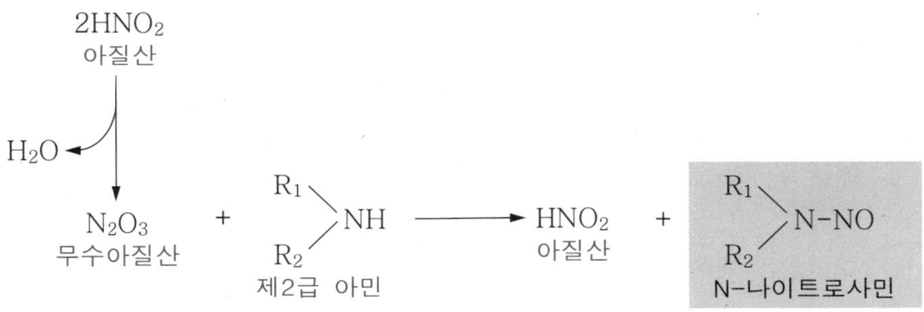

<그림 8-19> N-나이트로사민의 생성

8.3.2. 동물성 카로테노이드

동물은 카로테노이드를 생합성할 수 없지만, 여러 동물성 식품에도 함유되어 있다. 식물성 사료로부터 섭취한 카로테노이드는 체내에서 산소와 결합하여 동물특유의 카로테노이드로 변환된다.

달걀 난황의 색은 사료에 함유되어 있는 루테인, 제아잔틴(zeaxanthin), 크립토잔틴(cryptoxanthin)에서 유래한다. 연어, 송어의 적색은 참치와 같은 마이오글로빈이 아닌 카로테노이드에서 유래한다. 가열조리해도 참치와 같이 회갈색으로 변하지 않는 것은 이 때문이다.

새우나 게 등의 갑각류는 암녹색을 띄고 있으나, 가열하면 선명한 적색으로 변색한다. 이것은 새우나 게에 함유되어 있는 아스타잔틴(astaxanthin)이 단백질과 결합한 형태로 존재하여 암녹색을 띄고 있으나, 가열에 의해 단백질이 열변성하여 아스타잔틴에 유리되고 더 산화되어 적색의 아스타신(astacin)으로 되기 때문이다.

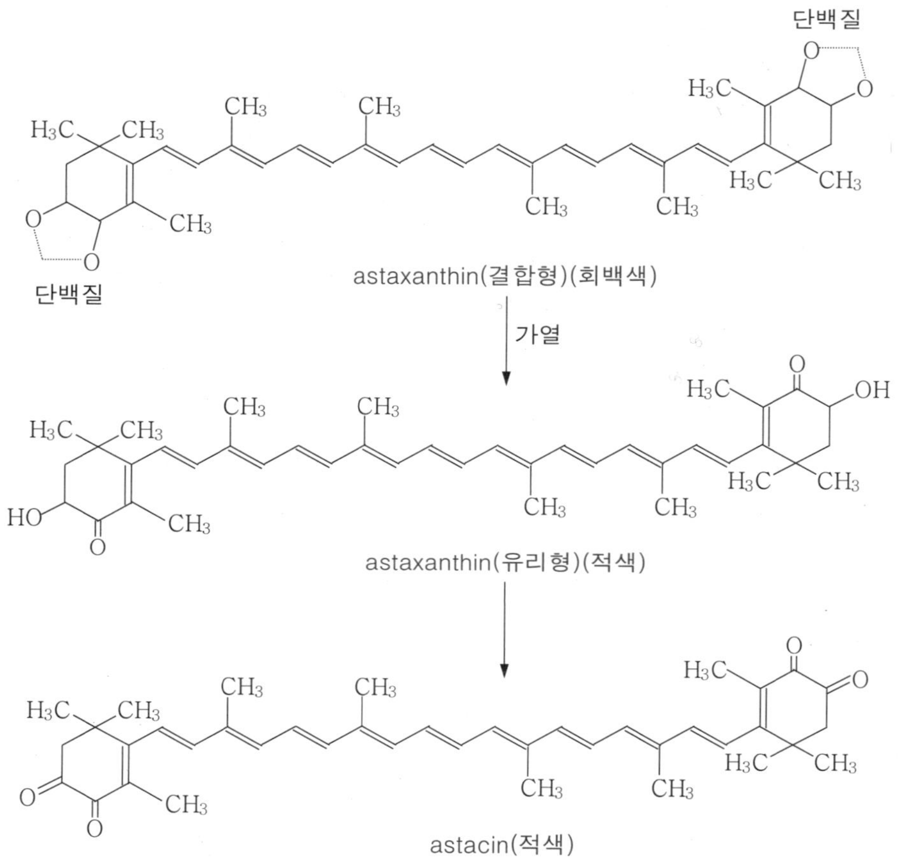

<그림 8-20> 아스타잔틴에 의한 발색기구

8.4. 비효소적 갈변

식품의 조리, 가공 시 색이 변하여 갈색으로 착색하는 현상을 갈변이라 하며, 이 변화에 관여하는 화학 반응을 갈변반응이라 한다.

갈변반응은 효소가 관여하는 효소적 갈변반응과 효소의 관여없이 식품의 어떤 성분 또는 성분 상호간의 화학적인 반응에 의하여 갈색 물질을 형성하는 비효소적 갈변반응으로 크게 나누어진다.

비효소적 갈변 반응은 보통 아미노-카보닐반응, 캐러멜화반응, 아스코브산의 갈변반응의 3가지로 구분한다. 그러나 식품은 여러 성분으로 구성되어 있기 때문에 비효소적 갈변반응은 대개 이상의 3가지 반응이 혼합되어 일어난다.

갈변반응은 착색물질 이외에 휘발성물질도 생성하기 때문에 향기라는 관점에서도 중요하다.

아미노-카보닐반응은 바람직한 색깔과 향기를 부여하지만, 농축과일주스, 건조과일, 유제품등의 갈변 등의 품질을 저하시키는 경우도 많다. 또 단백질의 영양가라는 의미에서는 아미노-카보닐반응에 의해 필수 아미노산 잔기가 변형되어 영양가의 저하를 초래하기도 한다. 한편 생성된 갈변색소(멜라노이딘)는 항산화작용과 항균작용 등을 나타내기도 한다.

8.4.1. 아미노-카보닐반응

1. 갈색색소의 형성

아미노-카보닐반응은 아미노기와 카보닐기가 반응하여 질소배당체를 생성하는 것으로 시작된다. 이들 질소배당체는 여러 반응으로 불안정한 레덕톤 중간체를 생성하고, 계속 이들 중간체가 중합하여 갈색색소인 멜라노이딘(melanoidine)을 형성한다. 이 반응을 발견한 프랑스 화학자인 Maillard의 이름을 따서 maillard 반응이라고도 한다.

일반적으로 반응과정은 초기, 중간, 최종단계로 나누어진다.

아미노기를 갖는 물질로는 아미노산, 펩타이드, 단백질 이외에 아민, 암모니아, 인지질 등이 있고, 카보닐기를 갖는 물질로는 단당류, 환원성 이당류 이외에 지질의 산화로 생성되는 카보닐화합물(특히 α, β-불포화 카보닐화합물은 반응성이 높다.) 등이 있다.

이들 중에서 가장 일반적으로 알려진 반응이 아미노산이나 단백질과 환원당 사이의 반응이다. 이하 당을 포도당으로 하여 설명한다.

1)초기단계

아미노기와 카보닐기(측쇄구조의 포도당의 알데하이드)의 축합에 의해 Shiff 염기(-C=N)라는 질소배당체를 생성한다.

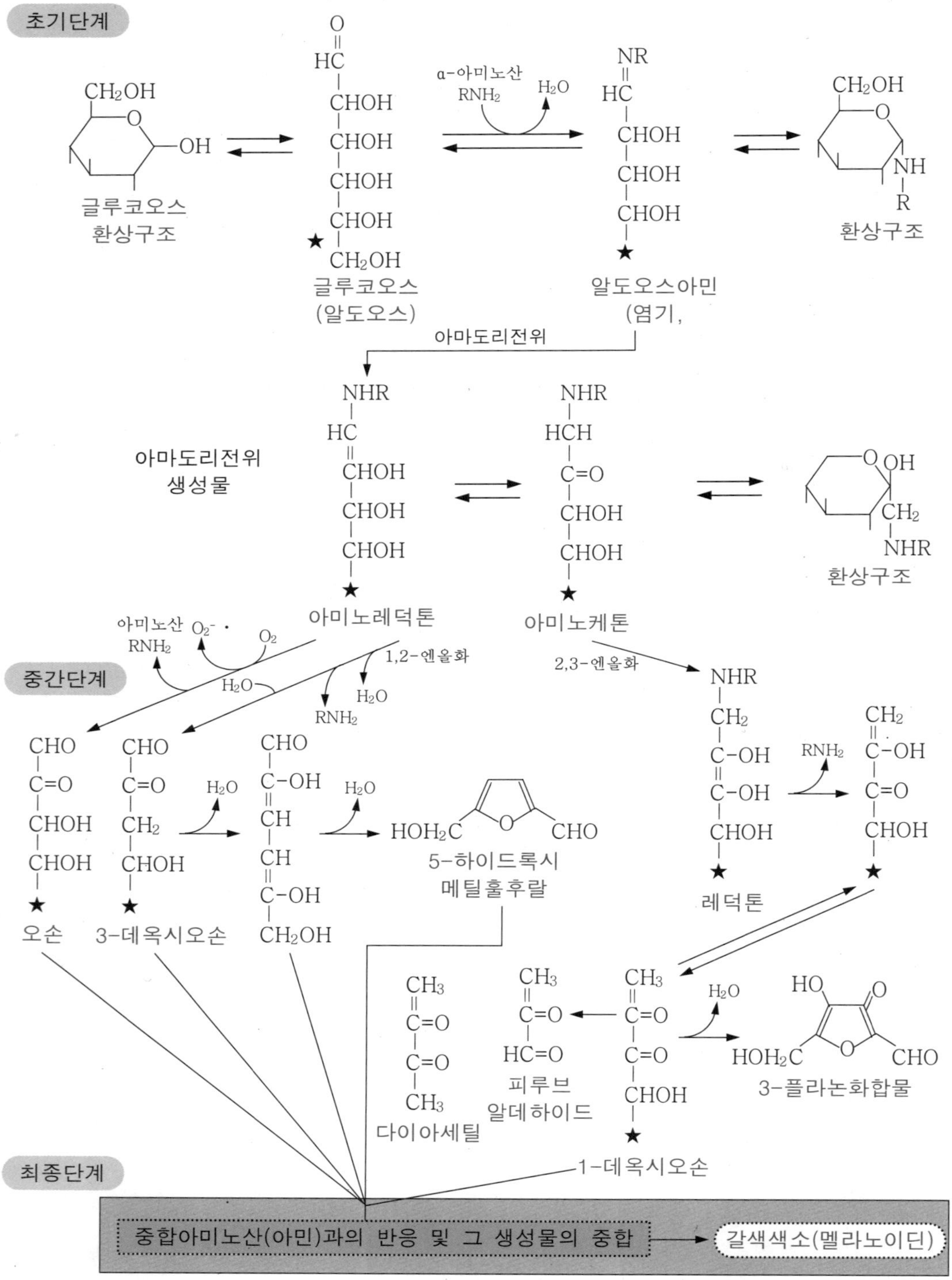

<그림 8-21> 당(포도당)과 아미노산의 반응에 의한 아미노-카보닐반응

그 다음 이 질소배당체의 이중결합이 전위하여(아마도리전위), 아미노레덕톤과 아미노케톤을 생성한다. 이 생성물을 아마도리전위 생성물이라 한다. 이들 전위생성물의 엔올형은 아미노레덕톤(엔아민올)이며, 환원성을 갖는 반응성이 높은 물질이다. 아마도리 전위 생성물이 되면 원래의 화합물로 돌아갈 수 없다.

2) 중간단계

초기단계에서 생성한 아마도리전위 생성물이 산화, 탈수, 탈아미노반응에 의해 α-다이카보닐 화합물을 생성하는 반응단계이다.

(1) 레덕톤의 형성

초기단계에서 생성한 전위생성물은 1,2-엔올화, 2,3-엔올화를 일으켜, 엔-아민올(en-aminol) 및 엔-다이올(en-diol)의 레덕톤이 된다.

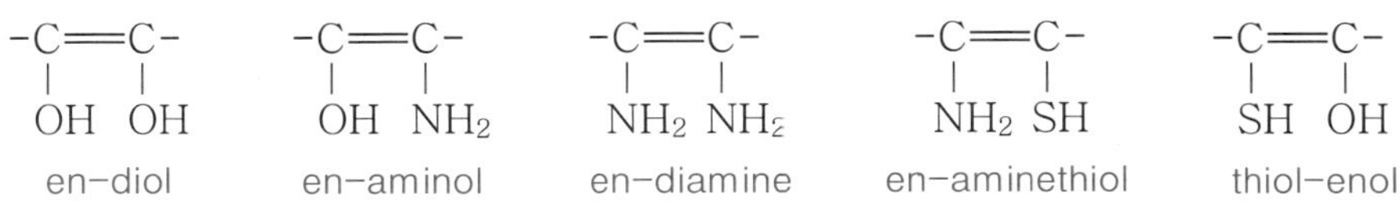

<그림 8-22> 레덕톤류

엔-다이올 구조를 갖는 강한 환원성을 나타내는 물질을 레덕톤이라 한다.
그림과 같은 부분구조를 갖는 물질을 말한다.

(2) 환상화합물, 카보닐화합물의 형성

형성된 레덕톤은 탈수반응에 의해 대부분 분해된다. 1,2-엔-아민올은 3-데옥시오손(3-deoxyosone), 불포화오손을 걸쳐 5-하이드록시메틸훌후랄을 생성한다. 또 산화하여 오손이 되기도 한다.

2,3-엔-디올은 1-데옥시오손을 생성한다. 이와 같이 2,3-엔올화를 걸쳐 1-데옥시오손을 생성하는 경로는 배소(焙燒)의 경우, 중요한 경로이다. 1-데옥시오손은 탄소수가 짧은 화합물도 생성한다. 피루브알데하이드(pyruvaldehyde)는 그 한 예로 대단히 강한 반응성을 갖는다. 중간단계에서 생성되는 오손류, 즉 α-다이카보닐화합물은 산화형 레덕톤류이며, 반응성이 크다.

3) 최종단계

(1) 스트렉커분해반응

아미노-카보닐반응의 중간단계에서 생성한 α-다이카보닐화합물과 α-아미노산이 반응하여 탈수, 탈탄산반응을 걸쳐 아미노레덕톤(엔아민올)과 알데하이드를 생성한다. 또한 아미노레덕톤류는 계속하여 피라진류를 생성한다. 알데하이드류와 피라진류는 식품을 가열할 때 생기는 중요한 향기성분이다. 배소향을 갖는 화합물 중에 피라진은 역가가 낮은 특징을 갖고 있다.

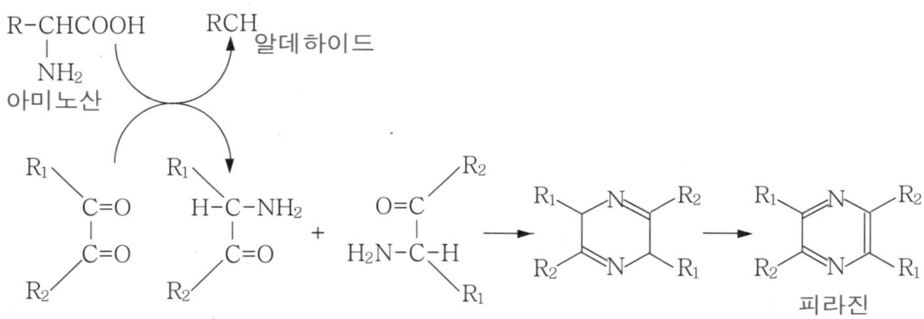

아미노산	알데하이드	냄 새
루신 페닐알라닌 메싸이오닌	$(CH_3)_2CHCH_2CHO$ $C_6H_5CH_2CHO$ $CH_3SCH_2CH_2CHO$	치즈 같은 자극취 꽃 향 된장, 간장 같은 향

<그림 8-23> 스트렉커분해에 의해 생성되는 알데하이드와 냄새

(2) 멜라노이딘 색소의 형성

중간단계에서 생성된 각종 중간체가 단독 또는 질소화합물과 축합하여 갈색의 고분자중합체인 멜라노이딘 색소를 형성한다. 이 반응 기구는 복잡하며, 또 아직 충분히 해명되지 않고 있지만 멜라노이딘은 산소, 질소를 함유한 형광성의 고분자 화합물로 알려지고 있다.

2. 아미노-카보닐반응의 억제

아미노-카보닐반응은 온도, 수분, pH, 금속의 유무 등에 의해 영향을 받으며, 이들 요인을 조절함으로써 어느 정도 갈변 방지가 가능하다. 그러나 식품에서 이들의 조작을 할 수 없는 경우도 있어 갈변방지는 어려운 문제이다. 이들에 대신하는 유효한 갈변방지법으로 식품첨가물이 사용되고 있다. 현재 허가되고 있는 첨가물로는 아황산염이 있다. 아황산염은 카보닐화합물과 부가반응하여 설폰산염을 형성한다. 아황산염은 유효한 갈변억제제이며, 많은 가공식품에 사용되고 있다.

<표 8-4> 아미노-카보닐반응에 영향을 주는 인자

인 자	영 향
온 도	가열온도가 높을수록 반응속도가 빨라진다. 반응온도10℃ 상승으로 약 3배 이상 빨라진다. 단 반응계가 저수분이고 반응성이 높은 화합물인 경우 상당히 저온에서도 반응은 진행된다.
수 분	수분 10~25%, 수분활성도 0.6~0.85에서 가장 반응성이 높다. 수분활성도가 낮은 상태에서도 가열하면 반응은 일어난다. 그러나 완전한 무수상태에서는 반응은 일어나지 않는다.
pH	산성 쪽(pH 6 이하)에서는 반응은 느리고, 중성부터 알칼리성 쪽으로 pH가 높아짐에 따라 반응성도 높아진다. pH 6.5~8.5 > pH 3~5 > pH 1~2
당 질	환원당에서는 오탄당이 육탄당보다 반응성이 높다. 비환원당의 설탕은 반응에는 기여하지 않고, 포도당과 과당으로 분해 후 반응한다. 펜토오스 > 헥소오스 > 설탕 xylose > fructose > glucose > sucrose> 올리고당
아미노화합물	펩타이드 > 아미노산 > 단백질의 순으로 반응성이 높다. 아미노산의 경우 라이신등의 염기성 아미노산이 반응성이 높다. 염기성 > 산성 아미노산
금 속	나트륨(Na^+)이온에는 촉매작용이 확인되고 있지 않지만, 천이원소인 철이나 동 이온 등은 갈변을 촉진한다.

3. 가열 향기의 생성

식품을 가열하면 향기를 생성하는 일이 있다. 이 가열향기를 배소향이라고도 하고, 주성분은 식품에 함유되어 있는 휘발성 화합물이다. 가열향기의 주요성분은 아미노-카보닐반응에 의해 생성되는 휘발성화합물이다. 중간체인 반응성이 높은 카보닐화합물과 아미노산으로부터 생성되는 파이롤, 피베리딘, 티아졸과 스트렉커분해로 생성되는 알데하이드류, 또한 스트렉커분해로 생성되는 아미노레덕톤이 2분자결합, 환상으로 되어 형성되는 피라진 등이 있다.

4. 영양성분의 변화

식품성분의 아미노-카보닐반응을 영양학적으로 본 경우, 가장 중요한 문제가 되는 것이 단백질의 영양가이다. 가열조리에 의한 유효성 아미노산의 소실에 관해서는 보통 식사로 각종 식품을 섭취하게 되면 문제가 없지만 편식이 많은 경우나 특수한 영양관리의 식사를 하는 경우에는 주의해야 만 한다.

<표 8-5> 식품 등을 강하게 가열(85~145℃)한 경우 소실되는 유효성 아미노산

식 품	손상을 받은 아미노산
대 두	라이신, 알지닌, 시스테인, 트립토판, 세린
청어(탈지)	라이신, 알지닌, 메싸이오닌, 트립토판
소혈청 알부민	라이신

5. 생체에서 일어나는 아미노-카보닐반응

식품단백질 등은 아미노-카보닐반응에 의한 영양소로서의 저가치화가 문제가 되고 있지만 동일한 반응이 생체 내에서 일어나고 있는 것이 확인되고 있다. 각 조직의 콜라젠 중에 존재하는 형광물질은 노인과 당뇨병환자에게 증가가 확인되고 그 물질의 상당한 부분이 아미노-카보닐반응에 의한 생성물이라고 생각되어지고 있다. 이들 생성물은 불용성, 경화성(硬化性)이고 프로테이스에 대해서 소화되지 않기 때문에 생체에서의 대사의 지연을 일으켜 노화와 성인병 발생의 원인이 되는 것이 추측되고 있다.

8.4.2. 캐러멜화 반응

포도당과 설탕 등의 당류를 100℃ 이상으로 가열하면 단독으로 분해, 중합하여 흑갈색의 물엿상의 물질(캐러멜)로 변한다.

이 반응을 캐러멜화반응이라 한다. 반응은 산, 알칼리의 조건하에서 급속히 진행된다. 엔올화, 탈수, 개열, 중합이 관여한다고 생각되지만 상세한 반응기구는 아직 불분명하다.

캐러멜화 반응은 향기생성을 동반하여, 포도당으로부터 하이드록시메틸훌후랄(그림 8-21 참조)과 훌후랄이 설탕으로 부터는 시그로텐이 생성한다. 감미와 고미가 있고 가공식품의 착색과 풍미를 위해 널리 사용된다. 설탕으로부터의 캐러멜화는 제과, 위스키, 청량음료에, 포도당으로부터의 캐러멜은 간장, 소스 등에 이용되고 있다.

8.4.3. 아스코브산의 갈변

아스코브산은 산화적, 비산화적으로 분해하여 갈변한다. 산소의 존재 하에서는 아스코브산은 데하이드로아스코브산으로 산화되어 스트렉커반응을 걸쳐 적색물질을 생성하고 건조채소의 홍변의 원인이 된다.

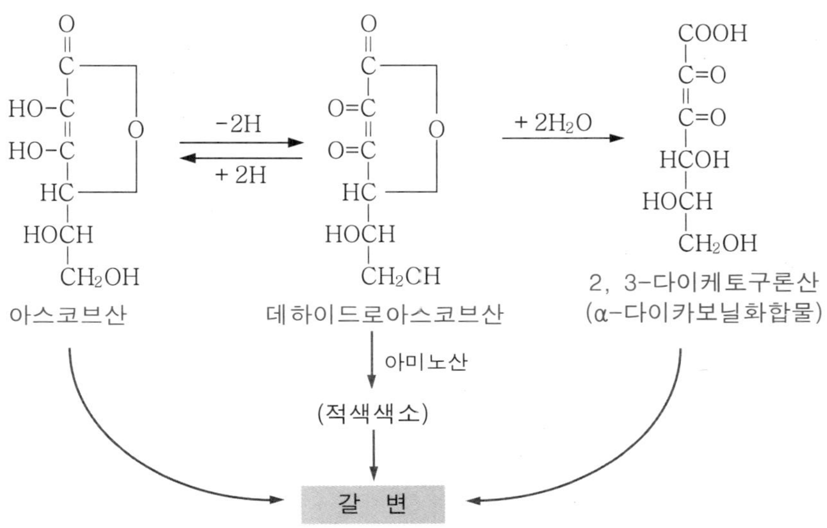

<그림 8-24> 아스코브산의 분해에 의한 갈변

비산화적으로도 아스코브산은 pH 4 이하의 산성 쪽에서 훌후랄로 변화하여 더욱더 이것이 아미노산과 아미노카보닐반응을 일으켜 갈변물질을 형성하여 과즙의 갈변원인이 된다. 이들 반응은 산소농도, 금속, pH, 온도, 수분활성도, 산화제 등의 환경요인에 의해 영향을 받는다.

아스코브산은 산화되어 데하이드로아스코브산이 되고 더 가수분해되어 α-다이카보닐화합물인 레덕톤이 된다.

데하이드로아스코브산은 산화형 레덕톤이고 α-아미노산과 반응하여 갈변한다. 이 갈변현상에는 홍변현상이 앞서 일어나고 적색색소가 형성되는 특징이 있다. 또 아스코브산과 생성한 α-다이카보닐화합물로 부터도 복잡한 반응을 걸쳐 갈변현상이 일어난다.

8.5. 효소적 갈변

채소나 과일을 절단하여 방치하면 갈변현상이 일어난다. 이는 조직 내에 존재하는 페놀성화합물이 효소에 의해 산화되어 갈색색소를 생성하기 때문이며, 이를 효소적 갈변이라고 한다. 반응을 촉매하는 효소는 폴리페놀옥시데이스(polyphenol oxidase)라고 총칭하며, 카테콜레이스(catecholase), 타이로시네이스(tyrosinase) 등의 산화효소가 포함된다. 또한 타이로시네이스는 모노페놀을 다이페놀로 산화시키는 효소 옥시제네이스(oxygenase, cresolase라고도 함)와 다이페놀, 폴리페놀을 산화시키는 옥시데이스(oxydase, 기질이 카테콜인 경우 카테콜레이스라고 함)의 총칭이다.

사과 등이 갈변하는 것은 사과 중의 폴리페놀류(클로로젠산, 카테킨 등)가 카테콜레이스에 의해 산화되어 키논을 형성하고, 키논은 계속산화, 중합하여 갈색의 착색물질을 생성하기 때문이다.

또 감자가 갈변하는 것은 타이로시네이스에 의해 타이로신으로부터 DOPA (3,4-다이하이드록시페닐알라닌)이 생성되고, 계속 산화, 중합하여 멜라닌이라는 흑갈색의 착색물질을 형성하기 때문이다.

또 이 키논은 산화력이 강하기 때문에 공존하는 안토시아닌이나 플라보노이드색소를 산화하여 탈색한다. 아스코브산과 공존하면 아스콜빈산은 산화되지만 키논은 다이페놀로 환원되기 때문에 갈변반응은 일시적으로 저해된다.

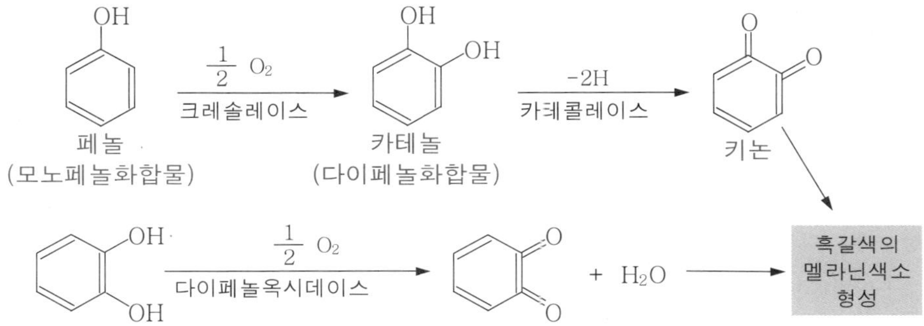

<그림 8-25> 폴리페놀옥시데이스의 작용

<표 8-6> 폴리페놀옥시데이스의 기질과 그것을 함유한 식품

기 질	구 조	식 품
클로로젠산 (chlorogenic acid)	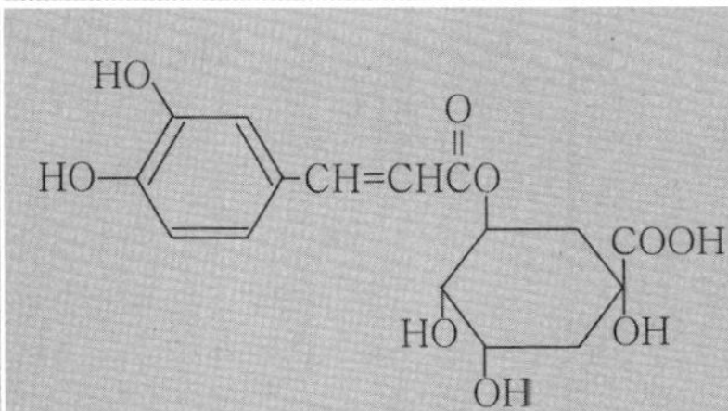	커피콩, 카카오콩, 사과, 복숭아, 배, 가지, 토마토, 고구마, 감자, 버섯, 우엉
카테킨류 (catechins)		차, 카카오콩, 사과, 복숭아, 배, 딸기, 연근, 참마
카페산 (caffeic acid)	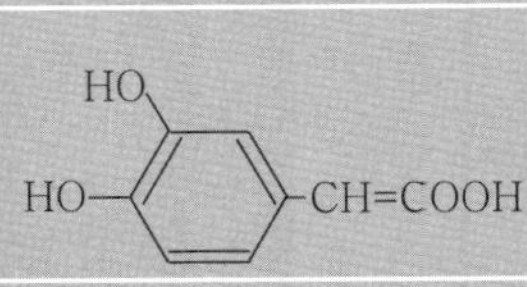	고구마, 카카오콩, 포도
타이로신 (tyrosine)	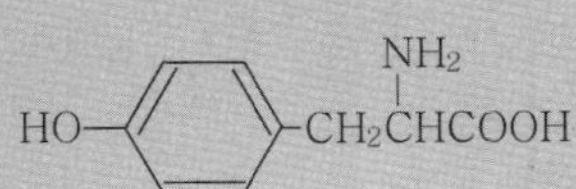	감자, 사탕수수, 버섯

식물에는 기질이 되는 페놀성 화합물이 함유되어 있다. 표 8-6에 대표적인 페놀성 기질과 그것을 함유하고 있는 식품의 예를 나타내었다. 카테킨류, p-구말산, 카페산, 클로로젠산, 타이로신, DOPA 등의 폴리페놀옥시데이스에 의한 갈변은 기질에 따라 다른 색을 부여한다.

대부분의 채소나 과실에서의 갈변은 식품의 품질저하를 초래하는 일이 많지만,

차류는 적등색이 되어 홍차의 제조에 이용되고 있다. 찻잎에 많이 존재하는 에피갈로카테킨(EGCG ; epigallocatechin gallate)과 에피카테킨(EC) 및 그의 갈산(gallic acid) 에스터는 폴리페놀옥시데이스에 의해 적등색의 테아플라빈(teaflavin)을 생성한다.

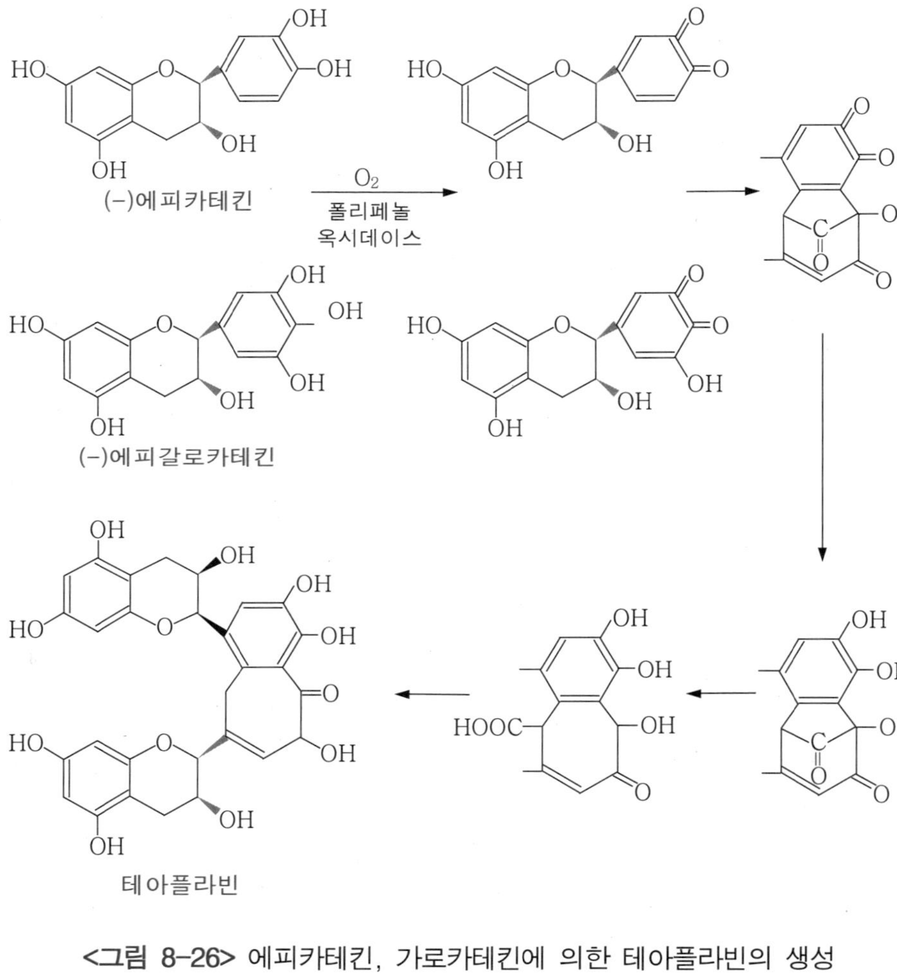

<그림 8-26> 에피카테킨, 가로카테킨에 의한 테아플라빈의 생성

폴리페놀성분에 의한 갈변은 홍차, 커피 등의 변색이 품질을 향상시키는 경우와 사과과육의 갈변, 딸기잼의 퇴색 등의 품질저하를 일으키는 경우로 나누어 질수 있지만 두 경우 모두 식품의 품질향상을 위해서는 그 원인 물질과 작용 인자를 규명하는 것이 필요하다.

1. 효소적 갈변반응 방지

폴리페놀옥시데이스에 의한 갈변반응을 방지하는 데는 효소를 불활성화 하는 것과 산소를 제거하는 방법이 있지만, 채소나 과실과 접촉하는 산소를 제거하는 것은 곤란하기 때문에 실제로는 효소반응을 막기 위해 다음의 방법이 이용되고 있다.

① 가열처리에 의한 효소의 불활성화 시킨다. 폴리페놀옥시데이스는 비교적 열에 대하여 저항성이 있고, 완전 실활에는 80℃에서 10~20분을 요한다. 식품에 대해서는 80℃에서 3분정도 가열하여 불활성화를 행한다(예: 채소의 브렌칭처리).

② 구연산, 초산 등을 첨가하여 pH를 3 이하로 낮추어 불활성화시킨다(예: 사과 폴리페놀옥시데이스의 최적 pH = 4.2~5.8, pH 3에서는 불활성).

③ 아황산과 아스코브산 등의 환원제를 첨가하여 효소반응을 억제한다(예: 건조과실, 물엿, 과실주 등에 아황산처리에 의해 갈변방지를 하고 있다.).

④ NaCl 등의 효소 저해제를 첨가한다(예: 껍질을 벗긴 사과를 식염수에 담그면 갈변을 억제할 수 있다.).

9장 | 식품의 냄새

냄새는 맛과는 달리, 음식을 입에 넣은 후 뿐만 아니라 입에 넣기 전에도 감지할 수 있다. 불고기냄새는 식욕을 촉진하고, 커피 잔에서 감도는 커피의 향은 마음을 편안하게 해준다. 이 같이 상당히 떨어져 있어도 냄새를 감지할 수 있는 것은 냄새물질이 휘발성으로 공기 중에 분산되고, 맛 물질에 비해 미량으로 식별할 수 있기 때문이다.

혀로 감지할 수 있는 설탕의 최소한계량(역치)은 0.34%, 식염에서는 0.06%이지만 감귤류의 향기성분인 시트랄은 0.0000032%, 바닐라의 향기의 주성분인 바닐린(vanillin)은 0.00002%가 최소 한계량 이다. 냄새는 이 같이 식욕을 자극하는 반면, 오래된 식품의 이취는 기분을 나쁘게 하여 식욕을 저하시키기 때문에 부패와 변패의 경고로서도 역할을 한다. 또 냄새의 변화에 의해 조리의 진도와 종료를 간접적으로 판단하고 있는 경우가 많다.

1. 냄새는 어떻게 느끼는 것인가?

냄새는 식품으로부터 휘발되는 향기성분이 후상피(嗅上皮)의 수용체를 자극하는 것을 감지하는 화학 감각이다. 후상피는 냄새를 수용하는 후세포와 그것을 둘러싸는 지지세포와 후세포예비군인 기저세포(基底細胞)로 구성된다(그림 9-1).

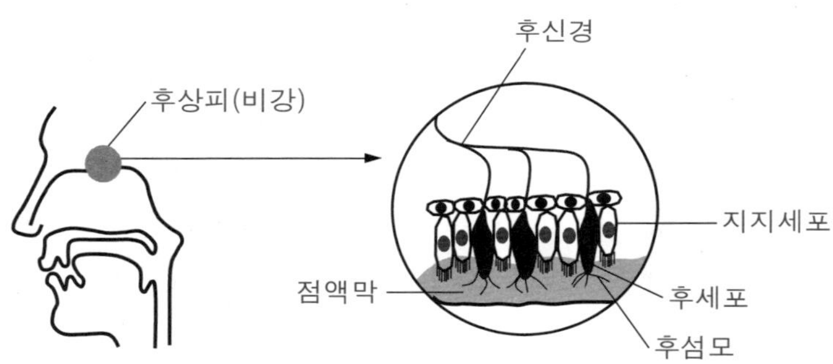

<그림 9-1> 후상피의 구조

후세포의 맨 앞에는 후섬모(嗅纖毛)가 비강 내에 돌출해있고 이 후섬모에 냄새수용체가 존재한다. 후상피는 전체가 점액으로 덮여져 있다. 음식물로부터 휘발되는 향기성분은 후강 내로 흡입되어 우선 후상피면의 점액에 녹아 후섬

유의 수용체에 흡착된다. 그 자극에 의해 후세포에 전기적 신호가 발생한다. 이 신호가 후신경을 통해 대뇌의 후각중추로 전달되어 냄새를 감지한다.

후각신경은 대단히 피로하기 쉽기 때문에 같은 냄새를 잠시 맡고 있으면 곧 느낄 수 없게 된다. 그러나 다른 냄새라면 충분히 느낄 수 있다. 인간이 냄새, 맛 등을 느끼기 위한 필요한 성분의 최소치를 역치(閾値, threshold value)라고 하며, 냄새성분의 역치는 10^{-8}~1ppm으로 맛 성분의 역치 100~1,000ppm에 비해 대단히 작다. 결국, 냄새성분은 아주 미량으로 느낄 수 있다. 식품의 향기성분의 예와 냄새의 강도(역치)는 표 9-1과 같다.

<표 9-1> 식품의 향기성분의 강도

화 합 물	역치(mg/L)	식 품 의 예
에탄올	100	알코올음료, 간장, 된장
바닐린	0.02	바닐라콩
trans-2-헥센알	0.017	야채
헥산알	0.0045	두유
다이메틸다이설파이드	0.0076	부추
다이메틸설파이드	0.00033	파래김, 녹차
소토론(Sotolone)	0.00001	흑설탕, 간장
1-p-멘텐-8-티올	0.00000002	자몽

* Sotolone : 3-Hydrocy-4, 5-dimethyl-2(5H)-furanone)

2. 화학구조와 냄새

식품의 향기성분은 탄화수소를 비롯하여 다양한 관능기를 갖는다. 특정물질이 특징적인 향을 나타내는 경우도 있지만 일반적으로 다수의 화합물에 의해 그 식품고유의 향이 구성된다.

식품의 향기성분은 그 종류가 매우 많고 냄새의 종류도 다양하여 냄새와 화학구조관계의 법칙성도 없다. 따라서 향기성분에 대해서는 기본적인 맛과 같은 화학적 분류가 없다. 향기물질의 화학적 구조에 관한 일반적인 특성은 표 9-2에 나타내었다.

<표 9-2> 향기물질의 특성

• 휘발성이 있다. 저분자량(17~300), 비등점이 낮은 것이 많다. • 포화탄화수소 등 물에 녹지 않는 물질은 냄새가 없거나 대단히 약하다. • 일반적으로 에스터, 카보닐기, 수산기 등의 관능기나 불포화 결합을 갖는 구조를 갖는다. • 질소(N)나 황(S)을 함유하는 화합물, 헤테로환 화합물에 특징적인 냄새를 갖는 것이 많다. • 물질에 따라 역가가 다르다. 역가가 낮은 것이 많다. • 입체구조에 따라 냄새가 다른 물질이 있다.

3. 식품의 향기성분

식품은 동물과 식물을 원료로 하기 때문에, 이들 생체 내에서의 효소반응과 가공, 조리중에 생체내성분이 관여한 효소적, 비효소적반응에 의해 냄새성분이 생성된다. 주요 냄새의 생성요인은 다음과 같다.

① 생합성에 의한 냄새의 생성(예 : 터펜류, 과일의 성숙향)

② 조리 가공에 있어서의 냄새의 생성

- 세포파괴에 의한 효소반응(예 : 오이, 마늘, 겨자 등의 특유향)
- 미생물의 효소가 관여하는 반응(예 : 된장 간장 등 발효식품의 향)
- 가열에 의한 2차적 반응에 의한 비효소적 생성(예 : 육류나 생선구이의 향)
- 산화반응에 의한 비효소적 생성(예 : 유지의 산화취)

4. 식품의 주요 향기성분

식품의 향은 수많은 향기성분이 상호 작용하여 나타난다. 한 개의 식품이라도 그 냄새는 수십~수백 종류의 성분으로 이루어져 매우 복잡하다. 특히 향기가 중시되는 녹차에는 300종 이상, 커피에는 1,000여종 이상의 성분이 서로 작용하여 향기를 형성하고 있다. 그러나 일부 식품의 경우, 특정의 향기물질이 그 식품의 특징적인 향을 나타내는 경우도 있으며, 이 같은 특정향기물질을 식품 향의 키 컴파운드(key compound)라고 한다.

식물성 식품의 향기성분은 일반적으로 알코올, 알데하이드, 에스터, 페놀화합물, 함황화합물, 터펜화합물, 지방산 등이 많다. 축육의 냄새는 황화수소, 아세토알데하이드(acetoaldehyde), 아세톤, 메틸머캡탄(methyl mercaptan) 등의 다수의 성분에 의해 형성되고 있다. 또 치즈의 냄새는 휘발성지방산, 카보닐화합물, 다이아세틸, 함황화합물 등이 관여하며, 어류의 비린내에는 트리메틸아민, 다이메틸아민 등이 관여하고 있다.

<표 9-3> 식품 중의 주요 향기성분

화합물의 종류	구조	많이 함유된 식품	향기성분과 소재
알코올	R-OH	채소 향신료	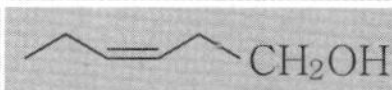 청엽알코올 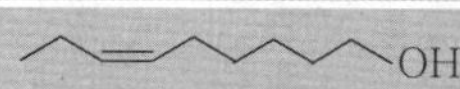 멜론 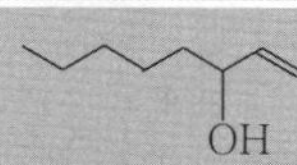 1-옥텐-3-올 (송이버섯) 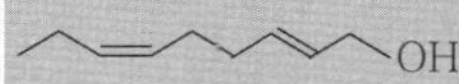 오이 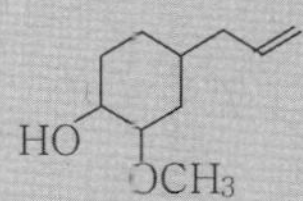 유제놀 (글로브, 올스파이스) 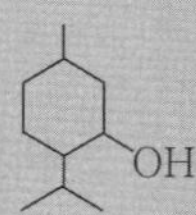 티몰 (타임) 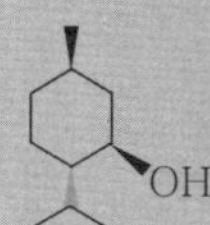 멘톨 (박하)
유기산	R-COOH	유제품	CH_3COOH 초산 (식초) $CH_3CH_2CH_2COOH$ 부티르산 (치즈) CH_3CH_2COOH 프로피온산 (치즈)
에스터	R-COOH′	과실	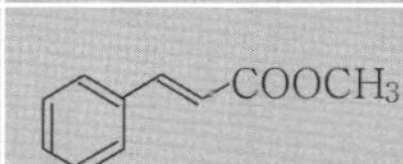 계피산메틸 (송이버섯) 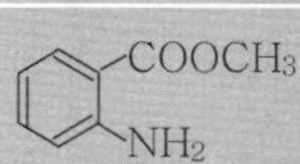 안토라닌산메틸 (포도) 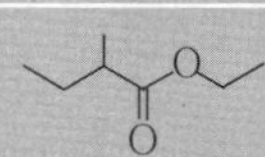 2-메틸부탄산에틸 (사과) $CH_3SCH_2CH_2COOCH_3$ 3-메틸싸이오프로피온산메틸 (파인애플) 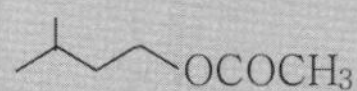 초산아이소아밀 (바나나) 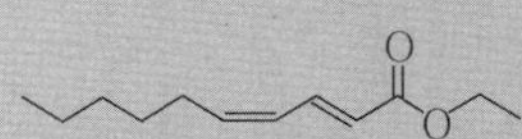 (2E, 4Z)-데카다이엔산에틸 (서양배)
알데하이드	R-CHO	채소	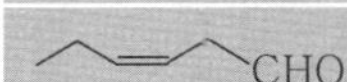 헥센알 (청엽알더하이드)  헥센알 (대두유변향) 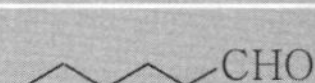 헥산알 (쌀겨) 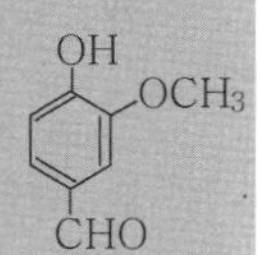 바닐린 (바닐라콩) 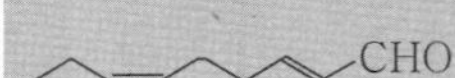 노나다이엔알 (오이) 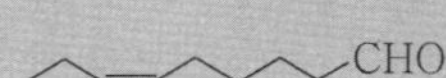 (6Z)-노넨알 (멜론)
락톤	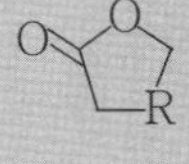	과실	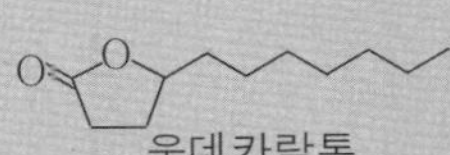 운데카락톤 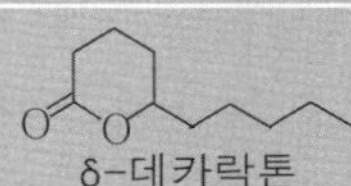 δ-데카락톤 (유지방)

(표 9-3 계속)

<표 9-3> 계 속

화합물의 종류	구조	많이 함유된 식품	향기성분과 소재
케톤	R-CO-R	채소 유제품	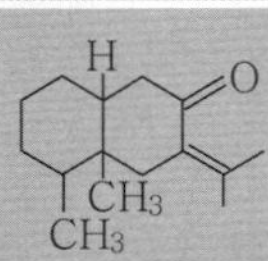 후키논 (머위) 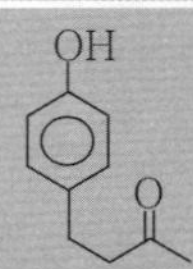 4-(4-하이드록시페닐) -2-부타논(레즈베리) 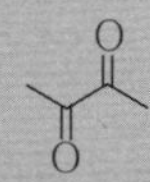 다이아세틸 (발효버터)
황화합물	R-SH R-S-R′ R-S-S-R′ R-(S→O) -S-R R-CO-R	채소 김	CH_3SH 메틸머캡탄 (무, 양파) $CH_3CH_2CH_2SH$ 프로필머캡탄 (파) $CH_2=CHCH_2SCH_2CH=CH_2$ 알릴설파이드 (마늘) $H_3C-S-CH_3$ 다이메틸설파이드 (김) $H_3C-S-S-CH_3$ 다이메틸다이설파이드 (양배추) $H_2C=CHCH_2-\overset{O}{\overset{\uparrow}{S}}-S-CH_2CH=CH_2$ 알리신 (마늘) 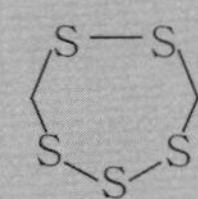 렌티오닌 (표고버섯)
질소화합물	RNH_2 R_3N	어패류	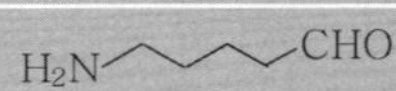 δ-아미노발레랄 (담수어) 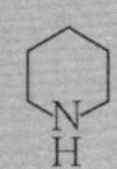 피페리딘 (담수어) 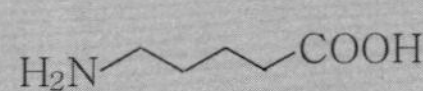 δ-아미노발레르산 (담수어) $H_3C-N(CH_3)-CH_3$ 트리메틸아민 (해수어)
터펜류		과실 채소 향신료	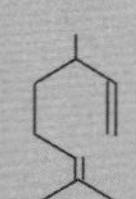 myrcene (미나리) 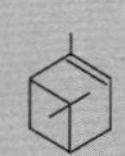 α-pinene (쑥갓, 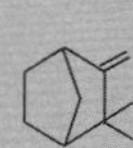 camphene (생강, 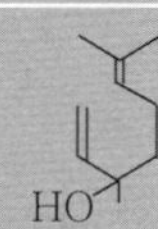 niaouil (생강) 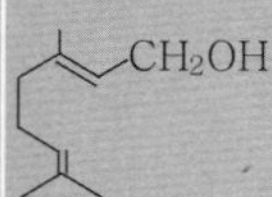 geranial (생강) 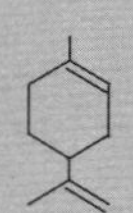 limonene (오렌지) 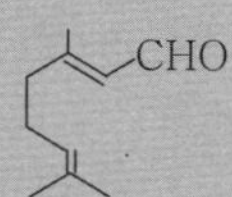 citral (레몬) 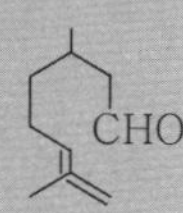 citrone (산초) 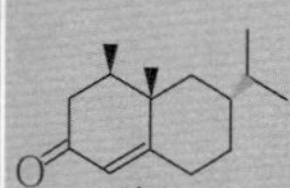 nootkaatone (자몽)

9.1. 식물성 식품의 냄새성분

고등식물에서는 C_5H_8의 아이소프렌(isoprene)을 기본단위로 하는 탄소수 10개의 모노터펜(monoterpene)과 15개의 세스퀴터펜(sesqiiterpene)이 메바론산경유로 생합성되어 저장된다(그림 9-2).

터펜에는 방향성을 갖는 것도 많고 식물성식품의 향기에는 대부분 함유되어 있다. 리난올(쟈스민차)과 멘톨(박하)같이 식물정유의 주성분이 되는 것도 많다(그림 9-3).

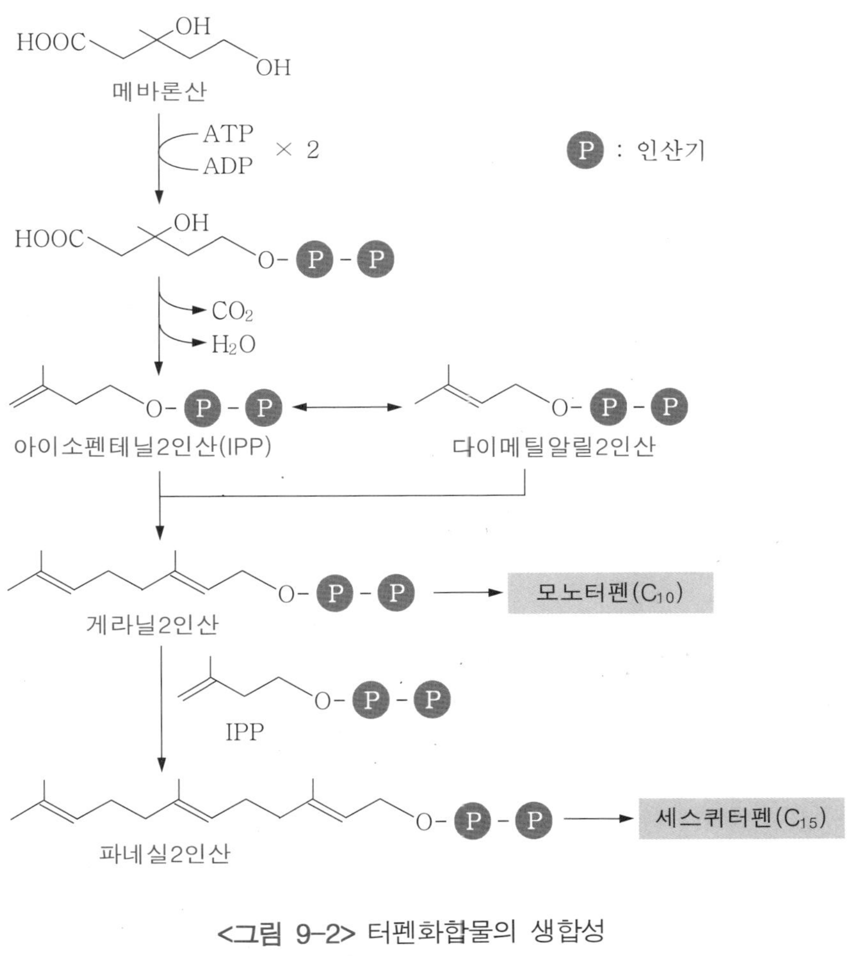

<그림 9-2> 터펜화합물의 생합성

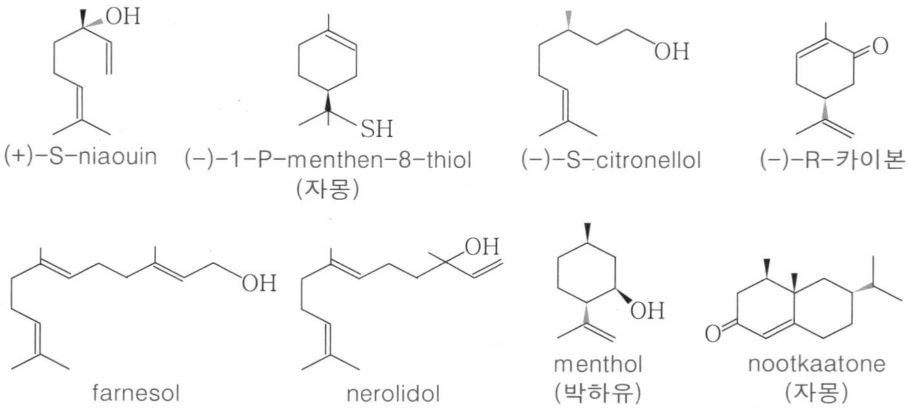

<그림 9-3> 대표적인 모노터펜과 세스퀴터펜 향기성분

9.1.1 과실류의 성숙향

과일에는 방향이 강한 것이 많으며 주요 향기물질로는 에스터류, 락톤류, 터펜류 등이 있으며, 감귤류에는 터펜류가 많다. 딸기, 멜론, 바나나, 사과 등의 과일에는 성숙하면 생체 내에서 저분자의 유기산과 알코올이 효소적으로 반응하여 에스터류가 생합성되어 과실향을 나타낸다.

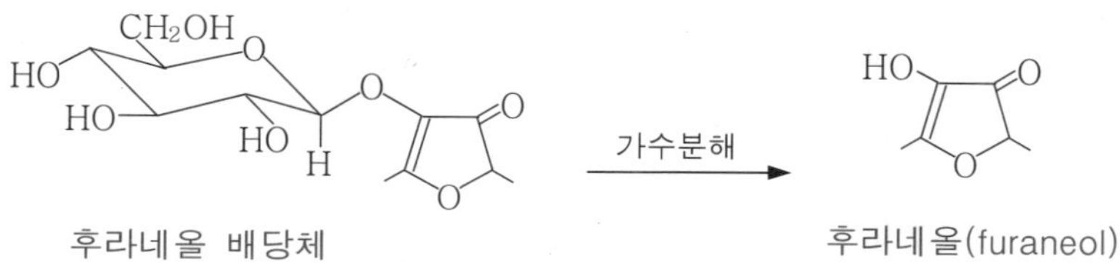

<그림 9-4> 완숙딸기의 달콤한 향기성분(후라네올의 전구체로부터 생성)

딸기에는 성숙기가 되면 부티르산메틸, 부티르산에틸, 헥산에틸과 같은 에스터류가 급속히 증가한다. 바나나에서는 후숙(後熟)중에 아이소아밀아세테이트, 2-메틸부틸아세테이트등이 증가하여 바나나 특유의 풍미를 나타낸다. 과일에 따라 에스터류의 종류와 함유량이 다르고, 각각 고유의 향기를 형성한다.

에스터류는 화학적으로 합성되어 식품향료로서 각종 음료, 아이스크림, 캔디 등에 이용되고 있다. 또 파인애플과 딸기에서는 성숙함에 따라 생체내의 후라네올(furaneol)배당체가 효소적으로 가수분해되어 강한 캐러멜향을 갖는 후라네올을 생성하여 특징적인 완숙향을 나타낸다.

9.1.2. 채소류의 향기성분

채소에는 알데하이드, 알코올류, 함황화합돝, 케톤을 향기성분으로 함유하는 것이 많다. 채소의 특징적인 냄새는 탄소수 6과 9의 화합물에 의한 경우가 많다. (3Z)-헥센올과 (2E)-헥센올은 각각 청엽알코올, 청엽알데하이드라고 불리며 채소의 특징적인 향기물질이다. 미나리, 쑥갓, 생강 등의 향기는 터펜류가 많다.

1. 토마토의 향기

토마토를 절단하면 세포내의 가수분해효소(라이페이스)에 의해 토마토의 지질로부터 리놀레산과 α-리놀렌산이 생성된다. 이들 리놀레산과 α-리놀렌산은 세포내의 리폭시제네이스(lipoxrgenase)에 의한 C 13번 위치의 산소첨가반응, 라이페이스에 의한 하이드로퍼옥사이드의 개열반응으로 채소의 특징적 냄새를 나타내는 헥산알과 cis-3-헥산알이 된다. 이어서 이성화반응과 알코올 탈수소효소작용에 의해 trans-2-헥센알과 cis-3-헥센알이 생성된다. 각각 청엽알데하이드, 청엽알코올이라고 불리며, 신선한 채소냄새를 나타낸다. 신선한 토마토에서는 주로 탄소 수 6개의 알코올과 알데하이드가 생성된다.

2. 오이의 향기

껍질을 벗긴 오이는 토마토보다도 쓴맛을 느끼는 특징적 냄새를 갖고 있다. 오이의 리폭시제네이스는 지방산의 C 9번 위치에 특이적으로 작용한다.

그 결과 트랜스-2-노넨알(trans-2-nonenal)과 트랜스,시스-2,6-노나다이엔알(trans,cis-2,6-nonadienal), 트랜스,시스-2,6-노나다이엔올(trans,cis-2,6-nonadienol) 등의 탄소수 9개의 알코올과 알데하이드를 생성하여 오이의 신선한 냄새를 생성한다.

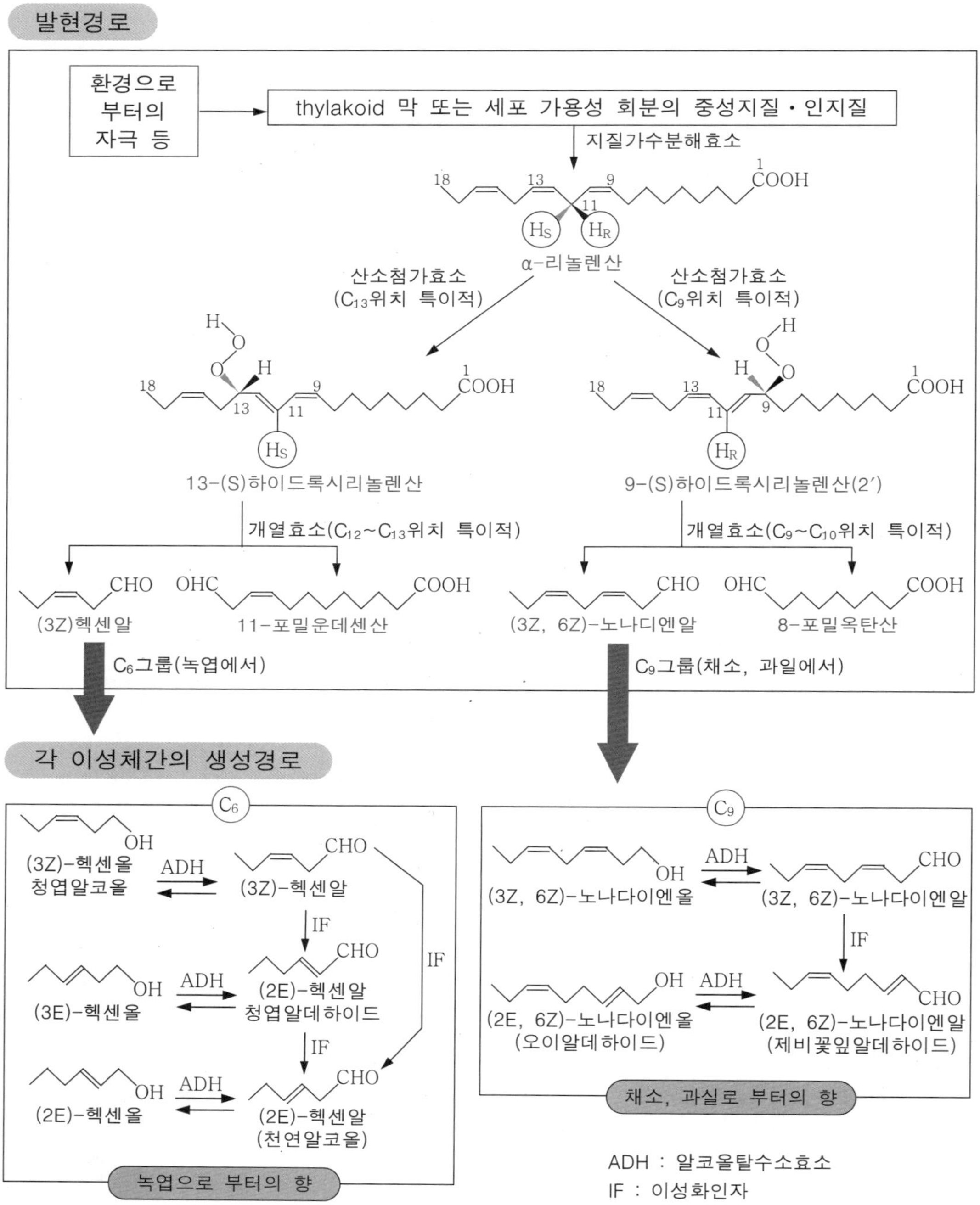

<그림 9-5> 신선한 채소의 특유 향의 생성경로

3. 마늘. 파, 양파, 부추의 향기

마늘, 양파, 부추, 파에는 함황아미노산의 알킬시스테인설파이드류가 함유되어 있다. 조직이 파괴되면 알리이네이스(alliinase)에 의해 분해되어 특유의 향기물질인 알킬싸이오설파이드와 다이알킬다이설파이드가 생성된다(그림 9-6). 마늘의 알리인(allin, S-알릴-L-시스테인 설폭사이드)는 조직이 파괴되면 효소 알리이네이스(alliinase)에 의해 분해되어 알리신(allicin)이라는 냄새성분을 이차적으로 생성한다. 이물질은 더욱더 마늘냄새의 키 컴파운드 물질인 다이알릴설파이드로 변화한다.

알리인과 알리신은 모두 비타민 B_1과 결합하여 생체 내에서 안정된 알리싸이아민(allithiamine)을 형성함으로써 비타민 B_1의 흡수 이용률을 증가시킨다.

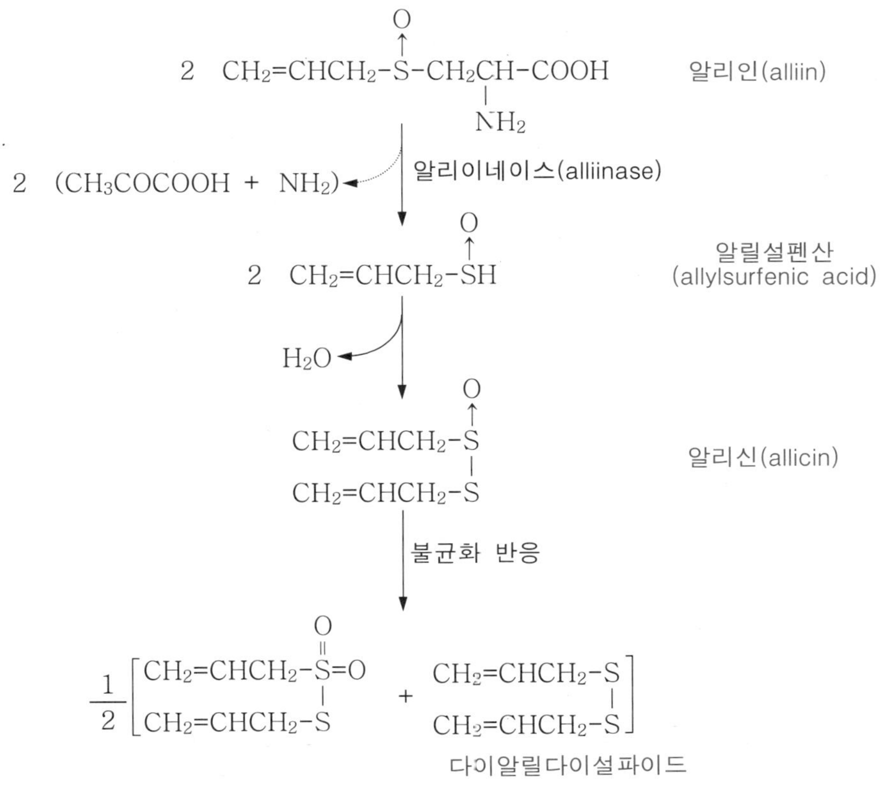

<그림 9-6> 마늘 향기성분의 생성

<표 9-4> 부추, 양파, 파, 마늘의 함황 향기성분의 조성(%)

종 류	부추	양파	파	마늘
다이메틸설파이드(CH_3SSCH_3)	83	2	9	<1
메틸프로필다이설파이드($CH_3SSCH_2CH_2CH_3$)	<1	4	15	<1
메틸알릴다이설파이드($CH_3SSCH_2H=CH_2$)	16	<1	2	22
다이프로필다이설파이드($CH_3CH_2CH_2SSCH_2CH_2CH_3$)	<1	86	65	<1
다이알릴다이설파이드($CH=CHCH_2SSCH_2CH=CH_2$)	<1	<1	<1	74

양파는 프로필시스테인설폭사이드(propyl cystein sulfoxide)와 1-프로페닐시스테인설폭사이드(propenyl cystein sulfoxide)가 주요성분이지만 양파에는 특이적 효소가 작용하여 양파의 최루성분인 싸이오프로판알 S-옥사이드(thiopropanal-S-oxide)를 형성하고, 마늘의 향기성분과 같은 프로페닐다이설파이드는 거의 형성하지 않는다.

양파의 주요 향기성분은 다이프로필다이설파이드이다. 이와 같이 함황아미노산의 알킬기의 종류와 양이 특징적 향에 관여한다. 양파를 가열하면 단맛이 강해지는데 이는 다이설파이드가 환원하여 생기는 메틸머캡탄(methyl mercaptane)과 프로필머캡탄(propyl mercaptane)에 의한 것으로서 프로필머캡탄은 설탕의 50배의 단맛을 갖는다.

양배추를 가열 할 때 냄새는 양배추 중의 S-메틸-L-시스테인설폭사이드의 효소분해에 의해 생성된 다이메틸다이설파이드 등의 화합물이다. 무, 양파의 자극취는 메틸머캡탄(methyl mercaptan) 등이다.

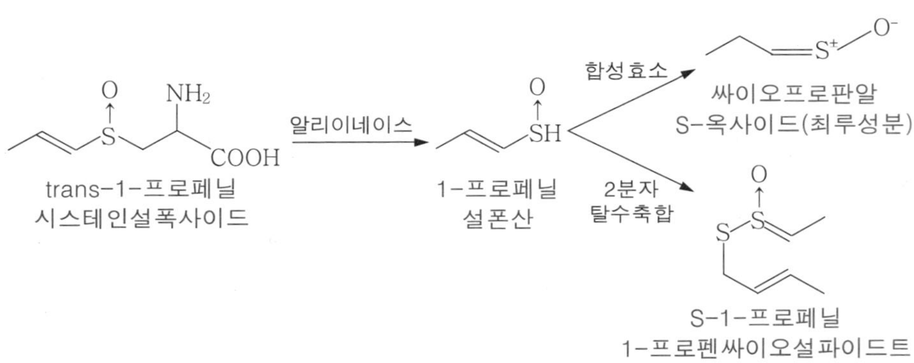

<그림 9-7> 양파의 최루성분의 형성경로

4. 겨자과 식물의 향기성분

양배추, 고추냉이, 무, 배추, 순무, 유채(rape) 등은 모두 글루코시놀레이트(겨자유배당체)를 함유하고 있다. 특히 겨자 중에 함유된 글루코시놀레이트는 시니그린(sinigrin)으로 알려져 있으며, 겨자씨를 마쇄할 때 마이로시네이스(myrosinase)에 의한 가수분해하여 겨자 특유의 자극성 향기성분인 알릴 아이소싸이오시아네이트(allyl isothiocyanate)를 형성한다(그림 9-8).

고추냉이의 알릴 아이소싸이오시아네이트, 무의 트랜스-4-메틸싸이오-부테닐아이소싸이오시아네이트(trans-4-methylthio-butenylisocyanate)는 매운맛의 성분이기도 하다. 무의 트랜스-4-메틸싸이오-부테닐아이소싸이오시아네이트는 무즙의 특유의 자극취 물질이기도 하다. 그러나 무즙을 장시간 방치하면, 이 향기물질이 분해되어 메틸머캡탄과 다이메틸다이설파이드를 생성하여 자극취가 없어진다.

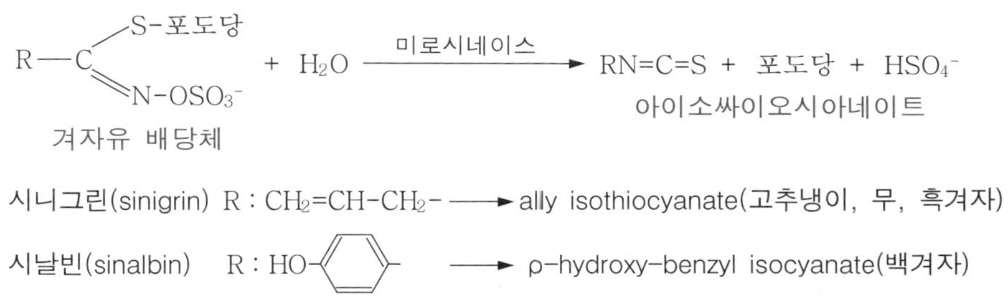

<그림 9-8> 겨자의 향기성분의 생성

5. 버섯의 향기성분

송이버섯과 표고버섯의 곰팡이 같은 냄새의 중요성분은 리놀레산으로부터 리폭시제네이스(lipoxygenase)의 작용에 의해 C_{10}과 C_{11}의 사이가 개열하여 생성하는 1-옥텐-3-올이다(그림9-9). 송이버섯에는 1-옥텐-3-올(1-octen-3-ol)과 계피산메틸(methyl cinnamate)이 특유한 향을 나타낸다. 건조표고버섯을 물에 불리면 독특한 냄새가 발생한다. 것은 시스테인설폭사이드유도체인 렌틴산(lentinic acid)이 파, 마늘과 유사한 효소작용으로 분해되어 렌티오닌(lenthionine)을 생성하기 때문이다.

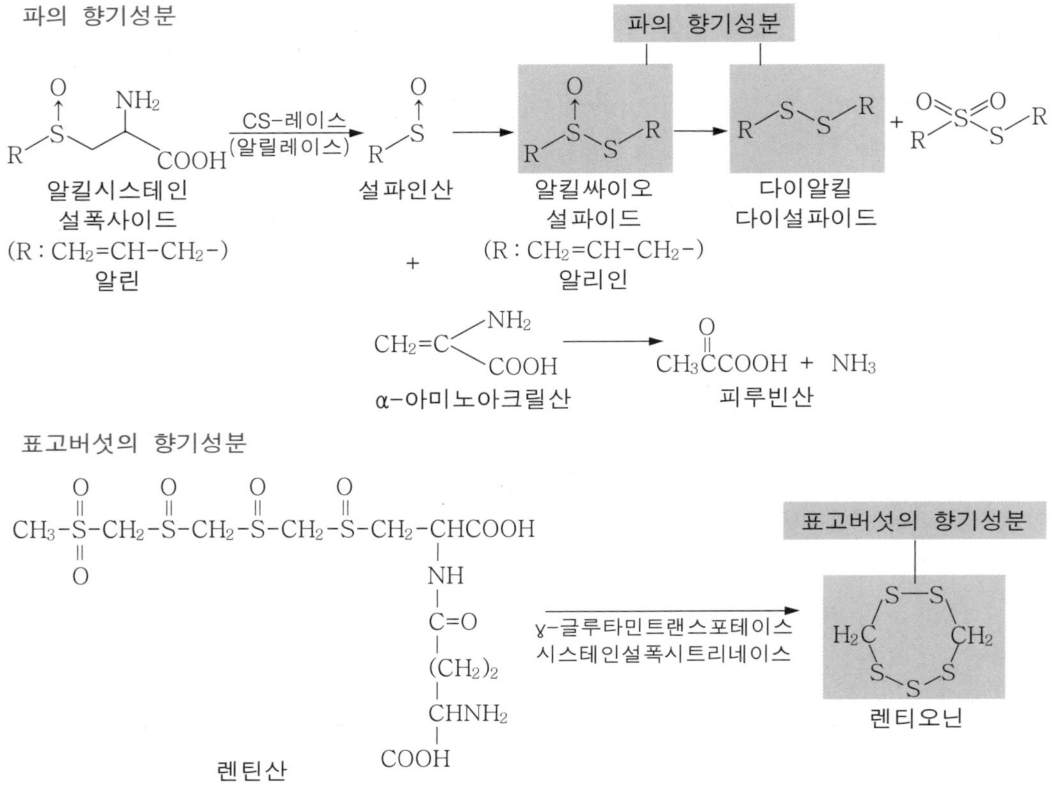

<그림 9-9> 파와 표고버섯의 향기의 생성

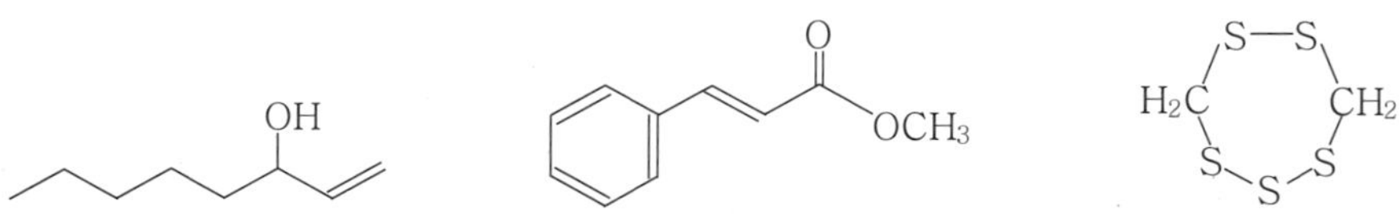

1-옥텐-3-올 계피산메틸 렌티오닌

<그림 9-10> 버섯의 주요 향기성분

6. 향신료의 향기성분

향신료는 냄새가 강한 것이 많고, 또 향기성분 함유량도 많다. 향기성분은 정유(essential oil)이라고도 하며 주로 수증기증류법, 초임계유체 추출법에 의해 추출한다. 향신료의 대표적인 향기성분으로는 유제놀, 신남알데하이드 등으로 대표되는 페닐프로파노이드, 멘톨(mentol), 티몰(thymol), 커민알데하이드 등의 모노털펜이 많다. 향기성분의 특징은 매우 미량에도 감지할 수 있다는 것이다. 바닐라의 향기성분인 바닐린과 민트의 먼톨은 1μg/100g의 초미량에서도 감지할 수 있다.

페닐프로파노이드

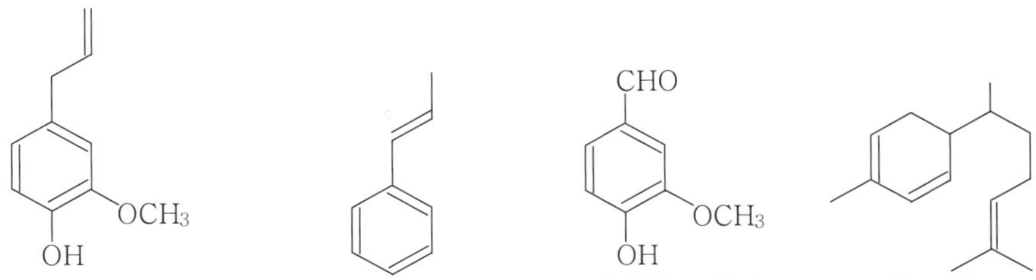

유제놀(eugenol) (올스파이스, 글로브) | 신남알데하이드 (cinnamaldehyde)(계피) | 바닐린(vanillin) (바닐라) | 진지베린 (생강)

모노텔펜

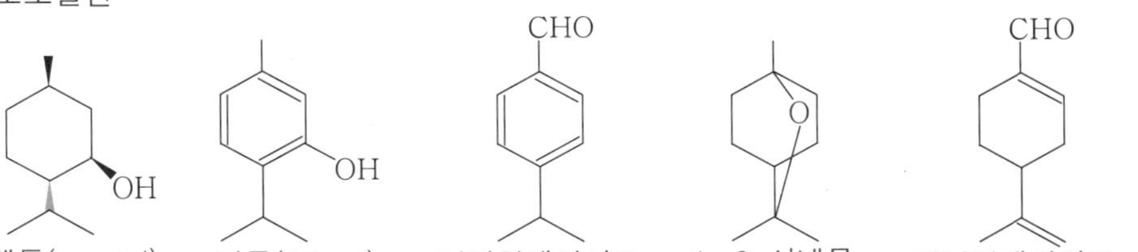

멘톨(mentol) (민트) | 티몰(thimol) (타임, 오레가노) | 커민알데하이드 (cumin aldehyde) (커민) | 1, 8-시네몰 (로즈마리, 월계수) | 페닐알데하이드 (phenyl aldehyde) (차조기)

<그림 9-11> 향신료의 주요 향기성분

9.2. 동물성 식품의 냄새성분

9.2.1. 어류의 냄새

어취라고 불리는 향기는 각종 화합물로 되어 있어 선도의 저하나 가열에 의해 변화하기 쉽다. 신선한 물고기에 비해 냉동한 경우에는 카보닐화합물이 증가하고, 건조하면 카보닐화합물과 산이 증가한다. 익힌 경우에는 카보닐화합물과 단백질이 증가한다. 일반적으로 신선한 물고기는 대개 무취이지만, 선도가 떨어지면 비린내가 강해진다. 바닷물고기의 비린내는 트리메틸아민옥사이드(TMAO)가 세균의 효소작용에 의해 환원되어 생기는 트리메틸아민(TMA)에 의해 발생한다. 트리메틸아민은 물고기가 죽은 후 증가하기 때문에 선도의 지표가 되지만 어종에 따라 TMAO의 함유량이 다르기 때문에 TMAO의 함유량이 적은 담수어에는 적용할 수 없다. 한편 붉은 살 물고기는 흰 살 물고기보다 비린내의 발생이 쉽다. 고도불포화 지방산(DHA나 EPA)을 많이 함유하고 있는 붉은 살 물고기는 리폭시제네이스를 함유하고 있어 이들 효소가 지방산을 산화시켜 프로판알(propanal, 헥산알(hexanal), 1-펜텐-3-올(1-pentene-3-ol) 등의 냄새성분의 생성이 증가하게 된다.

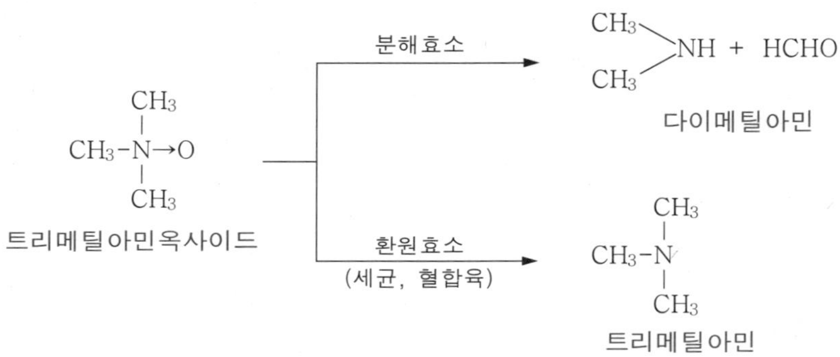

<그림 9-12> 바닷물고기의 비린내성분의 생성

민물고기의 비린내는 염기성 아미노산인 라이신의 탈탄산반응 또는 탈아미노반응에 의해 생성되는 피페리딘(piperidine)에 발생한다. 선도가 나쁜 생선은 분해에 의해 카다베린(cadaverine)과 δ-아미노발레르산(δ-aminovaleric acid)도 생성하여 악취의 원인이 된다. 또한 물고기가 오래되면 지방이 분해하여 저급지방산을 생성하거나 산화에 의한 알데하이드를 생성하여 악취의 원인이 된다.

또한 어류는 부패하면 단백질과 아미노산의 분해에 의해 암모니아를 생성한다. 특히, 상어와 홍어 등의 연골어에는 요소(urea)가 많이 함유되어 있어 요소가수분해효소(urease)에 의해 분해되어 암모니아 냄새가 강해진다.

한편 민물고기에서 나타나는 흙이나 곰팡이와 같은 냄새는 물속의 남조류(藍藻類)나 방선균이 생산하는 지오스민(giosmin)을 물고기가 먹기 때문이다.

잉어 등에서 이취어로 문제가 되는 일이 있다.

천연 은어는 특유의 갖고 있다. 은어에는 EPA의 함유량이 많고, 또 C_{12}위치에 작용하는 리폭시제네이스를 갖고 있어 오이와 같은 경로로 오이 향기와 비슷한 향기를 갖는 트랜스, 시스-2, 6-노나다이엔알을 생성하고, 자연 은어의 특유향이 된다. 그 때문에 수박과 같은 냄새에서 역치도 높아 시스, 시스-3, 6-노날다이엔올이 알데하이드류보다도 많이 존재하여 냄새가 약하다.

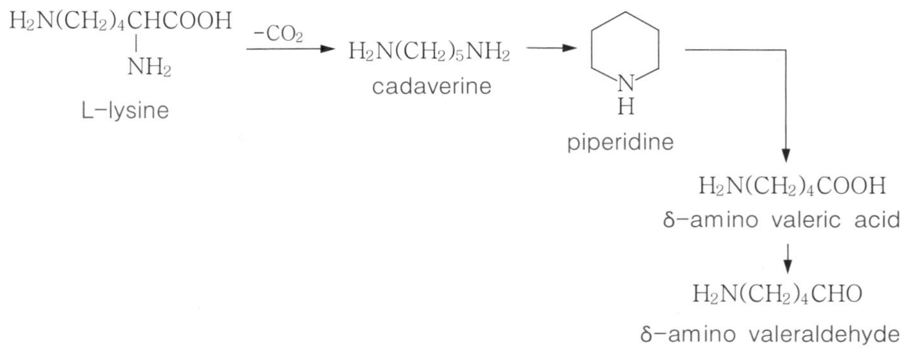

<그림 9-13> 민물고기의 비린내성분의 생성

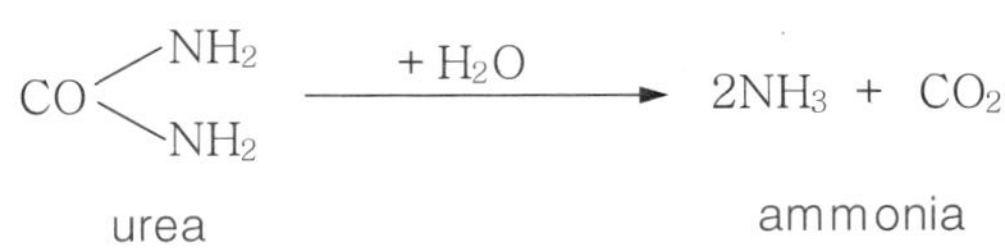

<그림 9-14> 상어나 홍어의 요소분해에 의한 냄새

9.3. 냄새성분의 변화

9.3.1. 가열조리, 저장, 가공에 의해 생성되는 향기성분

식육 등 식품을 가열하여 조리나 가공을 하면 식욕을 자극하는 냄새가 생성된다. 이것은 식품중의 지질, 아미노산, 당질 등이 상호 반응하여 생성하는 화합물에 강한 냄새를 갖는 것이 많은 것에 기인한다. 이 향기를 일반적으로 가열향기라고 한다. 가열향기는 주로 당과 아미노산, 펩타이드, 단백질에 의한 아민, 카보닐반응에 의해 생성된다. 반응은 여러 단계를 걸쳐서 복잡하게 진행하지만 향기성분은 주로 중간단계에 생성된다.

주요 성분은

① 당유래의 캐러멜같은 단맛을 갖는 물질

② 스트렉커반응에 의한 아미노산유래의 알데하이드

③ 당과 아미노산의 상호반응에 의한 헤테로환화합물 등이 있다.

스트렉커분해에 의해 생성한다. 아미노산보다 탄소수가 하나 적은 알데하이드류는 특유의 냄새를 갖는다. 당만 가열한 경우, 고온으로 하지 않으면 분해되지 않지만 아미노산과 공존하면 반응이 용이하게 진행되고 아미노산의 종류에 따라 특유의 향기가 생성된다(표 9-5).

각각의 향기성분을 분석하면 피라진류, 후란류, 파이롤류 등이 검출되었다. 헤테로환 화합물은 냄새역치가 낮고 구수한 특징적인 냄새의 것이 많다. 이것이 가열향기가 식욕을 자극하는 냄새의 요인이 되고 있다.

<표 9-5> 아미노산과 포도당과의 반응으로 생성되는 향기

(아미노산 + 포도당 —가열(180℃)→ 향기성분)

아미노산	생성되는 향기성분	아미노산	생성되는 향기성분
글라이신	캐러멜 향	페닐알라닌	제비꽃 향
알라닌	캐러멜 향	메싸이오닌	감자 향
발린	초콜릿 향	프롤린	구운 빵의 향
루신	치즈를 구운 향		

발효식품에서는 미생물의 대사산물이 향기의 원인이 된다. 다이아세틸은 발효버터의 주요 향기로 유산균에 의해 생성된다.

한편 신선한 향기와는 다르지만 식품을 장기간 저장하고 있는 사이에 무언가의 이유로 원래 식품에 없었던 이취(異臭)가 발생하는 경우가 있다. 이 이취를 오프후레바(off flavor)라고 한다. 특히 지질함량이 많은 식품에서 보여지는 현상으로 주로 불포화지방산의 자동산화에 의해서 생성하는 알데하이드류가 원인인 경우가 많다.

묵은 쌀과 묵은 쌀겨에 생성하는 n-펜탄알과 n-헥산알, 대두의 변향취로서 알려져 있는 시스-3-헥센알은 모두 잘 알려진 오프후레바이다.

냉동식품에 있어서도 브렌칭이나 저장법을 적절히 행하지 않으면 아세트알데하이드 등의 저급 알데하이드류가 이취를 발생하는 경우가 있다

저장 중의 향기의 변화로서는 고미취(古米臭)가 있다. 이것은 n-펜탄알, n-헥산알로 쌀의 지방의 산화에 의해 생성된다.

대두유의 변향취는 정제한 대두유가 수일 후에 산패취와는 다른 콩비린내 같은 불쾌한 냄새를 발생하는 것으로 (3Z)-헥센알 등이 주로 리놀레산과 리놀렌산이 관여하는 것으로 알려지고 있다.

삶은 달걀의 냄새는 가열에 의해 난백 단백질에 많이 함유되어 있는 함황아미노산으로 부터 황화수소(부패취)를 생성한 것이다.

생유의 향은 케톤류, 알데하이드류, 저급지방산, 함황화합물 등이 있다. 보통 음용하는 우유는 시유이고 가열에 의한 풍미가 생유에 가해진 것이다. 시유의 특징적인 향기물질인 다이메틸설파이드는 생유중의 S-메틸메싸이오닌설폰산염으로 부터 생성한 것이고 유제품에 있어서도 중요한 향기를 부여하고 있다. 또 δ-데카락톤은 유지방에 유래하는 특징적인 향기물질이다.

또 하나의 향으로는 가공 시에 있어서 새로운 향기물질의 생성이다. 락산 중의 저급지방산은 원료유중 에는 미생물이 생산하는 라이페이스라는 효소의 작용으로 생성한다. 유제품의 향기물질로서 유명한 다이아세틸도 미생물작용에 의해 생성한다. 그 외에 가열반응과 자동산화에 따른 향의 생성도 있다.

10장 | 식품의 맛

10.1. 미각 의 생리

10.1.1. 맛을 인식하게 되는 매커니즘

식품은 각각 그 특유의 맛(taste)을 가지고 있으며 식품의 맛은 색(color), 냄새(flavor), 조직감(texture)등과 함께 식품의 기호적 가치를 형성한다.

식품의 맛을 감지하는 곳이 미각기관인데, 이는 혀의 표면에 돌기상으로 붙어 있는 크고 작은 여러 개의 유두와 유두의 도랑벽을 따라 상피 속에 있는 미뢰(味蕾, taste buds)와 그와 연결된 미각신경이 주로 화학적인 자극을 받아 일어나는 감각이다(그림 10-1).

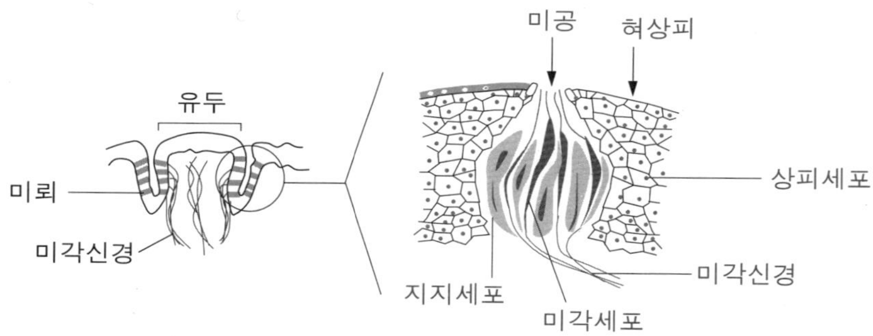

<그림 10-1> 혀 유두의 단면과 미뢰의 구조

식품 중 맛을 내는 성분들이 미뢰, 즉 수십 개의 미각세포들이 모여서 형성된 미각수용기의 일부분과 접촉하여 화학적인 자극을 일으켜 여러 과정을 거쳐 뇌에 전달되어 어떤 맛으로 인식되게 된다.

맛을 내는 물질(taste substance)과 맛을 느끼는 수용체(taste receptor)간의 상호작용에 관한 메커니즘이 명확히 보고된 바는 없지만, 맛을 내는 화합물이 수용체 세포내의 특이한 단백질과 상호반응을 한다고 제안되고 있다. Beidler에 의해 제안 된 맛 감지 메커니즘은 그림10-2와 같으며, 맛 반응이 일어나는 데 필요한 시간은 0.025초의 수준이다.

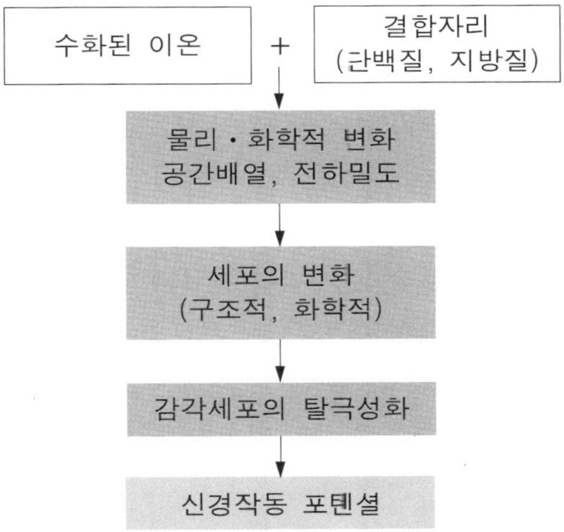

<그림 10-2> 제한된 맛의 감지 메커니즘

10.2. 맛의 분류와 화학구조

식품의 맛은 단일한 것이 아니라, 여러 가지 정미성분(呈味)이 혼합된 종합적인 것이므로, 맛의 종류나 그 좋고 나쁨을 하나하나 정확하게 표현하기는 어렵다.

1916년 H. Henning은 식품의 맛을 단맛(감미, sweet) · 신맛(산미, sour) · 쓴맛(고미, bitter) · 짠맛(염미, saline)의 4원미 또는 진미(real taste)라고 분류하고, 이 4원미의 배합에 의해서 모든 맛이 구성될 수 있다고 하였다(그림 10-3).

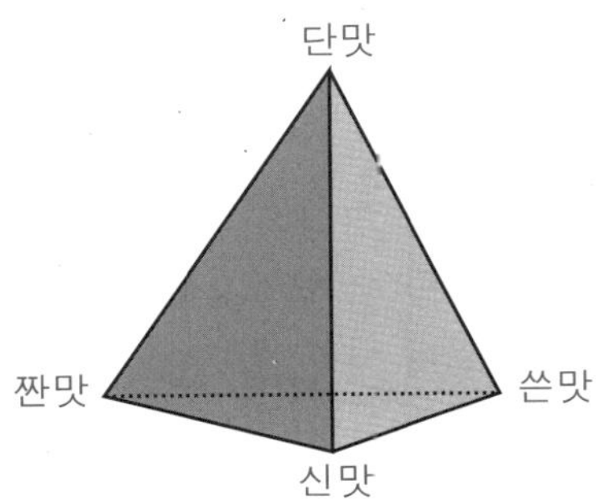

<그림 10-3> 헤닝에 의한 4원미의 정사면체

이는 빛의 원리와 같다고 할 수 있다. 즉 빨강, 파랑, 초록의 3원색을 적당히 혼합하여 모든 빛깔을 나타낼 수 있는 것과 같다.

그러나 최근에 와서 모든 맛을 간단히 4원미로 설명하기는 곤란하다고 인식하게 되었다. 이는 원미와는 달리 맛 수용체에서 인식되는 것이 아니라 자유신경이나 혀의 점막 등 구강 내에서 복합적으로 느끼게 되는 감각이다. 그 예로 매운맛(hot taste)은 통감과 온도감각의 복합감각이고, 떫은맛(astringent taste)은 점막의 수렴감이 혼합된 것이다. 이 외에도 교질맛(colloidal taste), 금속맛(metallic taste), 알칼리맛(alkali taste), 아린맛(acrid taste) 등이 있다. 또한 4원미가 절묘하게 혼합된 맛난맛(감칠맛, palatable taste)은 사면체 중의 어느 공간에 위치한다.

1914년 코헨(Cohen)은 맛 성분의 화학구조가 맛을 느끼게 한다고 하였다. 즉 단맛을 나타내려면 -OH, $-NH_2$(ɣ-type), $-SO_2NH_2$ 같은 감미기(dulcingen)가 있어야 하고, 쓴맛은 $-SO_2(OH)$, $-SO_2H_3$, ≡N, =N=, $-NO_2$같은 고미기(amarogen)가 있어야 되며, 신맛은 H^+는 산미기(acidogen)가 존재할 때 느낄 수 있다.

10.3. 맛의 역치

어떤 식품 또는 식품의 맛 성분이 확실히 느껴지는 최저 농도를 그 맛 성분의 역치(threshold value)라 하고 일반적으로 쓴맛 성분이 가장 낮고 단맛 성분이 가장 높다. 그러나 맛의 역치는 객관적인 어떤 방법에 의하여 결정되는 것이 아니고, 각 사람의 미각 수용기에 의해 결정되는 주관적인 수치이기에 반드시 통계적인 처리를 실시 하여야한다.

또 맛의 역치를 결정하는 사람의 연령, 흡연의 유무, 건강 및 심리적 상태, 피로의 정도 등에 따라 영향을 받을 수 있으며, 맛을 가진 물질의 온도와 그 물질이 존재하는 기질 등에 의해서도 영향을 받는다. 표 10-1은 몇 가지 맛 성분의 역치 평균치를 나타내었다.

또한 혀 부위에 따른 각종 맛에 대한 감수성도 제각기 다르다. 그림 10-4와 같이 일반적으로 혀의 앞부분에서는 단맛을, 뒷부분에서는 쓴맛을, 앞 양쪽 가장자리에서는 짠맛을, 양쪽 가장자리에서는 신맛을 강하게 느끼며 중앙부분에서는 맛을 별로 느낄 수 없다. 특히 혀의 뒷부분은 앞부분에 비해 쓴맛의 감수성이 약 5배가 되므로 쓴맛은 삼킬 때 혀의 뒷부분에서 강하게 느껴진다. 따라서 혀의 부위에 따라 느껴지는 맛 성분의 역치도 다르다.

<표 10-1> 맛 성분의 역치의 평균치 비교

맛의 종류	화 합 물	농도(g/100ml)
단 맛	사카린(saccharin) 슈크로오스(sucrose) 글루코오스(glucose) 프럭토오스(fructose)	0.01~0.005 0.30 0.48 0.15
짠 맛	염화나트륨(NaCl)	0.75
쓴 맛	퀴닌(quinine) 카페인(caffeine) 모르핀(morphine)	0.00005~0.0005 0.03 0.15~0.02
신 맛	아세트산(acetic acid) 락트산(lactic acid) 시트르산(citric acid)	0.004~0.009 0.004 0.0025

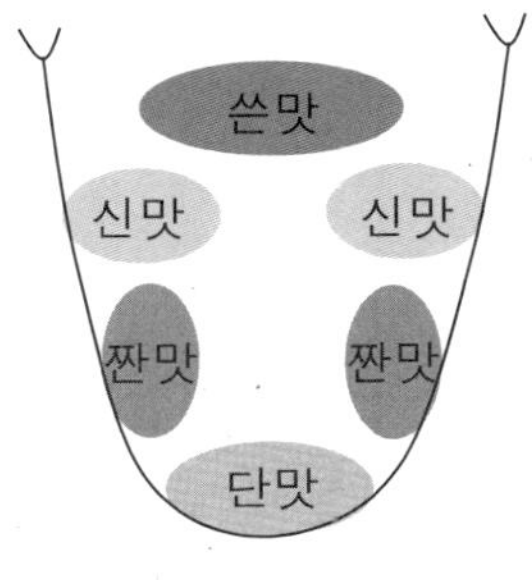

<그림 10-4> 맛을 예민하게 느끼는 혀의 부위

10.4. 미각의 변화

1. 온도에 의한 미각의 변화

맛은 온도의 차이에 따라서 느껴지는 정도가 다르다. 일반적으로 혀의 미각은 10~40℃일 때 가장 잘 느낄 수 있는데 30℃에서 가장 예민해지며 이온도에서 멀어 질수록 미각은 둔해진다. 맛에 대한 온도의 영향은 일정하지 않으며 연구자들의 실험 결과도 일치되지 않는다.

대체로 온도가 올라감에 따라 단맛에 대한 반응은 증가되며 짠맛과 쓴맛에 대한 반응은 감소된다고 생각된다. 한편, 신맛은 온도에 의해서 크게 영향 받지 않는다(그림 10-5).

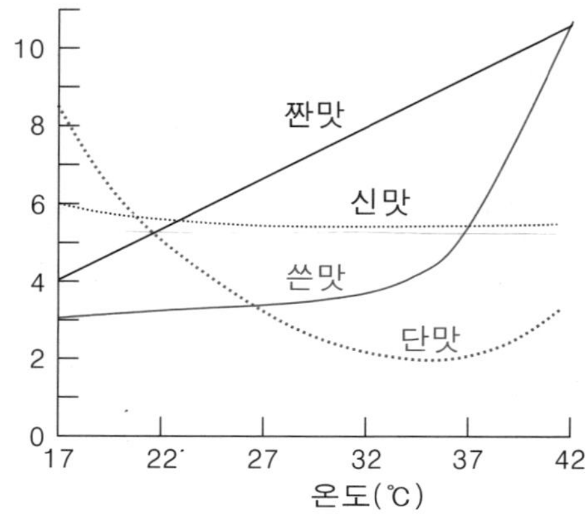

<그림 10-5> 역치의 온도 변화에 대한 반응

2. 맛의 대비

서로 다른 정미성분이 혼합되었을 때에 주된 정미성분의 맛이 증가하는 현상을 '맛의 대비' 또는 '강화현상'이라고 한다. 설탕용액에 소금용액을 소량 가하면 단맛이 증가하고, 소금용액에 소량의 구연산·식초산·주석산등의 유기산을 가하면 짠맛이 증가하는 것, 백설탕보다 흑설탕이 단맛이 강한 것도 흑설탕 속의 불순물에 기인하는 등 모두 이 현상 때문이다.

3. 맛의 억제

서로 다른 맛 성분이 몇 가지 혼합되었을 경우 주된 맛 성분의 맛이 약화되는 현상을 '맛의 억제'라고 한다. 이는 강화 현상의 반대로서 커피에 설탕을 넣으면 커피의 쓴맛이 설탕의 단맛에 의하여 억제되어 약화된다.

4. 맛의 상쇄

소금, 설탕, 황산, 퀴닌(quinine) 등을 두 종류씩 적당한 농도로 혼합하면 각각의 고유한 맛은 느껴지지 않고 조화된 맛으로 느껴지는데, 이를 '맛의 상쇄현상'이라고 한다. 다량의 소금을 함유하고 있는 간장이나 된장이 그리 짠맛을 내지 않는 것은 이 때문이다. 또 김치의 맛은 짠맛과 신맛이 상쇄되어 조화 된 맛이고, 청량음료의 맛은 단맛과 신맛이 상쇄되어 조화된 맛이다.

5. 맛의 상승

같은 종류의 맛을 가지는 두 종류의 맛 성분을 서로 혼합하면 각각 가지고 있는 본래의 맛보다 훨씬 강하게 느껴지는데, 이것을 '맛의 상승효과'라고 한다.

Na-glutamate에 Na-inosinate(혹은 Na-guanilate)를 혼합하였을 때, Na-glutamate의 맛난맛(감칠맛)은 Na-inosinate 10% 혼합으로 5배, Na-guanilate 10% 혼합으로 17배나 강하게 느껴진다.

6. 맛의 피로

같은 맛을 계속해서 맛보면 미각이 조금씩 둔화하는데, 이를 '맛의 피로' 또는 '순응'이라고 한다. 맛성분의 농도가 낮을 때는 거의 느껴지지 않지만, 농도가 높아지면 순응에 의하여 미각의 소멸시간이 길어진다. 이와 같이 정미성분이 약한 음식물을 계속적으로 먹게 되면 맛을 느끼지 못하게 된다. 따라서 우리들의 주식을 거의 무미(無味)한 것으로 택하는 이유도 이 때문이며, 맑은 물을 언제든지 맛있게 마실 수 있는 것도 마찬가지이다.

7. 맛의 변조

쓴약을 먹은 뒤에 곧 물을 마시면 단맛이 난다든가, 단 것을 먹은 후에 사과를 먹으면 신맛을, 또 신 귤을 먹은 후에 사과를 먹으면 달게 느끼는데, 이를 '맛의 변조'라고 한다. 또한 PTC(phenylthiocarbamide 또는 phenylthiourea)에 대하여 대부분의 사람들은 쓴맛을 느끼지만 일부사람들은 느끼지 못하는데, 이러한 사람들을 '미맹(味盲, taste blind)'이라고 한다.

미맹은 유전적인 요인에 의하여 나타나는 것으로, Mendel의 열성형질로 유전되며 인종과 성별에 따라서 차이가 있다. 예를 들면, 백인은 30%, 황색인은 15%, 흑인은 2~3% 정도이다. 그리고 대체로 남자의 경우에는 전체수의 25.9%, 여자의 경우에는 22.2%가 미맹자로 알려져 있다.

10.5. 각종 맛 성분

10.5.1. 단맛 성분

단맛(sweet taste)을 갖는 화합물은 자연계에 다수 존재한다. 대표적으로 설탕이외에 당류, 알코올, 배당체, 아미노산, 펩타이드(peptide) 및 단백질 등이 있다.

인공감미료에는 아스파탐(aspartam), 사카린(saccharin) 등이 있다. 이들 단맛 물질의 구조와 특성에 관한 연구는 오랫동안 시행되고 있다.

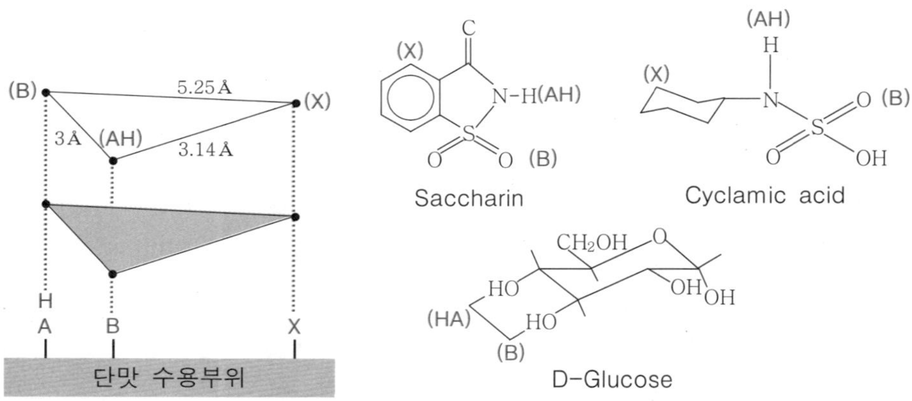

<그림 10-6> AH-B-X설과 단맛물질의 구조

Kier는 단맛 물질의 구조로서 AH-B-X설을 제시했다. 여기에서 AH는 수소이온 공여기, B는 수소이온 수용기, X는 소수기를 나타내는데 단맛 물질의 AH, B, X 각 부위는 맛 수용체의 B, AH, X 각 부위와 각각 수소 또는 소수결합으로 결합하여 단맛을 느끼게 된다는 것이다. 여기서 설탕 등 일반 당류의

경우에는 AH와 B부위만으로 보통의 단맛을 나타내지만 AH, B, X의 3부위가 모두 존재할 경우 단맛이 훨씬 강한 고감도 감미료가 된다.

그림 10-6은 실제 단맛을 나타내는 몇 가지 화합물에서 세 작용기의 부위를 나타낸 것이고, 표 10-2에는 설탕 10% 용액의 단맛을 100으로 하여 이와 비교한 감미물질의 상대적인 감미도를 나타냈다.

<표 10-2> 단맛 성분의 상대적 감미도

	종 류	감 미 도
당 류	슈크로오스(sucrose)	100
	프락토오스(fructose)	100~173
	전화당(invert sugar)	120
	글루코오스(glucose)	50~74
	람노오스(rhamnose)	60
	글루코사민(glucosamine)	50
	말토오스(maltose)	50~60
	자일로오스(xylose)	40
	갈락토오스(glactose)	27~32
	락토오스(lactose)	16~28
당 알코올	자일리톨(xylitol)	75
	글리세롤(glycerol)	48
	솔비톨(sorbitol)	48~70
	에리쓰리톨(erythritol)	45
	이노시톨(inositol)	45
	만니톨(mannitol)	45
	둘시톨(dulcitol)	41
방향족 화합물	페릴라르틴(perillartine)	200,000~500,000
	글리시리진(glycyrihizin)	290~500
	스테비오사이드(stevioside)	20,000~30,000
	필로둘신(phyllodulcin)	20,000~30,000
인 공 감미료	사카린(saccharin)	20,000~70,000
	Na-사이클로헥실 설파메이트 (Na-cyclohexyl-sulfamate)	3,000~4,000
	아스파탐(aspartame)	15,000~20,000
	둘신(dulcin)	7,000~35,000

1. 천연감미료

천연감미료의 종류와 성질은 표 10-3과 같다

<표 10-3> 천연감미료의 종류와 성질

종류		감미도	성질
당류	글루코오스 (glucose)	50~74	α형이 β형보다 1.5배 더 달다. 결정은 α형이지만 수용액으로 되면 β형이 되고, 온도상승으로 β형이 증가되어 단맛이 감소된 분말형태로 사용하거나 찬물에 녹여 사용하면 감미가 증가한다.
	프락토오스 (fructose)	100~173	천연당류 중 단맛이 가장 크고 상쾌한 맛을 낸다. β형이 α형보다 3배 더 달다. β형은 불안정하여 가열하거나 방치하면 α형으로 평형을 이루어 단맛이 감소하고 0℃에서는 α:β=3:7로 평형을 이루어 단맛이 증가된다. 벌꿀은 가열하지 않고, 과일은 냉각하여 먹는 것이 더 달다.
	슈크로오스 (sucrose)	100	글라이코시드성 -OH가 없는 비환원당으로 변선광(變旋光)을 나타내지 않는다. α, β이성체가 없어 감미 변화가 적으므로 감미 표준물질로 사용한다.
	말토오스 (maltose)	50~60	환원성이 있는 당으로 α와 β형이 있으며, α형이 더 달다. 용액으로 가열하면 일부 β형은 α형으로 되므로 감미도가 더 증가한다.
	락토오스 (lactose)	16~28	α, β형이 있으며 β형이 조금 더 달다. 분유가 흡수되면 β가 α형으로 된다.
당알코올	솔비톨 (sorbitol)	48~70	글루코오스를 환원하여 얻은 분말상 결정으로 물에 잘 녹고 청량한 감미를 갖는다. 흡습성, 보수성, 보향성이 우수하여 습윤 조정제로도 쓰인다.
	만니톨 (mannitol)	45	만노오스를 환원하여 얻은 침상(針狀) 또는 입상(立狀) 결정으로 물에 용해되지 않으며 상쾌한 감미를 갖는다. 갈조류와 미생물에 존재하며 곶감의 흰 가루도 이 성분이다.
	자일리톨 (xylitol)	75	D-자일로오스를 환원하여 만든 당알코올로 당뇨병환자의 감미료로 쓰인다.
아미노산	L-루신산 (L-leucinic acid)	자당의 25배	L-루신에 아질산을 작용시켜 루신의 $-NH_2$를 -OH로 치환한 것이다. 고상한 맛을 가지고 있어 당뇨병환자의 감미료로 쓰인다.
	글라이신(glycine), 알라닌(alanine), 프롤린(proline), 세린(serine)		아미노산 중에서 일반적으로 분자량이 적은 아미노산들이 감미가 있다.

(표 10-3) 계속

<표 10-3> 계 속

종 류		감 미 도	성 질
방향족화합물	글리시리진 (glycyrihizin)	자당의 3~5배	감초의 뿌리에 있으며 글리시레틴산의 구조를 가지는 일종의 트리터펜에 글루쿠론산 2분자가 결합한 것이며, 칼슘과 칼륨의 염으로 되어 있다. 비식품용 감미료로 담배향신료로 이용된다.
	필로둘신 (phyllodulcin)	자당의 200~300배	감차(甘茶)의 잎을 건조시켜 차를 끓일 때의 감미성분으로 플라노이드계 화합물이다. 당뇨병환자의 감ㄱ료로 쓰인다.
	페릴라르틴 (perillartin)	자당의 2,000~5,000배	차조기 잎의 단맛 및 향기성분으로 페릴알데하이드 옥심이며, 소엽당이라고도 한다. 비식품용 감미료로 담배향신료로 이용된다.
	스테비오사이드 (stevioside)	자당의 200~300배	극화과에 속하는 스테비아의 잎에 아글리콘(aglycone)과 당이 결합한 배당체로 존재하며, 백색분말로 열, 산, 알칼리에 안정하다. 비발효성, 무칼로리로 충치 예방과 다이어트에 효과적이다.
황화합물	메틸머캡탄 (methylmercaptan, 무), 프로필머캡탄 (propylmercaptan, 양파, 마늘)	자당의 50~70배	무, 양파, 마늘 등 가열하면 매운맛을 가진 황화합물이 단맛을 가진 황화합물로 변한다. $(CH_3CH_2CH_2)_2S_2 \xrightarrow[\text{가열}]{+2H} 2CH_3CH_2CH_2SH$ 다이프로필 다이설파이드 (매운맛) → 프로필머캡탄 (단맛)

2. 인공감미료

인공감미료는 처음에는 설탕과 그 밖의 천연당의 대용품으로서 발달하였으나, 요즘에는 저칼로리를 요구하는 사람들이나 설탕섭취의 제한이 있는 환자용으로 적극 개발, 활용되고 있다. 인공감미료는 강한 단맛을 갖고 있으며 독성이 낮은 식품첨가물에 해당한다.

1) 아스파탐(aspartame)

아스파탐은 신맛을 내는 산성아미노산인 L-아스파트산(aspartic acid)과 약한 쓴맛을 내는 방향족 아미노산인 L-페닐알라닌(phenylalanine)을 결합시켜 합성한 감미료로서 상쾌한 감미를 내며, 감미도는 설탕의 150~200배 정도이나, 설탕, 과당, 포도당등과 혼합할 경우 상승효과(synergistic effect)를 나타낸다.

페닐알라닌 대신 타이로신을 사용해도 좋으나 아스파트산을 다른 아미노산으로 바꾸면 쓴맛이 생성된다.

2) 사카린(saccharin)

사카린의 단맛은 사용농도와 온도에 따라 다르나 대체로 설탕보다 300~700배 달고, 사카린의 단맛은 쓴 뒷맛을 가진다. 보통은 물에 잘 녹지 않으나 나트륨염이나, 칼륨염으로 만들면 물에 잘 용해되므로 이를 가용성사카린이라고 한다.

사카린의 독성연구 결과로 다량 섭취하면 소화효소의 작용이 방해되며 신장장애를 가져온다고 하여 일부 식품에서는 사용이 제한되고 있다.

3) 둘신(dulcin)

1883년에 발견된 대체감미제로 설탕의 70~350배의 단맛을 가지나, 체내에서 위액에 의하여 분해되면 혈액독인 파라아미노페놀(para-aminophenol)로 변하기 때문에 독이 있는 것으로 알려졌으며, 또한 간에 종양을 일으키는 발암물질로도 밝혀져서 사용이 금지되어 있다.

4) 소디움 사이클라메이트(sodium cyclamate)

물에 잘 녹으며 설탕의 약50배의 단맛으로 인공감미료 중 설탕에 가장 가까운 단맛을 갖고 있으나 발암물질로 알려져서 사용이 금지되고 있다.

10.5.2. 짠맛 성분

짠맛 성분(saline taste)은 4원미 가운데서 가장 생리적으로 중요한 맛 성분이며, 조리상에서도 가장 기본적인 맛이라 할 수 있다. 무기 및 유기의 알칼리염이 해리하여 생긴 이온의 맛으로, 음이온은 짠맛 자체를, 양이온은 짠맛을 강하게 하거나 쓴맛을 내기도 한다.

짠맛을 가진 무기염류들은 $NaCl$을 비롯하여 $NaBr$, NaI, Na_2SO_4, $NaNO_3$ 등과 같은 소디움(Na)염과 Cl^-, I^-, NO_3^-, SO_4^{2-}의 리티움(Li)염과 포타슘(K)염 등이 있다. 이중 음이온의 경우에는 $SO_4^{2-} > Cl^- > Br^- > I^- > HCO_3^- > NO_3^-$의 순으로 짠맛이 약하고 양이온의 경우에는 $NH_4^+ > K^+ > Ca^{2+} > Na^+ > Li^+ > Mg^{2+}$ 등의 순으로 짠맛이 약하다.

또한 다음과 같이 무기염류들은 짠맛 이외에 쓴맛과 같은 다른 여러 맛이 혼합되어 있는 경우도 있다.

① 주로 짠맛을 내는 것 : NaCl, KCl, NH_4Cl, NaBr, NaI
② 짠맛과 쓴맛을 같은 정도로 내는 것 : KBr, NH_4I
③ 주로 쓴맛을 내는 것 : $MgCl_2$, $MgSO_4$, KI
④ 불쾌한 맛을 내는 것 : $CaCl_2$

우리가 일상생활에서 경험하는 짠맛은 NaCl에서 유래하는 것으로 1% 정도의 농도가 가장 기분 좋은 짠맛을 낸다.

그리고 우리가 사용하는 식염(salt)은 순수한 NaCl이 아닌 소량의 불순물을 함유하고 있으므로, 순수한 짠맛 이외에 쓴닷을 주게 되어 순수한 NaCl보다 관능적으로 더 좋은 짠맛을 나타낸다. 표 10-4에서는 음식물에 알맞은 짠맛 정도를 나타내었다.

<표 10-4> 식품의 식염 농도(%)

식 품 명	식 염 농 도	식 품 명	식 염 농 도
국	0.8~1.2	절임류(단기)	3~5
찌개류	1.5~2	절임류(장기)	7~10
구이류	2~8	단무지	8~10
햄버거스테이크	1	햄, 소시지	2~4
프라이	1	생선조림류	5~10
찜 류	1	정쟁이류	10~12
식 빵	0.7	젓 갈	10~30
일본된장(단맛)	6~7	포테이토	1.3~1.5
일본된장(매운맛)	7~10	간 장	18~20
		식 염	85~99

한편, 유기산의 염 중에서는 다이소디움 말산(disodium malate), 다이암모늄 말론산(diammonium malonate), 다이암모늄 세바신산(diammonium sebacinate), 소디움 글루콘산(sodium gluconate) 등이 소금과 비슷한 짠맛을 낸다(그림 10-7). 이러한 유기산 염들은 염화나트륨과 같이 완전해리 되지 않아 혈중의 나트륨 농도에 큰 영향을 주지 않기 때문에 신장병, 간장병, 고혈압 등의 환자에게 식염 대용으로 이용된다.

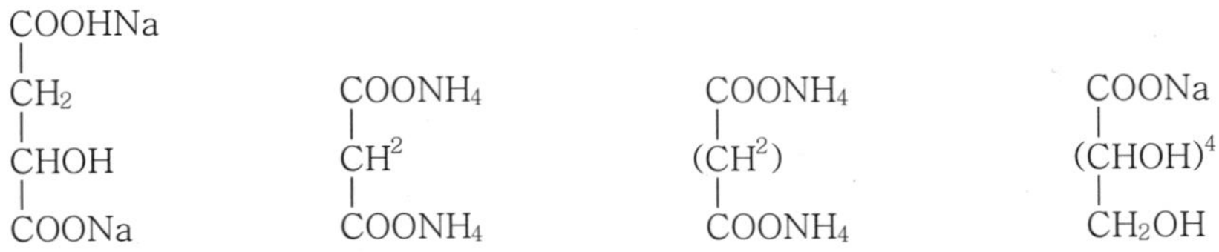

다이소디움 말산　다이암모늄 말론산　다이암모늄 세비신산　소디움 글루콘산

<그림 10-7> 짠맛을 가진 유기산의 염들

10.5.3. 신맛 성분

식품의 신맛(sour taste)은 향기를 동반하는 경우가 많은데, 이는 미각을 자극하며, 식욕을 증진한다. 신맛 성분에는 무기산과 유기산이 있으며, 그의 신맛은 용액 중에 해리 된 수소이온(H^+)과 아울러 해리 되지 않은 산 분자에서 기인한다. 따라서 신맛의 정도는 수소이온 농도인 pH와는 정비례하지 않으며, 같은 pH에 있어서 유기산은 무기산보다 신맛이 더 강하다.

한편 산이 해리될 때 생기는 음이온은 신맛에 영향을 주기도 하는데 무기산에서 해리된 음이온은 쓴맛이나 떫은맛을 부여해 불쾌한 신맛을 내는 반면 젖산(latic acid), 구연산(citric acid), 주석산(tartaric acid)등의 유기산에서 해리된 음이온은 상쾌한 맛과 특유한 감칠맛을 부여해 식욕을 증진시켜 준다. 따라서 무기산 중에서는 탄산이 청량음료와 맥주에, 인산이 청량음료에 이용될 뿐이며 각종의 산이 각각 고유의 맛을 갖는 것은 수소 이온이 생기는 동시에 반드시 음이온이 생겨 파생되는 맛으로 단맛, 쓴맛, 기타 여러 맛이 나기 때문이다.

또한 산에 하이드록실기(-OH)가 있으면 온전한 신맛을, 아미노산기($-NH_2$)가 있으면 쓴맛이 짙은 신맛을 낸다. 보통 우리가 섭취하는 식품 중의 중요한 신맛은 표 10-5와 같으며 이들은 식품에 신맛을 주는 동시에 식품의 pH를 낮추어(표 10-6)식품 부패를 방지하는 효과도 있다.

신맛의 강도는 유기산의 종류에 따라 다르며, 같은 농도로 신맛의 강도를 상대비교하면 염산(HCl)을 100으로 할 때 개미산(formic acid = 폼산, 84) > 구연산(citric acid = 시트르산, 78) > 사과산(malic acid=말산, 72) > 젖산(lactic acid = 락트산, 65) > 초산(acetic acid = 아세트산, 45) > 낙산(butyric acid = 부티르산, 32)의 순이다. 보통 pH 3 이하인 산도의 신맛은 기호에 맞지 않으나 설탕을 가하면 신맛이 감소되고 맛이 부드러워진다.

<표 10-5> 식품 중의 신맛 성분

종 류	구 조 식	소 재	특 징	이 용
아세트산 (acetic acid)	CH_3-COOH	식초 김치류	식초 중 3~4%	3~5%로 널리 사용 된다.
락트산 (lactic acid)	$CH_3-CH-COOH$ | OH	김치류 젖산음료 발효 유제품	품위 있는 산미, 방부성	산미뿐만 아니라 살균력이 있어 식품공업에 널리 사용된다.
숙신산 (succinic acid)	$HOOC-CH_2-CH_2-COOH$	청주 조개류 사과 딸기	감칠맛을 갖는 산미	주로 청주, 합성청주, 된장, 간장 등에 사용된다.
말산 (malic acid)	$HOOC-CH_2-CH-COOH$ | OH	과일 감귤류	상쾌한 산미	젤리나 과자의 산미료로 적당하며, 마가린이나 마요네즈에 산미제 및 유화안정제로 사용된다.
시트르산 (citric acid)	OH | $HOOC-CH_2-C-CH_2-COOH$ | COOH	살구 감귤류	상쾌한 산미	산미료로서 청량음료, 치즈, 젤리, 잼, 드롭프스 등에 사용한다. 산화방지제의 상승제(synergist)로도 사용한다.
타르탈산 (tartaric acid)	$HOOC-(CHOH)_2-COOH$	포도	칼륨염으로 존재	청량음료, 젤리, 잼 등에 시트르산, 락트산 등과 함께 사용한다.
아스코브산 (ascorbic acid)	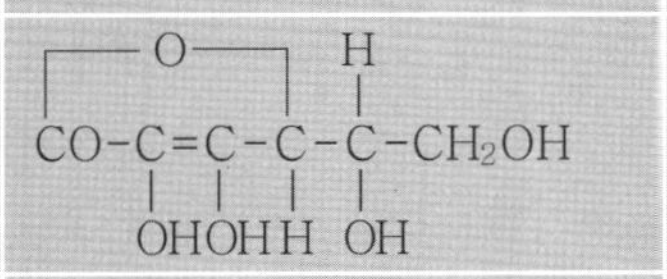	과일 채소류	상쾌한 산미, 산화방지	과일 통조림이나 주스류 제조에 사용한다.
글루콘산 (gluconic acid)	$HOOC-(CHOH)_4-CO_2OH$	곶감 양조식품	풍미 있는 산미	

<표 10-6> 여러 식품의 pH

식 품	pH	식 품	pH	식 품	pH
0.1N 염산	1.0	복숭아	3.4~4.6	고구마	5.3~5.6
위 액	1~3	포 도	3.5~4.5	어 류	6
레 몬	2.2~2.4	맥 주	4~5	밀가루	6.0~6.5
식 초	2.4~3.4	감 자	4.1~4.4	우 유	6.4~6.8
사 과	2.9~3.3	호 박	4.8~5.2	모 유	7.2
밀감류	3~4	당 근	4.9~5.2	백미밥	6.7
딸 기	3.2~3.6	콩	5~6	증류수	6.8~7.0
앵 두	3.2~4.1	시금치	5.1~5.7	해 수	8.0~8.4
잼	3.5~4.0	양배추	5.2~5.4	0.1N 중조	8.4

10.5.4. 쓴맛 성분

쓴맛(bitter taste)은 일반적으로 식미를 나쁘게 하지만 옛 부터 "좋은 약은 입에 쓰다"라는 말이 있듯이 쓴맛 성분에는 약리작용을 하는 것이 많이 있다.

쓴맛은 동물이 유해한 독성 물질을 섭취하지 않도록 마련된 것 같고, 여러 미각 중 가장 예민하고 낮은 온도에서도 느낄 수 있어 식품의 맛에 큰 영향을 미친다. 또한 커피, 코코아, 차, 맥주, 초콜릿 등과 같이 쓴맛이 미량 존재하는 경우는 기호도가 좋은 맛으로 인식된다.

일반적으로 쓴맛 성분은 그 분자 내에 ≡N, =N=, $-NO_2$, -SH, -S-, -S-S-, =CS, $-SO_2$, $-SO_2(OH)$, $-SO_2H_3$ 등의 고미기를 가지며 Ca^{2+}, Mg^{2+}, NH_4^+ 등의 무기이온도 쓴맛을 낸다.

쓴맛을 내는 물질의 대부분은 그 역치가 매우 낮으며, 몇 가지 대표적인 물질의 역치는 표 10-7과 같다.

<표 10-7> 주요한 쓴맛 물질과 그 역치

종 류	분 자 식	분자량	역가
황산 quinine	$(C_{20}H_{24}N_2O_2)_2 \cdot H_2SO_4$	746.90	0.000008
염산 quinine	$C_{20}H_{24}N_2O_2 \cdot HCl$	360.88	0.0003
염산 strychnine	$C_{21}H_{22}N_2O_2 \cdot HCl$	370.75	0.0000016
Nicotine	$C_5H_4NC_4H_7NCH_3$	162.2	0.000019
Caffeine	$C_8H_{10}N_4O_2$	194.1	0.0007
요 소	$CO(NH_2)_2$	60.1	0.12
황산마그네슘	$MgSO_4 \cdot 7H_2O$	246.49	0.0046

식품 중의 쓴맛성분은 표 10-8과 같이 크게 알칼로이드(alkaloid : 식물체 속에 들어 있는 염기성 함질소화합물로 강한 약리작용을 나타냄), 배당체(glycoside), 케톤류, 무기염류 및 단백질 분해물 등이다.

<표 10-8> 식품 중의 쓴맛 성분

종류		소재	비고
알칼로이드	카페인 (caffeine)	차, 커피	녹차 2~3%, 홍차 3%, 커피 1%, 코코아 0.2%의 카페인을 함유하고 심장, 신장, 중추신경계에 흥분작용을 준다.
	테오브로민 (theobromine)	코코아, 초콜릿	이뇨저(利尿劑)
	퀴닌 (quinine)	키나	쓴맛의 표준물질. 쓴맛을 느낄 수 있는 한계 값은 0.0016%이며, 말라리아병에 특효이다.
배당체	나린진 (naringin)	밀감의 껍질	나린진 가수분해 효소에 의해 분해되어 당이 제거된 아글리콘(나린게닌)은 쓴맛이 없어진다.
	큐커비타신 (cucurbitacin)	오이의 꼭지부분	약 20여종의 이성질체가 있다
	퀘세틴 (quercetin)	양파의 껍질	루틴의 아글리콘
케톤류	후물론(humulon) 루풀론(lupulon)	홉(맥주의 방향, 쓴맛을 포함)	맥주의 쓴맛은 이밖에도 발효공정 중 이성화 또는 분해에 의해서 생성된 30여 종류의 고미성분으로 이루어진다. 기포성(氣泡性), 지포성(持泡性), 항균력이 있다.
	투존(thujone)	쑥	쓴맛을 가지나 독성이 없고 분자 안에 질소가 없다.
무기염류	염화마그네슘(magnesium chloride) 염화칼슘 (calcium chloride)	간수	두부 응고제로 쓰이나, 이들의 쓴맛을 제거하기 위해 두부는 응고 후 3~4시간 물에 담가둔다.
아미노산	L-트립토판 (L-tryptophan), L-루신 (L-leucine), L-페닐알라닌 (L-phenylalanine)	단백질 분해물	콩 등의 단백질은 펩신(pepsin)으로 가수분해할 때 생기는 다르지닌-루신, 글라이신-루신처럼 말단에 루신을 갖는 다이펩타이드(dipeptide)는 쓴맛을 띤다. 치즈가 변질하여 생기는 쓴맛과 건어물의 어복 부위의 쓴맛도 펩타이드에 기인한다. 건어물에서는 펩타이드 외에 타이로신(tyrosine)에서 생긴 타이라민(tyramine)도 쓴맛을 띤다.
기타	이포메아마론 (ipomeamarone)	흑반병 고구마	흑반병에 걸린 고구마의 쓴맛 성분으로 유독성 성분이다.
	리모넨 (limonene)	감귤류의 껍질내부	과즙이 신선할 때는 쓴맛이 없으나 과즙을 저장하거나 가공처리하면 쓴맛을 띤다. 이것은 리모넨(limonene)에 기인하며 이와 같은 쓴맛을 지연성쓴맛(delayed bitterness)이라고 한다.
	사포닌 (saponin)	콩, 도토리, 아스파라거스	약한 유독 성분이며 사포닌은 묽은 알칼리에 잘 녹으므로 도토리를 식품화 하려면 묽은 알칼리로 잘 씻어 완전히 쓴맛 성분을 제거해야 한다.

10.5.5. 매운맛

매운맛(hot taste, pungent taste)은 순수한 미각이라기보다는 생리적 통각이라 할 수 있다. 일반적으로 매운맛은 향기를 동반하는 경우가 많으며 미뢰뿐 아니라 구강전체에서 비강에 이르기까지 느껴진다. 이것이 식욕을 촉진시키며 건위작용과 살균 및 살충작용을 돕는다. 서양에서는 이러한 효과를 내는 것을 향신료(spice)라 부르며, 우리나라에서는 식습관상 매우 중요한 맛이다. 식품 중의 매운맛 성분은 표 10-9와 같이 화학적 구조에 따라 산아미드류(acid amide), 황화합물류, 방향족 알데히드 및 케톤류, 아민류 등이다.

<표 10-9> 식품 중의 매운맛 성분

종류		소재	비고
산	캅사이신 (capsaicin)	고추	융점이 65℃인 판상결정(版狀結晶)으로서 냉수에는 불용성이지만 알코올, 에터, 클로로포름, 벤젠 등에 가용성 이다. 비등점은 210~220℃/0.01mmHg로서 대기 중에 방치하면 차츰 휘산 된다. 매운맛이 강하고 체내에서 항산화 작용이 있다.
	차비신 (chavicine)	후추	후추에 0.8%의 차비신이 들어 있는데 이의 트랜스형 이성체인 피페린은 매운맛이 없고 시스형인 차비신만이 매운맛을 가진다.
	산쇼올 (sanshool)	산초	조피나무(山椒, 川椒, chinesepepper) 열매의 매운맛을 갖는 수지상 불질을 환원하면 무색의 침상결정인 하이드로산쇼올이 얻어진다. 산쇼올은 하이드로산쇼올의 불포화 화합물로 이중결합 위치는 불분명 하다.
황화합물	시니그린 (sinigrin)	흑겨자 고추냉이	흑겨자에 존재하는 시니그린은 마이로시네이스(시니그리네이스)에 의해 가수분해 되어 알릴 아이소싸이오시아네이트를 생성하여 매운맛을 낸다. CH_2=CHCH$_2$ · N=C=S 알릴 아이소싸이오시아네이트(allyl isothiocyanate)
	시날빈 (sinalbin)	백겨자	백겨자에 존재하는 시날빈이 마이로시네이스에 의하여 *P*-하이드록시벤질 아이소싸이오시아네이트를 생성하여 매운맛을 낸다. 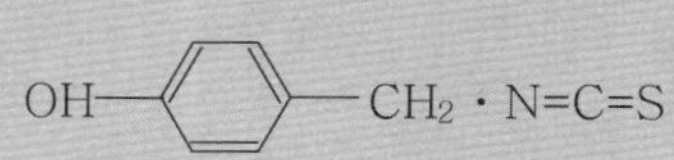 *P*-하이드록시벤질 아이소싸이오시아네이트 (*P*-hydroxybenzyl isothiocyanate)

(표 10-9) 계속

<표 10-9> 계 속

	종 류	소 재	비 고
황화알릴류	다이비닐설파이드(divinylsulfide) 다이알릴설파이드(diallylsulfide) 다이알릴다이설파이드(diallyldisulfide) 프로필알릴설파이드(propylallylsulfide) 알리신(allicin)	부추유	마늘, 파 양파, 부추 등의 정유성분인 부추유(leek oil)의 매운맛 성분이다. 알리신은 마늘, 양파의 매운맛 성분으로 알리인이 알리이네이스에 의해 가수분해 되어 생성된 알릴설폰산의 축합물이다. 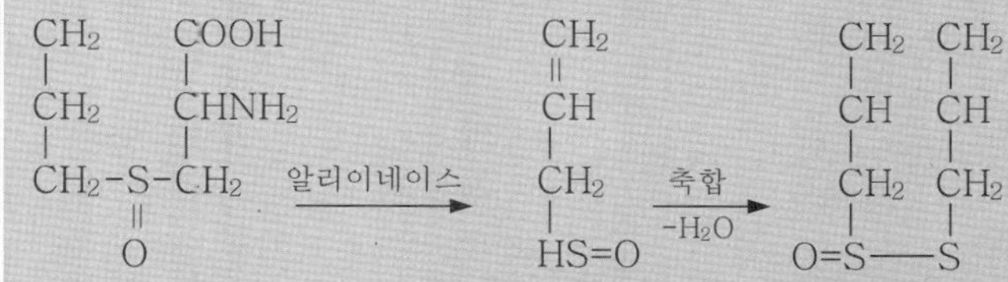 알리인 알릴설폰산 알리신
방향족알데하이드및케톤	진저론(gingerone) 쇼가올(shogaol) 진저롤(gingerol)	생강	생강의 매운맛 성분으로 진저론은 융점이 40℃인 결정체이고 쇼가올은 유상물질이다. 진저롤은 진저론과 쇼가올의 전구물질이다.
	커쿠민(curcumin)	울금	심황(turmeric)의 매운맛과 황색의 성분이며, 카레가루의 재료가 된다.
	바닐린(vanillin)	바닐라콩	바닐라콩의 달콤한 방향성 매운맛 성분이며, 값이 비교적 싸므로 많이 쓰인다.
	신남 알데하이드(cinnamaldehyde)	계피	계피의 향신 성분으로 과자나 소스 등에 쓰인다.
아민류	히스타민(histamine) 타이라민(tyramine)	썩은생선 변패간장	부패한 생선, 변패된 간장은 히스티딘 및 타이로신이 세균에 의해 탈탄산화 되어 생성된 히스타민, 타이라민에 의해 매운맛을 갖는다.

10.5.6. 맛난맛

맛난맛(감칠맛, palatable taste)은 단맛, 짠맛, 신맛, 쓴맛의 4원미와 향기 등이 잘 조화된 맛으로 여러 가지 맛 성분들이 혼합되어 나타내는 복잡하고 미묘한 맛이다. 일반적으로 식품은 다소라도 감칠맛을 가지고 있으며, 특히 단백질 식품에 많이 함유되어 있어서 고기 추출액, 된장, 간장, 젓갈류, 해조류, 조개류, 버섯, 죽순 등에서 잘 느낄 수 있는 맛이다.

1. 맛난맛 성분의 종류

식품 중의 맛난맛 성분은 표 10-10과 같이 아미노산 및 그 유도체, 펩타이드, 콜린 및 유도체, 유기산 등이다.

<표 10-10> 식품 중의 맛난맛 성분

종 류		비 고
아미노산과 그 유도체	글라이신(glycine)	겨울철의 조개류, 게, 새우 등에 함유된 독특한 감칠맛 성분
	베타인(betaine, trimethyl glycine)	여름철 오징어, 새우, 문어, 전복, 조개류, 게 등에 함유된 감칠맛 성분으로 글라이신의 아미노기가 트리메틸아민이 되어 고리모양으로 된 것으로 생체속에는 글라이신이나 콜린에서 유도된다.
	크레아틴(creatine) 크레아티닌(creatinine)	어류, 육류의 일반적인 감칠맛 성분으로 이들 성분은 글리신의 유도체이다.
	글루타민 (glutamine)	육류나 어류, 채소 중에 들어있는 감칠맛 성분으로 글루탐산의 γ 위치의 카복실기가 $CONH_2$로 된 아마이드이다.
	테아닌(theanine)	햇빛을 가리고 재배한 녹차에 들어있는 것으로 단맛을 띤 감칠맛 성분이다. 이 성분은 글루탐산의 에틸 아마이드이다.
	아스파라진 (asparagine)	어류나 육류, 채소 중에 들어있는 감칠맛 성분으로 아스파트산의 아마이드이다.
	트리크롬산 (trichoromic acid), 이보텐산(ibotenic acid)	파리버섯 중에 들러있는 감칠맛 성분으로 분리된 새로운 아미노산이다. L-글루탐산과 비슷한 감칠맛을 내나 강도는 훨씬 세다.
	글루탐산(glutamic acid)의 나트륨염(MSG)	감칠맛의 대표적인 물질로 L형의 모노소디움(monsodium)만이 감칠맛을 낸다. 식물성 단백질에 15~35%, 동물성 단백질에 2~3% 함유되어 있다. 글루탐산은 감칠맛이 강하나 물에 녹지 않기 때문에 1개의 -COOH를 나트륨염으로 만든 모노소디움 글루탐산이 되면 물에 잘 용해된다. 단백질을 산으로 가수분해하여 생성된 글루탐산을 중화시키거나 글루탐산 생성균을 이용해 발효시킨 후 중화하여 만든다.
펩티드류	카노신(carnosine) 메틸 카노신(methyl carnosine, anserine)	카노신 : β-알라닌 + 히스티딘 메틸 카노신 : β-알라닌 + 메틸히스티딘 육류, 어류 등에 들어있는 다이펩타이드의 감칠맛 성분이다.
	글루타싸이온(glutathione, glutamyl cysteinyl glycine)	동·식물계 식품에 널리 분포되어 있는 트리펩타이드로 감칠맛을 가지고 있다고 하는데, 최근 감칠맛이 있는지가 의심이다.
콜린 및 그 유도체	콜린(choline)	일반적인 식품에 광범위하게 분포되어 있는 감칠맛이다.
	트리메틸아민 옥사이드 (trimethylamine oxide)	콜린의 분해 물질이라고 하며 어류의 감칠맛 성분이다. 감칠맛 성분이 환원하면 트리메틸아민이 생성되는데, 이것은 어류의 부패 시 냄새성분이다.
	카니틴(carnitine)	일반 식품, 특히 동물성 식품에 널리 분포되어 있는 콜린의 유도체로서 감칠맛을 가진다.
	구아닌(guanine) 하이포크산틴(hypoxathine) 아데닌(adenine) 잔틴(xanthine)	어·육류의 감칠맛 성분으로서 퓨린염기에 속한다. 이들 염기와 리보오스, 그리고 한 분자의 인산이 결합된 뉴클레오타이드가 될 때 감칠맛을 띤다. 구아닌의 산화생성물인 구아니딘, 메틸구아니딘 등도 어류나 육류의 감칠맛 성분이다.
기타	숙신산(succinic acid)	청주 및 그 외의 발효생성물과 조개류 등에 들어있는 감칠맛 성분으로서 일종의 유기산이다.
	타우린(taurine, aminosulfonic acid)	오징어, 문어 등에 함유된 감칠맛이다.

2. 뉴클레오타이드(nucleotides)의 맛난맛

purine과 pyrimidine 염기에 ribose와 deoxyribose가 결합한 nucleoside에 인산이 결합한 것을 nucleotide라 하며 핵산(polynucleotide)의 구성성분이 된다.

효소들을 이용한 여러 핵산들(nucleic acids)의 분해조사가 발전됨에 따라 이들 효소에 의한 분해생성물들(enzymatic degradation products)의 맛에 대한 연구가 활발하여졌으며, 그 결과 핵산들(nucleic acids) 자체는 향미강화작용이 없으나, 일부 mononucleotides은 MSG와 비슷한 향미강화작용을 갖고 있는 사실이 밝혀졌다.

Nucleotide는 염기부위에 purine 염기로 6위가 -OH radical이고, ribose의 5'위가 인산화 될 때에 감칠맛이 있다. 염기당은 ribose와 deoxyribose일 때 모두 감칠맛을 갖는다. 5'-nucleotides들은 그 이성체들인 2'-와 3'-nucleotide들과는 달리 강한 향미강화작용을 갖고 있으며, 5'-nucleotide들 중에서도 그 작용의 크기는 guanosine 5'-monophosphate(5-GMP) > inosine 5'-monophosphate(5'-IMP) > xanthine 5'-monophosphate(5'-XMP) 등의 순서이다.

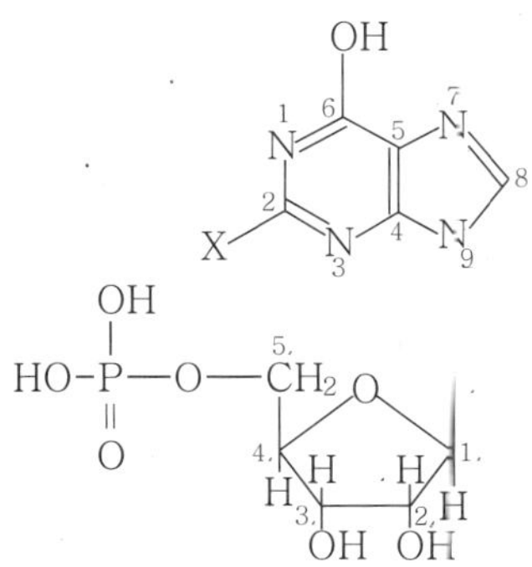

X : NH_2 5′-GMP(guanosine-5′-monophosphate ; 5′-guanylic acid)
: H 5′-IMP(inosine-5′-monophosphate ; 5′-inosinic acid)
: OH 5′-XMP(xanthosine-5′-monophosphate ; 5′-xanthylic acid)

* 5′-AMP는 X가 H이고 6위의 -OH가 $-NH_2$로 감칠맛이 없다.

<그림 10-8> Nucleotides의 화학구조

<표 10-11> 식품 중의 5'-ribonucletide 함량(mg%)

종 류	5'-IMP	5'-GMP	종 류	5'-IMP	5'-GMP
말린표고버섯	-	95.0	생 선	200	-
가다랑어	362	-	돼지고기	123	2.5
말린멸치	304	-	쇠 고 기	107	2.1
고래고기	214	3.5	새 고 기	75	1.4

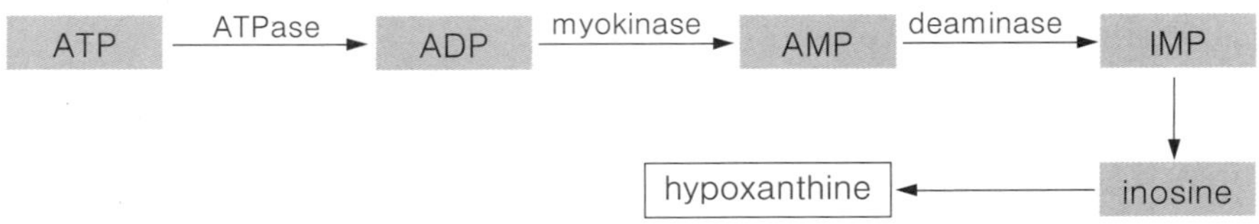

<그림 10-9> 육류 조직 중 효소작용에 의한 ATP의 분해

nucleotide 중 5'-IMP는 육류와 어류의 감칠맛 성분이고, 5'-GMP는 표고버섯의 감칠맛 성분이다. nucleotide의 맛은 MSG의 맛과는 조금 다르고 양자를 혼합하면 감칠맛이 상승한다(synergistic effect). nucleotide는 식품에 감칠맛 외에 부드러운 맛을 주며 신맛과 쓴맛을 억제하는 맛의 완충작용도 있다.

disodium 5'-inosinate과 disodium 5'-guanylate 등은 강력한 향미증진제 또는 강화제(flavor enhancer 또는 flavor intensifier)로서 현재 시중에서 판매되고 있다.

10.5.7. 떫은맛

떫은맛(astringent taste)이란, 혀 표면에 있는 점막 단백질이 일시적으로 변성 응고되어 일시적으로 미각신경이 마비됨으로서 일어나는 수렴성(astringency)의 불쾌한 맛이다. 떫은맛이 강하면 불쾌하나 약하면 쓴맛에 가깝게 느껴지고 특히 차나 포도주에서의 약한 떫은맛은 다른 맛과 조화되어 독특한 풍미를 부여한다.

식품에서는 주로 타닌류가 떫은맛의 원인이 되지만, 지방산 및 알데하이드류, 철과 알루미늄의 금속류 등도 떫은맛을 가진다.

1. 지방산 및 알데하이드류

오래된 지방질 식품에서는 지방의 분해로 생긴 유리 불포화지방산이나 이것의 산화로 생긴 알데하이드류가 혀의 점막에 침착하여 떫은맛을 준다. 실제로 오래된 훈제품, 말린 생선과 같이 지방질이 많은 식품을 오래 저장하였을 때 떫은맛을 느끼는 것이 그 예라 할 수 있다.

2. 타닌류

표 10-12에서와 같이 떫은맛의 원인인 타닌류는 식물계에 널리 분포하고 물에 잘 녹으며 혀의 점막 단백질을 응고시켜 강한 떫은맛을 내게 한다. 그러나 이들이 중합되거나 산화되면 물에 녹지 않아 떫은맛이 없어진다.

<표 10-12> 식품 중의 타닌류

종 류	소 재	비 고
시브올 (shibuol)	감	감의 떫은맛은 갈산과 플로로글루시놀의 축합물인 시부올에 의한다. 미숙한 감이 익어감에 따라 떫은맛이 적어지는 것은 과일의 호흡작용으로 발생한 알코올 및 아세트알데하이드가 시브올과 중합하여 불용성 물질이 되기 때문이다.
엘라지산 (ellagic acid)	밤	2분자의 갈산이 축합한 것이다.
클로로젠산 (chlorogenic acid)	커피, 고구마 감자, 가지, 사과, 배	카페산과 퀴닌산이 에스터 결합한 형태의 분자로서 카페산 부분에 -OH기 2개를 가지는 폴리페놀 화합물이다. 폴리페놀 옥시데이스에 의하여 산화되어 감자, 고구마, 사과 등의 흑변의 원인이 된다.
카테킨류 (catechins)	차, 과실, 채소	녹차의 떫은맛은 카테킨 갈레이트, 갈로카테킨 갈레이트, 에피갈로카테킨 갈레이트 등에 의한 것이며, 이들은 홍차 제조 중 발효과정에 의하여 대부분 불용성이 되어 떫은맛이 사라진다. 과실과 채소에는 카테킨과 갈로카테킨이 많은데 이들은 떫은맛 보다 쓴맛을 낸다.

10.5.8. 교질맛

교질맛(colloidal taste)은 식품의 물리적 접촉에 의하여 일어나는 감각으로 맛을 느끼는 데 있어서는 중요한 것이다. 이 감각은 주로 식품의 교질상태에 의하여 좌우되는 것으로, 식품 중의 고분자화합물인 다당류와 단백질에서 유래되는 경우가 많다.

예를 들면 밥의 호화전분, 찹쌀의 아밀로펙틴(amylopectin), 해조류의 알진산(alginic acid), 한천의 갈락탄(galactan), 곤약의 글루코만난(glucomannan), 잼류의 펙틴(pectin), 밀가루의 글루텐(gluten), 고기국의 젤라틴(gelatin) 등이 교질맛을 주는 식품의 예이다. 또한 육류단백질이 콩단백질보다 기호성이 좋은 것은 그의 교질성에 기인하는 것으로, 최근 콩단백질을 육류단백질과 유사한 물리적 상태로 만든 인조육이 실용화 단계에 이르고 있다.

10.5.9. 금속맛과 알칼리성맛

금속맛(metallic taste)은 철 은 주석 등 금속이온의 맛으로 수저 포크에서 느낄 수 있고, 알칼리성맛(alkaline taste)은 OH^-이온의 맛으로 중조($NHCO_3$)나 재에서 느낄 수 있다.

10.5.10 아린맛 성분

아린맛(acrid taste)이란 쓴맛과 떫은맛이 섞인 불쾌감을 주는 맛으로, 죽순, 고사리, 고비, 우엉, 토란, 가지 등의 야채와 산채에서 볼 수 있고, 이 들을 식용으로 조리하기 전에 물에 담그는 것은 이 맛을 제거하기 위한 것이다. 이 중 죽순, 토란의 아린성분은 타이로신(tyrosin)의 대사산물인 호모젠티스산(homogentisic acid)에 의해 생긴 것이다.

또한, 알칼로이드, 타닌류, 알데하이드, 유기산, K^+, Ca^{2+}, Mg^{2+} 등에 의해 나타나며 아직 밝혀지지 않은 것이 많다.

11장 | 식품의 물성

식품의 촉감은 식품의 기호성을 형성하는 인자이며, 이는 식품의 물리적 성질 즉 식품의 물성과 관계가 깊다. 또한, 식품의 물성은 식품의 가공적성에도 많은 영향을 준다. 이런 식품의 물성을 결정하는 요인을 첫째 교질성 그리고 둘째로 텍스쳐와 리올로지로 나눌 수 있다.

11.1. 식품의 교질상태

11.1.1. 식품의 교질성과 교질의 종류

교질(colloid)은 전자 현미경으로 관찰 할 수 있는 1~100nm의 작은 입자가 어느 물질 속에 균일하게 분산되어 있는 상태를 말한다. 전분이나 분유 등을 물에 넣어 교반하여 투명하게 녹지 않고 흐린 용액을 이루는데, 이러한 상태를 콜로이드 상태라고 한다. 그림 11-1은 콜로이드 입자의 크기와 모식도(模式圖)를 나타내고 있다. 콜로이드 입자는 반투막을 통과하지 못하지만 여과지는 통과한다.

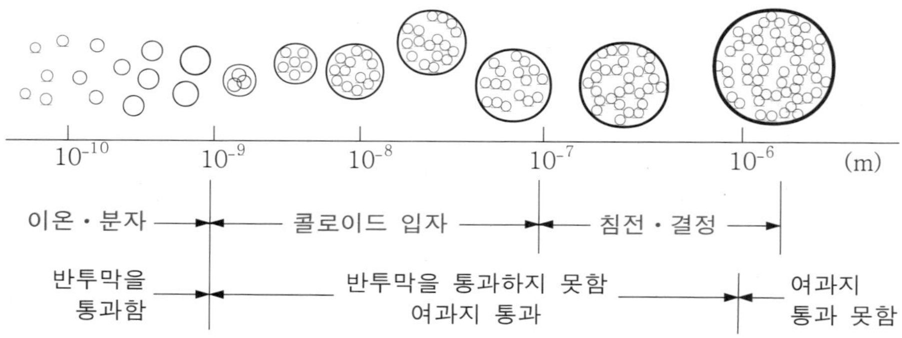

<그림 11-1> 콜로이드 입자의 크기와 모식도

식품 물성의 대부분은 식품이 콜로이드 상태로 존재한다는 개념을 기초로 하게 되면 이해하기가 쉬운 경우가 많다. 이때 분산되어 있는 입자를 분산상(dispersed phase)이라 하고, 이를 분산시키고 있는 용매를 분산매(dispersion medium)라 한다. 이를 통틀어 분산계(dispersion system)라 하는데, 식품에서는 표 11-1과 같이 여러 가지의 교질(분산계)이 있다.

<표 11-1> 교질(분산계)의 종류

분산질	분산매	교질상태	식품의 예
기 체	액 체	거 품	맥주의 거품, 발효 중의 거품
액 체	액 체	유화액	우유, 크림, 마요네즈
고 체	액 체	sol	전분액, 된장국, 풀, 젤리
액 체	고 체	고체 sol	버터, 초콜릿, 마가린
고 체	고 체	고체 sol	사탕과자, 과자

11.1.2. 졸(sol)

분산매가 액체이고, 분산질이 고체 또는 액체의 교질입자로 분산되어 있어 전체가 액체 상태를 띠고 있는 것을 sol이라 한다. 예를 들면 우유, 전분액, 된장국, 한천 및 젤라틴을 물에 넣고 가열한 액 등이 sol에 속한다. 전분 및 젤라틴의 수용액처럼 분산질과 물의 친화력이 커서 전해질을 넣어도 교질상태가 안정하게 유지되는 것을 친수 sol(hydrophilic sol)이라고 한다. 한편, 금이나 염화은의 sol은 분산질과 물의 친화성이 적어 전해질을 넣으면 침전이 생긴다. 이와 같은 sol을 소수sol(hydrophobic sol)이라 한다.

전해질에 대한 sol의 안정성을 높일 목적으로 친수 sol을 첨가하는 경우가 있는데, 이 친수 sol을 보호교질(保護膠質, protective colloid)이라 한다. 우유 중의 casein은 비교적 불안정한 소수 sol에 가까우나 lactalbumin이 보호교질로 작용하여 안정하게 된다.

11.1.3. 젤(gel)

친수 sol을 가열하였다가 냉각시키거나 또는 물을 증발시키면 반고체 상태로 굳어지는데 이 상태를 gel이라 한다. gel의 예는 젤라틴이나 한천 등을 뜨거운 물에 녹인 후 냉각시키면 굳어지는 현상으로 젤리, 잼, 도토리묵, 삶은 달걀 등을 들 수 있다.

이들 gel은 다량의 분산상 입자들 사이에 비교적 소량의 분산매만 있어 가열에 의해 분산질 입자가 서로 접촉하여 유동성을 잃게 된 것이다.

젤라틴이나 한천에서 sol ↔ gel의 변화는 온도 또는 분산매인 물의 증감에 의해 일어나는 가역적 변화이다. 그러나 생달걀의 sol상태를 가열하여 한번 gel이 된 것은 sol상태로 되돌아가지 않는 비가역성이다.

Gel을 장시간 방치하면 망상구조가 점차 수축하여 분산매를 분리하여 부피가 줄어드는 경우가 있는데, 이 현상을 이액현상(離液現象, syneresis)이라 한다.

그리고 gel이 건조 상태가 된 것을 건조젤(xerogel)이라 하는데, 그 예로는 분말 한천 및 판상 젤라틴을 들 수 있다. 그림 11-2는 sol과 gel의 분산상태를 나타내고 있다.

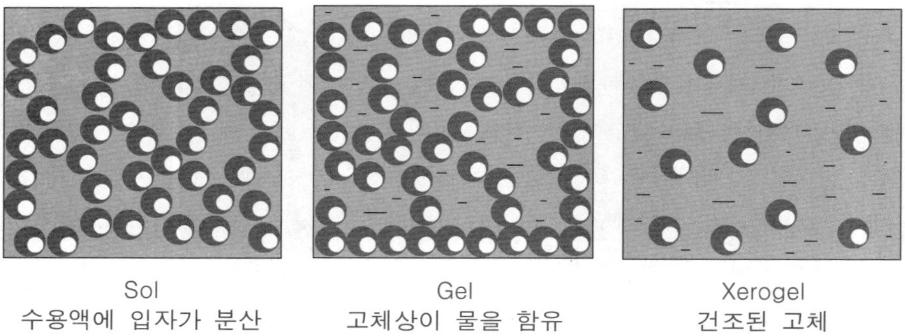

<그림 11-2> Sol과 Gel의 분산상태

11.1.4. 거품

분산매는 액체, 분산질은 기체인 교질상태를 거품(포말질)이라 한다. 거품은 물 속에 공기가 잘 분산되어 있는 형태이지만 기체의 특성상 가벼워서 위로 떠오르기 때문에 공기와 만나 꺼지기 쉽다. 따라서 유화액을 안정시키기 위하여 유화제를 첨가하듯이 거품에도 기포제가 첨가되어야 비로소 안정화된다. 기포제는 수용성 단백질이나 사포닌 등으로 물과 공기 사이의 계면에 흡착되어 거품을 잘 유지 시키는 역할을 한다.

반대로 두부, 물엿 제조 시 거품이 바람직하지 않을 경우에는 실리콘이나 찬 공기, 지방산 에스테르와 같은 소포제를 사용하여 거품의 소실을 유도할 수 있다.

11.1.5. 유화

분산질인 액체가 분산매인 액체에 녹지 않고 분산상으로 분산되어 교질용액을 이룰 때 유화액(emulsion)이라 하고, 유화액을 이루는 작용을 유화(emulsification)라 한다.

물과 기름의 혼합물은 서로 섞이지 않아 비교적 불안정하나, 이 혼합물에 비누 또는 단백질과 같이 한 분자 내에 소수기와 친수기를 함께 갖고 있는 유화제(emulsifier)를 소량 넣고 교반하면 유화가 잘 일어나 안정한 유화액을 형성한다.

유화제는 한분자 내에 -OH, -CHO, -COOH, $-NH_2$기 등의 친수기와 alkyl기와 같은 소수기를 가지고 있어, 친수기는 물과 결합하고 소수기는 기름과 결합하여 그림 11-3과 같이 물과 기름의 계면에 유화제 분자의 피막을 형성하여 계면장력(界面張力)을 저하시킴으로써 유화현상을 일으킨다.

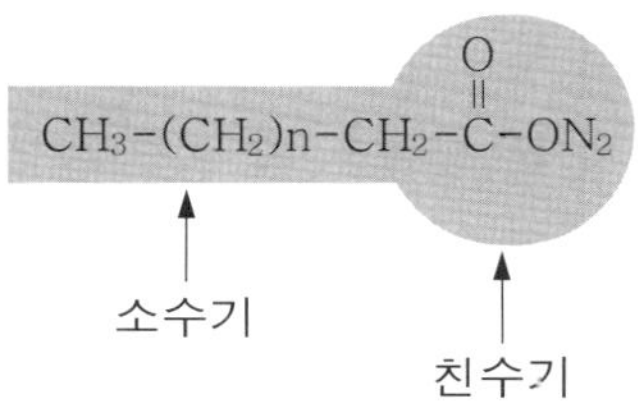

유화제(비누)의 단면도

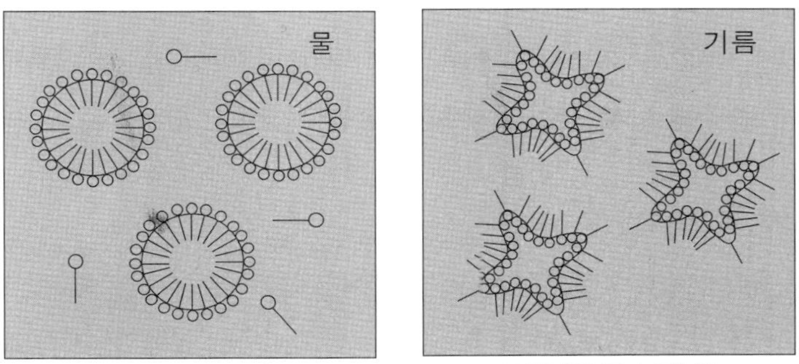

O/W(수중유적)형 W/O(유중수적)형

<그림 11-3> 유화제와 유화액

유화액에는 물 속에 기름이 분산되어 있는 수중유적형(oil in water : O/W)과 기름 속에 물이 분산되어 있는 유중수적형(water in oil : W/O)의 두 가지 형태가 있다. O/W형에는 우유, 아이스크림, 마요네즈 등이 속하고, W/O형에는 버터, 마가린 등이 있다.

11.1.6. 브라운운동(Brownian motion)

Sol의 상태에서는 분산매인 물분자가 항상 불규칙적인 운동을 하고 있기 때문에 분산질인 교질입자에 충돌하여 colloid 입자는 불균일한 힘의 작용을 받아 끊임없이 운동을 계속하게 된다. 이것을 브라운 운동이라 하는데, 이 운동에 의하여 교질입자가 침전하지 않고 물속에 분산되어 있게 된다.

11.2. 텍스처와 리올로지

11.2.1. 텍스처

텍스처(texture)란 물건이나 섬유의 결을 손으로 만짐에 의해 느껴지는 감촉을 말하나 여기서는 식품을 입에 넣었을 때 피부나 점막에 닿는 자극에 의한 감각을 의미한다. 또 다른 표현에 의하면 손 또는 입이 식품과 접촉하여 발생되는 물리적 자극에 대한 촉각의 반응을 텍스처라 부른다.

즉, 포테이토칩은 바삭바삭한 감각을 주고, 찹쌀떡은 씹으면 쫄깃쫄깃하며 미역은 미끈미끈한 느낌을 주는 것을 바로 텍스처라 한다. 이렇게 식품의 텍스처는 식품의 강도와 유동성에 관한 성질, 식품의 외관에서 유래된 성질, 수분이나 유지 함량에 의한 성질 등으로 표현한다(표 11-2).

<표 11-2> 텍스처 표현 용어

텍스처 결정 요인	표 현 용 어
강도와 유동성	단단하다. 부드럽다. 바삭바삭하다. 부서지기 쉽다. 점성이 있다. 풀 같다. 껌 같다. 탄력이 있다. 소성이 있다. 미끈미끈하다. 끈적끈적 하다. 등
외관(크기, 모양)	거칠다. 모래 같다. 입자상태다. 섬유상이다. 결정형이다. 가루상태다. 박편상이다. 등
수분, 유지 함량	기름지다. 미끈미끈하다. 마르다. 촉촉하다. 물기가 많다. 등

11.2.2. 리올로지

리올로지(rheology)는 물질의 변형(deformation)과 유동(flow)에 관하여 연구하는 학문으로 외부의 힘에 대한 물질의 변형 및 흐름의 특성을 규명하고 그 정도를 정량적으로 표현하는 것이다.

식품을 씹을 때 느끼는 감각 즉, 씹을 때 느끼는 경도, 점성, 탄성 등 식품의 물리적 성질이 식품의 기호성에 큰 영향을 주고 있는데, 이 들의 물리적 성질을 리올로지라는 학문분야에서 다루고 있다. 특히 식품의 리올로지는 식품의 가열, 냉각, 냉동, 혼합, 교반 등의 조작에 의한 물성의 변화와 동일한 물질에 있어서도 온도와 압력의 외적 변화, 변형을 일으키는 방법, 측량조건, 시료조제 방법 등에 따라 점성유동, 탄성변형, 소성 등이 변화하는 특성 이다.

1. 점 성

액체의 외부에서 힘을 가하면 액체는 유동한다. 이 때 액체의 내부에서 그 흐름에 대한 저항성을 갖는데 이를 점성(viscosity)이라 한다. 따라서 물이나 휘발유처럼 저항성이 적어 비교적 잘 흐르는 액체는 점성이 낮고, 물엿이나 벌꿀같이 저항성이 큰 것은 점성이 높다. 일반적으로 점성은 용매의 종류와 용질의 종류 및 농도에 따라 변하며, 액체에서는 온도가 높으면 점성이 감소하고 압력이 높으면 증가한다.

2. 탄 성

탄성(elasticity)이란 외부의 힘에 의하여 변형을 받고 있는 물체가 본래의 상태로 되돌아가려는 성질을 말한다. 고무줄을 손으로 당겼다가 놓으면 원상태로 돌아가는 것이 탄성의 대표적인 예이다. 모든 물체는 다소나마 탄성을 가지고 있으며 젤리, 곶감, 밀가루반죽, 떡 등과 같이 탄성이 있는 물체는 탄성 한계 안에서 변형을 일으킨다.

3. 소 성

소성(plasticity)은 외부에서 힘의 작용을 받으면 물질이 변형된다. 이때에 힘을 제거하여도 원상태로 되돌아가지 않는 성질이다. 버터, 마가린, 생크림은 소성을 나타낸다. 이들을 수저로 떠서 접시에 쌓아 올려놓아도 잘 흐르지 않는다. 물엿과 같이 점성체는 수저로 쉽게 떠낼 수 없지만, 접시에 놓으면 점차 흐름이 펴져 나간다. 이와 같이 생크림과 물엿의 역학적 성질이 다른 것은 리올로지의 개념으로 구별할 수 있다.

그리고 물체에 따라서는 작은 힘을 가하면 탄성을 나타내고, 큰 힘을 작용시키면 소성을 나타내는 물질이 있다.

예를 들면, 생크림은 작은 힘을 가하였을 때만 탄성에 의해서 원형으로 되돌아가며 큰 힘을 가하면 부서져서 유동한다. 이때에 탄성에서 소성으로 변하는 한도의 힘을 "항복치"라 하며, 이때의 소성을 "Bingham소성"이라 한다.

4. 점탄성

식품에는 외부에서 힘을 가할 때에 점성유동과 탄성변형을 동시에 일으키는 복잡한 성질을 가지는 것이 많다. 이와 같이 점성유동과 탄성변형을 동시에 나타내는 복잡한 성질을 "점탄성(viscoelasticity)"이라 하고 이러한 성질을 가진 물질을 "점탄성체"라 한다.

예를 들면, 빵을 만들 때의 반죽 · 젤리 · 껌 등을 들 수 있다. 아마인유와 같은 건성유를 공기 중에서 가열하면 점성이 차차 높아져서 액체상 점탄성체가 되고, polyethylene film을 잡아당기면 탄성고무와 같이 늘어남과 동시에 아스팔트와 같이 퍼지는데 이것을 고체상 점탄성체라고 한다.

점탄성은 온도와 변화시간에 관계가 있다. 예컨대 흰 엿가락을 구부릴 때에 온도가 낮으면 끊어지지만 온도가 높으면 점탄성을 나타내고, 빨리 구부리면 끊어지나 서서히 구부리면 끊어지지 않는다.

5. 사이코리올로지

식품의 물리적 성질과 인간의 감각에 의한 식품 특성간의 관계를 연구하는 사이코리올로지(Psychorheology)라는 학문분야가 새롭게 부각되고 있다. 이는 식품의 리올로지적 성질과 소비자의 선택 사이의 관계를 연구하는 분야이다.

Sullivan이라는 심리학자가 사이코리올로지 분야를 이해할 수 있는 한 실험을 소개했다. 그는 눈을 가린 실험 대상자들에게 온도가 다르게 설정된 똑같은 물을 여러 개 제시하고 손끝을 담가보고 그 촉감에 의한 판단을 내리게 했더니, 저온의 물은 손끝을 조이는 듯한 느낌을 준다하여 녹은 눈으로 느끼고 고온의 물은 기름과 같이 느꼈음을 알 수 있다(표 11-3).

<표 11-3> 온도에 따른 물의 느낌

온 도	물에 대한 느낌	온 도	물에 대한 느낌
0℃	반쯤 녹은 눈과 같다.	25℃	물과 같다.
10℃	수은과 같다.	38℃	기름과 같다.
15℃	젤라틴과 같다.	40℃	그리스(grease)와 같다.

참고문헌

하정욱 이승철 백현동 박우포, 식품화학 두양사(2004)

강인수 외 6인, 현대식품화학, 지구문화사(2006)

김광수 외 5인, 식품화학, 학문사(2000)

김도영 외 5인, 식품화학, 창문각(2006)

김동훈, 식품화학, 탐구당(1990)

남궁석 외 4인, 식품학, 진로연구사(2005)

심상국 양종범, 식품학, 교문사(1992)

심창환 외 5인, 식품학, 효일(2005)

오성천, 현대식품화학, 효일문화사(1999)

오훈일 외 4인, 식품화학, 수학사(2007)

윤석권 외 4인, 식품화학, 수학사(2004)

이서래 신효선, 최신식품화학, 신광출판사(2007)

장재권 정하열, 생화학, 동화기술(2006)

조신호 외 4인, 식품학, 교문사(2006)

최부돌 외 3인, 식품화학, 진로연구사(2005)

한국식품과학회편, 식품과학용어사전, 광일출판사(2006)

海老原清, 大槻 耕三, 食品加工學, 講談社サイエンティフィク(1999)

豊沢 功, 能岡 浄, 安倍 史子, 身近な食品學, 化學同人(2000)

渡辺忠雄, 榎本則行, 最新食品學-總論·冬論, 講談社サイエンティフィク(1997)

藤野安彦, 食品化學概論, 裳華房(1995)

木村 進, 中林 敏郎, 可藤 博通, 食品の変色の化學, 光琳(1997)

市谷延二 외 5인, 食品化學, 朝倉書店

久保田紀久枝, 森光康次郎, 東京化學同人(2004)

Hudson, B.J.G. Food Antioxidant, Elsevier Applied Science London and New York(1990)

Deman,J.M. Principles of Food Chemistry. 3rd ed. Aspen(1999)

Fennema, O.R. Food Chemistry. 3rd ed. Marcel Dekker, Inc.(1996)

Jan Pokorny, Nedyalka Yanishlieva, Michael Gordon, Antioxidants in Food. Practical applicants, Woodhead Publishing Limited(2001)

Min & Smous. Flavor Chemistry of Gats and Oils. American Oil Chemists' Society(1985)

Shallenberger, R.S. ; sweetness theory and its application in the food industry, food technol. 52(7) ; 72(1988)

INDEX

찾아보기

라

마

바

사

아

자

차

카

타

파

하

인 지
생 략

식품화학

인 쇄	2008년 3월 3일 초판 발행
발 행	2008년 8월 9일 2판 발행
저 자	김종희 송종연 이상준 최부돌
발행인	임 종 철
발행처	도서출판 진로
주 소	서울 동대문구 답십리동 530-11(의증B/D 310호)
등 록	1978년 5월 1일 제 6-0660호
전 화	02) 2215-1203
팩 스	02) 2216-0208
ISBN	978-89-86877-36-6 (93570)

정가 19,000원